Johannes v. Buttlar

RaumZeit

Provokation der Schöpfung

Mit 31 Farbfotos
und 8 Zeichnungen

Herbig

Bildnachweis

Farbabbildungen:
NASA: 1, 2, 3, 4, 5, 6, 12, 15, 18, 19, 20, 21, 22, 25, 26, 27, 28, 29;
Wikimedia: 8, 9, 10, 11, 13, 14; Archiv Autor: 7, 16, 23, 24, Vor- und Nachsatz;
CERN: 17, 30, 31
Eigene Übersetzungen des Originals bei:
17, 18, 20, 21, 22, 26, 29

Grafiken:
Alle Grafiken aus dem Archiv des Autors

Vor- und Nachsatz:

Das größte Wunder der Schöpfung
ist das reflektierende Bewusstsein.
Es schenkte uns die Fähigkeit des Hinterfragens,
um das Rätsel unserer Existenz zu lösen
und zum Urgrund des Seins vorzustoßen.

Besuchen Sie uns im Internet unter:
www.herbig-verlag.de

© 2009 by F. A. Herbig
Verlagsbuchhandlung GmbH, München
Alle Rechte vorbehalten
Umschlaggestaltung: Wolfgang Heinzel
Herstellung und Satz: VerlagsService Dr. Helmut Neuberger
& Karl Schaumann GmbH, Heimstetten
Gesetzt aus der 11,25/14,15 Punkt Minion
Druck und Binden: GGP Media GmbH, Pößneck
Printed in Germany
ISBN 978-3-7766-2599-8

Für Timur

*»Schreib endlich wieder ein neues Buch!«
Nun, Timur, hier ist es. Ich hoffe, dass es Dir gefällt,
und widme es Dir, meinem Sohn,
in herzlicher Zuneigung.*

Danke!

*Ganz besonders möchte ich mich bei meinem Sohn
Timur Freiherr von Buttlar für seine Arbeit
am Computer und seine Anregungen bedanken.
Vor allem aber gebührt mein Dank Uta Baumann,
die in nimmer endenden Stunden geduldig Diktat
aufgenommen hat. Mein Dank gilt nicht zuletzt
meiner Verlegerin Brigitte Fleissner-Mikorey
und Frau Dr. Carmen Sippl für ihr Vertrauen
und meinem langjährigen Lektor Hermann Hemminger,
der mich stets ermutigt hat, weiterzuarbeiten.*

Inhalt

1 Stationen der Wahrnehmung 9
2 Ketzerfürsten der Vernunft 26
3 Drei seltsame Besucher 48
4 Einsteins Socken 60
5 Photonentanz und Quantenradierer 80
6 Denkende Elektronen 106
7 Teleportation und Zeitreisen 116
8 Strings im Quantenschaum 145
9 Anatomie der RaumZeit 168
10 Autopsie des Urknalls 179
11 Die Zeitfalle 205
12 Jagd auf Alpha 216
13 Schöpfung im Chaos 230
14 Facetten der Wirklichkeit 250

Literatur- und Quellenverzeichnis 275
Register 283

1 Stationen der Wahrnehmung

Zentralafrika – vor rund 15 Millionen Jahren

Die letzten Sonnenstrahlen tauchen die Kronen einer Bauminsel in rotgoldenes Licht. Das Gras in der sich ausbreitenden Savanne wiegt sich rhythmisch im sanften Abendwind. In der Ferne, weit am Horizont, zeichnet sich unwirklich, dunstig blau eine Hügelkette ab.

»Was gibt es zu essen, Schatz?«, brummt ein behaartes, äffisches Wesen, hoch oben in den Ästen eines mächtigen Baumes.

»Essen, essen! Wo soll ich es hernehmen, Rami?«, antwortet aufgebracht sein Weib. »Schau dich doch um!« Dabei beschreibt sie einen Kreis mit ihrem langen, behaarten Arm. »Unser Baum ist abgefressen, und bei den anderen sieht es nicht viel besser aus! Du, wir müssen unbedingt etwas unternehmen!«

»Ich weiß, Theki, so kann es nicht weitergehen«, sagt Rami und senkt resigniert seinen Kopf, wobei aus seinem mächtigen, behaarten Bauch ein dumpfes Grollen ertönt.

»Genau! Und vergiss nicht Afa und Rensi, unsere Kinder«, pflichtet Theki ihrem Gatten bei. »Du musst mit dem Chef sprechen.«

»Ja, ja, immer ich! Aber ihr habt ja recht. Schließlich sind wir alle betroffen!« Es ist die sonore Stimme vom Chef, der sich mühsam in der benachbarten Baumkrone aufrichtet. Seine muskulösen Arme sind ausgestreckt, und seine Hände greifen nach einem Ast über seinem Kopf.

1 Stationen der Wahrnehmung

Wie auf ein Kommando wird die frühabendliche Stille von einem aufgebrachten Stimmengewirr erfüllt.

»Ruhe!«, brüllt das Oberhaupt schließlich und kräuselt seine niedrige Stirn. »Ich muss nachdenken!« Eine seiner Frauen krault besänftigend seine silbernen Rückenhaare.

Ringsum setzt ein erwartungsvolles Murmeln ein. Und schließlich, nach einer langen Pause, hebt er sein gewaltiges Haupt: »Ich hab's! Wir müssen runter vom Baum! Jawohl, runter!« Er legt den Kopf in den Nacken und mustert die ersten Sterne am Abendhimmel. »Nach oben geht's ja nicht! Also runter! Wer geht? Einer von uns muss ins Unbekannte, um neue Futterquellen zu finden, damit unsere Horde überlebt. Wer also geht?«

Verlegenes Schweigen breitet sich aus.

»Ich ertrage das nicht länger!« Theki stupst ihren Mann mit dem Ellbogen an, »Komm, mach's du, Rami. Denk an unsere Kinder.«

»Genau!« Der Chef ist offensichtlich über diese Lösung erfreut. »Du bist der Richtige, Rami.«

Alle Hordenmitglieder pflichten dem Oberhaupt erleichtert bei. »Du kannst es, du schaffst es!«

»Ich weiß nicht.« Rami zögert, wobei seine Finger nervös an einem kahlen Zweig zupfen.

»Hunger, Hunger!«, brüllt die Horde und trommelt mit ihren Fäusten rhythmisch auf die Äste. Auch Afa und Rensi fallen mit ihren Kinderstimmen in den Chor ein.

»Halt, halt! Lasst uns das Ganze erst einmal überschlafen!«, schreit Rami verschreckt und bringt das Gebrüll zum Verstummen.

Inzwischen ist die Nacht hereingebrochen. Im dunklen Samt des Himmels funkeln unzählige Sterne.

»Unsere Welt hat sich offenbar verändert.« Es ist die ruhige Stimme des »Professors«, der von allen wegen seines hohen Alters und seiner Weisheit geachtet wird. Nachdenklich kratzt er sich die Rippen und schiebt seine Unterlippe vor. »Die Alten,

1 Stationen der Wahrnehmung

unsere Vorfahren, haben immer wieder von dichtem Wald, herrlichen Früchten, Larven, Insekten und Käfern erzählt. Und was haben wir jetzt?« »Abwesend betrachtet er einen Floh zwischen Daumen und Zeigefinger. »Immer weniger Bäume, nur noch Laub, lichte Äste. Unser Lebensraum schwindet. Der Chef hat recht, nach oben geht's nicht, wir sind einfach zu schwer. Die Vögel dagegen haben's leichter, uns aber zieht es nach unten. Doch was ist da unten? Eine fremde, gefährliche Welt mit unheimlichen, fremden Lebewesen. Dennoch, wenn wir überleben wollen, müssen wir runter. Wir brauchen einen Kundschafter.«

»Richtig, der Professor sieht es auch so. Rami, das ist deine Chance«, sagt das Oberhaupt zufrieden.

»Morgen, morgen«, murmelt Rami schläfrig. Aus den Baumkronen mischen sich die ersten Schnarchgeräusche mit den Tierlauten der Nacht.

Im Morgengrauen hebt sich die weit entfernte Hügelkette dunkelviolett vom gleißenden Gold der aufgehenden Sonne ab. Zögernd, abwartend, beinahe schamhaft lugt sie über den Rand der Hügel, um dann mutig in voller Pracht als riesiger, blendender Ball aufzusteigen. Noch ist sie verhaftet, um sich schließlich mit einem Ruck zu lösen, um einen neuen Tag einzuleiten. Unsere Bauminsel erwacht zum Leben: Gähnen, Recken und Strecken, die Morgentoilette, das heißt, gegenseitige Fellpflege.

»Komm, Rami, spiel hier kein Theater. Ich weiß, du bist wach! Wir müssen uns entscheiden!« Theki versucht ihm die Hand vom Gesicht zu ziehen.

»Geh schon, wir passen von hier oben aus auf dich auf. Wir sind mit dir! Es wird schon nichts passieren. Du kannst ja jederzeit zurück«, versucht der Chef ihn anzutreiben.

»Es ist so flach.« Rami schaut ängstlich runter in die sich ausbreitende Savanne. »Nichts, woran man sich halten kann. Hier haben wir zumindest Höhe und Tiefe.«

1 Stationen der Wahrnehmung

»Ja, es ist eine Fläche«, tönt der Professor.
»Aber wo führt sie hin? Was steckt dahinter?«, fällt Rami ihm ins Wort. »Wie weit ist das Ganze, und wo ist das Ende?«
»Ist völlig egal«, ruft jemand von einer benachbarten Baumkrone. »Wie lange braucht er, wie viel Zeit wird vergehen, bis er Futter für uns findet. Ich habe Hunger.«
»Was ist Zeit, Mami?«, fragt Afa. »Geduld haben, weil Dinge dauern«, antwortet Theki. »Zum Beispiel, bis du erwachsen bist und alt wirst.«
»Ihr macht mich alt mit eurem Gerede. Euch ist es ja egal, wenn mir was passiert!« Rami ist genervt.
»Wisst ihr was? Mir reicht's«, ruft Theki aufgebracht. »Ich hab die Nase voll, besonders von dir, Rami. Ihr seid alles Feiglinge! Ich werde es selbst tun, ich werde runterklettern und mich auf die Suche machen.«
»Gut«, sagt der Chef zufrieden. »Ich kann ja leider hier nicht weg. Ich habe eine Aufgabe zu erfüllen.« Er wirft einen bedeutungsvollen Blick auf eine seiner Frauen.
Entschlossen hangelt Theki sich nach unten, beunruhigt beobachtet von ihrem Mann. »Sei vorsichtig, Theki, ich hätte es doch auch getan! Wollte doch nur den Abstieg sorgfältig planen. Ich bin kein Feigling, aber so ist es ja auch in Ordnung. Ist ja keine große Sache, ich passe auf die Kinder auf«, sprudelt es aus ihm heraus.
»Weiter so, Theki«, ruft das Oberhaupt und instruiert seinen Assistenten, etwas weiter nach unten zu klettern. »Beobachte, was passiert und berichte mir über die Aktion!«
Als Theki schließlich den mächtigen Fuß des Baumes erreicht, betastet sie zögernd den Boden, kauert vor dem Baum, und ihr Blick wandert nachdenklich zu dem hohen Gras der vor ihr liegenden Savanne. Dann dreht sie ihren Kopf, reckt ihn nach oben, so als wolle sie zurückblicken auf ihr bisheriges Leben. Entschlossen wendet sie sich um und springt

ins Unbekannte. Danach richtet sie sich auf, winkt zu den Baumkronen und ruft: »Das war ein kleiner Hüpfer für mich!«
»Ein großer für unsere Horde«, bemerkt der Professor. »Es ist der Vorstoß zu einer anderen Wirklichkeit.«

Südfrankreich – vor rund 30 000 Jahren

Die ockerfarbenen Höhlenwände wechseln ihr Farbenspiel im Widerschein der flackernden Flammen der Feuerstelle. Die brennenden Äste knistern, und Rauchschwaden bringen die beiden am Feuer kauernden Gestalten immer wieder zum Husten. Ein Jugendlicher mit den ersten Anzeichen eines Bartes stochert gedankenverloren im Feuer. Die Frau neben ihm dreht den Spieß mit der wacholderbespickten Rentierkeule. Sie sind in weiches Leder gekleidet und haben sich mit Eberzahn-Halsketten geschmückt.

Ein hochgewachsener, bärtiger Mann, der mit einem zum Pinsel ausgefransten Stöckchen eine Jagdszene auf die Höhlenwand zeichnet, wendet den Kopf: »Mir läuft das Wasser im Mund zusammen. Ich kriege richtig Hunger. Das riecht ja köstlich!«

»Du musst dich noch ein wenig gedulden. Es ist noch nicht so weit«, entgegnet die Frau. »Sag mal, was malst du da eigentlich?«

»Ich male meinen Traum.« Er wendet sich wieder seiner Arbeit zu. In der linken Hand hält er ein Tontöpfchen, in dem sich gemahlene Holzkohle mit Tierfett vermengt. Er lässt die Umrisse eines Wisents neben den bereits gemalten Rentieren, Pferden, Wildschweinen und Jägern entstehen.

»Traum? Wieso, was hast du geträumt?«, fragt der Junge und blickt auf zur Felswand.

Der Maler stellt Töpfchen und Pinsel weg und geht in die Ho-

1 Stationen der Wahrnehmung

cke. Sein Blick scheint etwas Unsichtbares zu fixieren. »Ich habe geschlafen und habe meinen Körper verlassen, habe ihn zurückgelassen. Ich war leicht, so leicht!«, sagt er, als spräche er mit sich selbst. »Ich konnte fliegen wie ein Vogel. Ich hatte meine Arme ausgebreitet, sah unter mir die Steppe. Der Himmel war dunkel, und doch konnte ich das Grasland mit Büschen, Bäumen und Tieren deutlich sehen. Da waren Rentiere, Wisente, Pferde, Bären, Wölfe, Tiger, Wildschweine, und mir war ganz warm. Ich schwebte und hörte sogar die Stimme unseres Schamanen. Ich kam in Kontakt mit den Geistern des Himmels und der Erde. Ich glitt sanft hinunter auf eine fahle Hügelkuppe. Dort wartete eine vermummte Gestalt. Das Gesicht konnte ich nicht erkennen.« Der Erzähler hat seine Augen geschlossen und hält inne.

»Und was passierte dann in deinem Traum?«, drängt die Frau.

»Die Gestalt sagte: ›Du bist nicht tot, du lebst. Auch deine Ahnen sind nicht tot. Sie leben. Euer Schamane weiß das.‹ Ich fragte: ›Wo sind meine Ahnen? Sind sie da oben?‹ Der Fremde antwortete: ›Es gibt kein Oben und es gibt kein Unten. Sie sind dort, wo du sie haben willst. Dreh dich um.‹ Und da stand er.«

»Wer? Mach's nicht so spannend. Erzähle schon weiter!«, sagt die Frau und schneidet mit ihrem Steinmesser Stücke von der Rentierkeule ab, wobei der heruntertropfende Saft ein zischendes Geräusch in den Flammen verursacht. Der Mann rückt näher zu den beiden und setzt sich zu ihnen. Beide starren ihn erwartungsvoll an.

»Wer stand also da?«, drängt die Frau.

Zögernd berichtet er weiter: »Ein großer Bär – mein Vater.«

»Wer nun?! Ein Bär oder mein Großvater?«, fragt der Junge am Feuer.

»Es war mein Vater in Gestalt eines Bären in meinem Traum«, antwortet der Mann ungeduldig. »›Was suchst du hier?‹, sagte

er. ›Noch ist nicht die Zeit.‹« Der Mann macht eine Pause, nimmt sich ein Stück Fleisch und kaut bedächtig. Nachdem er den Bissen heruntergeschluckt hat, fährt er fort: »›Wo ist Mutter?‹, fragte ich. ›Wieso? Sie steht neben mir!‹ Und dann sah ich sie, in Gestalt eines Wolfes. Ich wendete mich an den Vater: ›Was meinst du, wenn du sagst, es sei noch nicht die Zeit? Und überhaupt, was ist Zeit?‹
Mutter streckte die Pfote aus und antwortete: ›Siehst du den Fluss dort unten? Und siehst du den Ast, den er mit sich trägt? Der Ast, das bist du. Der Fluss ist die Zeit und Zeit ist Bewegung. Sie trägt dich in die Zukunft.‹
›Und wenn der Fluss zu Eis erstarrt, was ist dann mit der Zeit?‹, fragte ich. ›Dann macht die Zeit Winterschlaf. Sie ruht und die Bewegung hört auf.‹«
Der Mann greift wieder nach einem neuem Stück Fleisch und sagt kauend: »Ich wollte dann noch wissen, ob die Zeit auch zurückfließen kann. Mein Vater hat geantwortet: ›Nein. Sie führt nur von der Vergangenheit in die Zukunft.‹«
»Und wo ist die Zukunft?«, unterbricht der Junge. Er blickt den Mann erwartungsvoll über das Feuer an.
»Das habe ich auch gefragt.« Er wischt sich die Hand an seiner ledernen Hose ab.»›Die Mondfrau hat die Antwort. Dort ist die Zukunft.‹
›Und wie komme ich da rauf?‹
›Wieso, du kannst fliegen‹, sagte mein Traum-Vater.
›Ich kann nicht fliegen!‹
›Doch, doch, du bist doch hierher geflogen.‹«
»Was dann?«, fragt die Frau.
»Dann bin ich aufgewacht.«
Der Mann steht auf, greift nach seinem Farbtöpfchen und dem Pinsel und sagt beiläufig zu dem Jungen: »Morgen gehen wir jagen.«
»Und ich werde Pilze, Beeren und Wurzeln sammeln. Zukunft

1 Stationen der Wahrnehmung

bedeutet für mich: arbeiten und für unsere Nahrung mitzusorgen«, murmelt die Frau vor sich hin. »Ich lege mich jetzt schlafen.«

Die Stadt Eridu an der Mündung des Euphrat am Persischen Golf – vor rund 5300 Jahren

Die breite Straße der mächtigen Stadt wird von ein- und zweistöckigen Häusern aus gebrannten Lehmziegeln gesäumt. Auf den mit farbigen Stoffen überspannten Dachterrassen sitzen Menschen, in angeregte Gespräche vertieft. Sie unterhalten sich über den jüngsten Erlass des Priesterkönigs, der vom Hohen Rat des Oberhauses genehmigt wurde und nun vor dem Unterhaus verhandelt wird, oder sie schließen einfach nur Geschäfte ab. Männer in farbenfrohen Gewändern spazieren an den zahlreichen Schankstuben der lebensfrohen Stadt vorbei. Eine Gruppe unterhält sich lautstark und trinkt aus buntbemalten Keramikschalen Bier. 60 Sorten stehen zur Auswahl. Andere ziehen das kühle Nass in einem der zahlreichen öffentlichen Bäder vor, die durch die zentrale Wasserversorgung der Stadt stets frisches Wasser haben.
Eine der Nebenstraßen führt geradewegs aus der Stadt zu wogenden Getreidefeldern und Dattelhainen, die sich im Wasser der Kanäle und der Lagune spiegeln. Boote fahren bis unter die mit prachtvollen Tempeln geschmückte Akropolis von Eridu. Elegante, geschminkte Frauen in kostbaren Gewändern, Goldschmuck im hochgesteckten Haar und Edelsteinketten an Armen und Hals, flanieren in den gepflegten Ladenstraßen. Hier können sie alles kaufen, wonach ihnen der Sinn steht: wohlriechende Essenzen und Schminke aus Ägypten, Kupferschmuck aus dem Magan, edle Stoffe und Silberwaren aus Melukha, dem Industal.

1 Stationen der Wahrnehmung

All das bringen die sumerischen Handelsschiffe in die blühenden Städte an der Mündung des Euphrat. Im Dunst des schwülheißen Sommertages erhebt sich die von zwei mächtigen Mauern umgebene, steil aufragende Zikkurat – der Tempelturm des Enki, des Herrn des süßen Wassers, der Erde und des schöpferischen Geistes.

Eine sumerische Legende berichtet, dass Enki und seine Gefährten von einer anderen Welt zur Erde kamen, um am Rande der Sümpfe des fruchtbaren Mesopotamien das »fern erbaute Haus«, die Stadt Eridu, zu errichten. Sie hätten die Menschen in allerlei Künsten und Wissenschaften unterwiesen. In den ersten Universitäten werden Geographie und Botanik, Zoologie, Mineralogie, Architektur und Mathematik, Astronomie, Astrologie, Theologie und Recht, Medizin, Literaturwissenschaft sowie Politologie gelehrt.

In einer Kneipe am Maschu-Boulevard sitzen fünf Männer in einer lockeren Runde zusammen und trinken gemütlich Bier und Wein. Mit ihrer Kleidung aus fein gewebtem Königslinnen, an den Rändern verziert mit farbigen, golddurchwirkten Borten, gehören sie offensichtlich der besseren sumerischen Gesellschaftsschicht an. Ihre mit feinem, wohlriechenden Öl eingeriebenen Haare sind sorgfältig zu kunstvollen Flechten und Locken frisiert.

Die Augen sind durch einen Schminkstrich ausdrucksvoll betont. Auf dem sorgfältig gearbeiteten Tisch steht eine Platte mit Datteln, Feigen und Fladenbrot. Stimmen von überall, Gelächter brandet immer wieder auf. In einer Ecke des Lokals bemüht sich ein verzweifelter Musikant, mit seiner Lyra den Lärm zu übertönen. Der untersetzte Wirt balanciert schwitzend große Platten mit gebratenen Hühnern, Käse und Früchten in Honig durch das überfüllte Lokal.

Nachdem er die letzte Platte abgesetzt hat, geht er zu dem Tisch mit den fünf Männern, verbeugt sich leicht und fragt servil:

1 Stationen der Wahrnehmung

»Haben Sie noch Wünsche? Kann ich noch etwas bringen?« Einer der Herren winkt ab und wendet sich wieder seinen Gesprächspartnern zu:
»Ich habe heute eine komplizierte Operation durchgeführt. Ihr werdet es nicht glauben, ich musste ein ganzes Stück aus der Leber rausschneiden, denn das Gewebe war deutlich verfärbt.«
»Ja, ja, ihr Mediziner! Operation gelungen – Patient tot!«, sagt einer der Männer und verzieht sein Gesicht zu einem ironischen Lächeln.
»Nein, nein, dem Patienten geht es gut!«, wehrt der Chirurg ab.
»Du, als Dichter, kannst gut reden. Aber hier geht es um Wissenschaft. Und besonders bei der Medizin oder der Mathematik und gerade in meinem Fachbereich, der Astronomie, geht es um genaue Beobachtung, um Präzision, um die Wirklichkeit.« Der gut aussehende Naturwissenschaftler nimmt einen tiefen Schluck von seinem Bier.
»Vergesst aber bitte nicht, dass das wissenschaftliche Fundament von den Igigi-Annunaki-Göttern gelegt wurde«, sagt der Theologe eindringlich und zeigt mit dem Finger nach oben.
»Und du gehörst zur Priesterhierarchie und ihr habt eh das Sagen«, spöttelt der Dichter.
»Was mir eher Sorgen macht, sind die neuen Spannungen zwischen den Stadtstaaten. Vor allem mit Uruk und Lagasch«, sagt schmallippig-besorgt der Finanzbeamte in der Runde.
»Ja, wie immer«, wirft der Mediziner ein, »geht es hier um Macht und Besitz.«
»Und die Stadtgötter konkurrieren untereinander«, fügt der Astronom hinzu. »Anstatt die Vereinigung der Stadtstaaten zu einem großen Ken-Gir voranzutreiben, liegen sich Götter und Könige in den Haaren.«
»Wir müssen in den Tafelhäusern, in den Schulen, bei den Kindern bereits ein nationales Bewusstsein fördern, aber die oberste Instanz, Enki, darf nicht außer Acht gelassen werden«,

1 Stationen der Wahrnehmung

belehrt der Theologe. »Seit der Sohn des Anu, Enlil, die Me-Tafeln des Schicksals mit den verschiedenen Wissenszweigen zu unserem Segen einsetzte, haben wir gewaltige Fortschritte gemacht.«
»Die Heimatwelt, Nibiru, hinter dem roten Planeten, muss ein großartiger Ort sein«, sagt der Mediziner.
»Ja, unsere Welt ist nicht die einzige im All«, bestätigt der Astronom und spielt mit seinen Bartlocken.
Der Dichter nimmt einen Schluck Wein. »Es heißt, die Annunaki verständigen sich im Himmel und auf der Erde mit einem strahlenden, einem flüsternden Kristall.« Fragend blickt er den Theologen an.
»Ja, die Götter haben alle einen Shamba-Mé, um zu kommunizieren«, bestätigt dieser. »Und sie können in ihrem Dingir nach Nibiru fliegen.«
»Das ist ganz erstaunlich, denn was schwerer als Luft ist, kann ja nicht fliegen. Eine Kraft hält uns am Boden«, sagt der Astronom.
»Bis auf die Vögel«, fällt der Dichter ihm ins Wort.
»Ja, und die Götter sind allmächtig«, sagt der Theologe.
»Wo führt der Himmel hin?«, rätselt der Mediziner.
»Nun, wir Astronomen beobachten den Himmel schon seit Langem und gehen davon aus, dass die unzähligen Lichter, die wir am Nachthimmel sehen, andere Orte sind, Häuser der Götter. Sie sind offensichtlich weit entfernt. Wie weit, wissen wir noch nicht, aber unsere Mathematiker versuchen es zu berechnen.«
»Wir Mediziner interessieren uns eher für die Vergänglichkeit, für die Zeit. Wir suchen nach Mitteln, die den Alterungsprozess aufhalten können und den Tod in die Ferne rücken. Vergleicht einmal unsere Lebensspanne mit der der Annunaki.«
»Sie sind nahezu unsterblich.« Der Theologe steht auf. »Ich muss leider gehen. Ich habe eine wichtige Besprechung bei der Behörde.«

1 Stationen der Wahrnehmung

Wie auf ein Signal löst sich die Gruppe auf. Draußen auf der Strasse blickt der Astronom nachdenklich zu der gewaltigen Stufen-Zikkurat empor, die sich imposant vor dem frühen Nachthimmel abzeichnet. Oben im Penthouse von Enki lodern Fackeln. »Wie werden die Wissenschaftler unsere Erkenntnisse wohl einmal bewerten?« Er gibt sich einen Ruck, als wolle er etwas abschütteln, und überquert mit festen Schritten den Maschu-Boulevard. Er weicht dabei einem von Ochsen gezogenen Fuhrwerk aus, das mit seinen Rädern holprig über die Pflastersteine rattert. Der Astronom biegt in eine Seitengasse ab, wo sich seine Gestalt schließlich im Dunkel der Nacht auflöst.

Athen – vor 2416 Jahren

An einem sonnigen Junimorgen gehen zwei Männer durch eine der schäbigen Athener Gassen zum Marktplatz, der Agora. Der gutaussehende junge Mann überragt seinen Begleiter um Haupteslänge. Er hebt immer wieder den Saum seines Gewandes, um es vor dem Schmutz der ungepflasterten Strasse zu schützen. Der Dreck scheint den Älteren nicht zu kümmern. Er ist untersetzt und zeigt den Ansatz eines Bauches. Seine Kleidung ist nachlässig, und er ist barfuß, während der andere gepflegt wirkt und Sandalen trägt. Er dürfte um die zwanzig sein. Der Ältere mit seinem grauen Bart, der Stirnglatze und dem silbernen Haarkranz hat den Kopf mit seiner kleinen Knollennase nachdenklich gesenkt. Nachdem beide eine Weile schweigend nebeneinander hergegangen sind, hebt er den Kopf und sagt zu dem Jüngeren: »Ich hab mal wieder Ärger, Platon. Xanthippe streikt. Sie unterstellt mir, ich würde nur mit Jünglingen rumsitzen und schwafeln, während sie sich um Haus und Kinder kümmern müsse. Es sei ja alles schön und gut, aber mit meinem hochgestochenen Gerede käme kein Geld rein, und damit

1 Stationen der Wahrnehmung

könne sie uns nicht ernähren. Und mit der Steuer hätten wir auch Ärger, aber das kümmere mich wohl nicht, meint sie.«
Mit einem mitfühlenden Seitenblick fragt Platon:»Kann ich etwas tun für dich, Sokrates?«
»Nein, nein«, winkt dieser ab,»ich komme schon zurecht. Und überhaupt, was heißt hier ›hochgestochen‹? Ich suche mit meinen Freunden nach logischen Antworten auf Fragen, die ich verstehen möchte.«
»Nun untertreib nicht, Sokrates, wir sind deine Schüler und lernen von dir. Deine Strategie ist schon ganz schön raffiniert. Du sagst selbst, du seist die geistige Hebamme«, meint Platon lächelnd, als sie den Marktplatz erreichen.
»Wir alle sind Schüler, und der Logos ist unser Lehrer. Es geht um Verstand und Wissen«, antwortet Sokrates und mustert die Marktstände und die öffentlichen und sakralen Prachtbauten, die unter dem Staatsmann Perikles erbaut wurden, deren Reliefs in leuchtenden Farben hervorgehoben sind. Sie bilden einen frappierenden Kontrast zu den ärmlichen, engen Gassen, deren fensterlose Fassaden die Bewohner vor dem Gestank von Müll und Abwässern schützen.
Vor dem tiefblauen Himmel erstrahlt der Parthenon hoch über der Stadt. Platon und Sokrates betreten den Säulengang, der mit bemalten Statuen der Helden der Kriege und der Mythen geschmückt ist. In der schattigen Säulenhalle, der Stoa, ist es angenehm kühl. Es herrscht zu dieser Morgenstunde bereits ein buntes Treiben. An den Ständen wird diskutiert, gestritten und gefeilscht.
In der Passage zum Tempel des Hephaistos, an der Westseite der Agora, warten bereits Xenophon und der jugendliche Phaidon aus Elis.
»Wir haben schon auf dich gewartet, Sokrates«, sagt Xenophon freudestrahlend.»Mit welchen Ideen wirst du uns heute wieder provozieren?«

1 Stationen der Wahrnehmung

»Was heißt hier provozieren? Ich verhelfe doch lediglich eurem schon vorhandenen Wissen zur Geburt und dadurch lerne ich. Lasst uns heute über Wahrnehmung und Wirklichkeit diskutieren.«
»Au weia, Platon, da kommt was auf uns zu!«, stößt Phaidon hervor und greift sich an die Stirn.
»Kommt, wir setzen uns hier auf die Eingangsstufen des Tempels«, sagt Sokrates mit einer Handbewegung. Sie lassen sich auf den blank getretenen Marmorstufen nieder.
»Was meinst du mit Wirklichkeit«, Platon blickt Sokrates fragend an.
»Sag du mir, was du darunter verstehst«, antwortet dieser.
»Ist doch klar! Alles, was wir sehen und anfassen können«, fällt Phaidon ihm ins Wort.
»Alles, was wir sehen und anfassen? Bist du sicher? Bei den Grundelementen Feuer, Wasser, Erde haben wir ja auch die Luft. Kannst du die Luft sehen, Phaidon, kannst du sie anfassen?« Die Stimme von Sokrates klingt sanft.
»Wir atmen doch die Luft«, argumentiert Xenophon. »Also ist sie wirklich.«
»Das schon, aber kannst du sie sehen und anfassen? Du kannst sie fühlen. Hat also Wirklichkeit etwas mit Wahrnehmung, mit unseren Sinnesorganen zu tun?«
Platon überlegt kurz: »Ich halte es hier mit Anaxagoras, denn Wirklichkeit hat etwas mit dem Dasein zu tun. Nach Anaxagoras gibt es unendlich viele Keime, die sich qualitativ voneinander unterscheiden, aber die Dinge entstehen aus gleichartigen Teilchen. Deswegen ist auch das Wesen der Dinge von gleicher Art.«
»Und wie ist das mit den geistigen Ideen?«, bohrt Sokrates.
»Sie sind nicht immateriell, sondern nur der feinste aller Stoffe«, zitiert Platon.
»Und die Sonne sieht Anaxagoras als glühenden Stein, und der Mond sei eine bewohnte Welt.«

1 Stationen der Wahrnehmung

»Und Anaxagoras ist wegen Gottlosigkeit aus Athen ausgewiesen worden.« Phaidon rückt näher.
Sokrates wiegt bedauernd den Kopf. »Ja, es ist nicht ungefährlich, die Herrschaft der Vernunft zu propagieren. Was haltet ihr von Demokritos, unserem lachenden Philosophen aus Abdera? Ich schätze ihn außerordentlich.«
Xenophon schaltet sich ein: »Für ihn gibt es nur die ewige Bewegung und das Nichts – den leeren Raum, in dem sich die kleinsten Bausteine, die Atome bewegen.«
»Deren verschiedene Gestalt, Lage und Anordnung ist der Grund dafür, dass wir die Dinge unterschiedlich wahrnehmen«, vervollständigt Platon.
»Das aber bringt uns zurück zur Wirklichkeit. Wir können den leeren Raum nicht sehen und anfassen. Wir können ihn auch nicht fühlen. Wie ist das mit den kleinsten Teilchen, Xenophon? Kannst du sie sehen, anfassen und fühlen?«
»Nein, Sokrates, natürlich nicht! Es ist eine Modellvorstellung, …«
»… die der Wirklichkeit, oder auch nicht, entsprechen kann. Stimmt ihr mir zu?« Sokrates blickt in die Runde. Inzwischen hat sich eine ganze Reihe von Jugendlichen um sie geschart. Sie lauschen gebannt der Diskussion.
»Alkibiades, was für eine angenehme Überraschung, dich wieder hier zu sehen!« Sokrates und die anderen blicken auf die anmutige Gestalt mittleren Alters. Der Feldherr mit seinem edel geschnittenen Gesicht lacht: »Wie in alten Zeiten. Es ist so, als ob ich nie weg gewesen wäre!«
»Ja, wir haben von deinen glänzenden Seesiegen in Abydos und Kyzikos gehört. Ganz Athen ist aufgeregt. Komm, setz dich zu uns«, fordert ihn Platon auf. »Du kommst genau zur richtigen Zeit, denn wir diskutieren über Wirklichkeit und Wahrnehmung.«
»Das Nichts, Alkibiades. Vielleicht kannst du einen Beitrag leis-

1 Stationen der Wahrnehmung

ten«, sagt Sokrates süffisant. »Ich verstehe diesen Begriff nicht, aber ich bin ja auch nur ein kleiner Steinmetz.«
»Sokrates, wie kann man über etwas reden, das Nichts ist«, spottet Alkibiades und setzt sich zu ihnen.
»Nein, es geht doch hier um Raum, um den leeren Raum, in dem sich alles befindet«, bemüht sich Phaidon um Ernsthaftigkeit.
»Kann es das Nichts geben?«, fragt Sokrates den Xenophon, der sich interessiert vorgebeugt hat.
»Nein, Sokrates, das Nichts ist offensichtlich ein Etwas.«
»Also auch der leere Raum. Aber wir können ihn nicht sehen, nicht fühlen, nicht riechen, nicht schmecken und nicht hören. Und doch ist der Raum für uns wirklich. Folglich existieren Dinge, die unsere Sinnesorgane nicht erfassen. Das ist doch richtig, Platon, oder?« Platon überlegt und sagt dann leise, als ob er zu sich selbst spräche: »Die Wirklichkeit setzt sich aus wahrnehmbaren Objekten und Modellvorstellungen zusammen.«
»Das ist hochinteressant, Platon. Aber kann sich unsere Wahrnehmung auch täuschen? Was, wenn alles absolut dunkel wäre? Existieren dann die Dinge auch so, wie wir sie im Hellen sehen?«, drängt Sokrates weiter.
»Unsere Wahrnehmungen sind subjektiver Natur«, sagt Platon, und Sokrates vervollständigt: »Die Wirklichkeit kann demnach immer nur relativ sein.«
Phaidon ist sichtlich aufgeregt und ruft laut: »Es existieren nur Facetten oder Ebenen der Wirklichkeit.«
»Das hast du wunderbar ausgedrückt, Phaidon«, lobt ihn Sokrates. »Lass uns das auf diese Marmorstufe zeichnen.«
»Ich hab hier ein Stück Kreide«, sagt Xenophon. »Ich zeichne es auf. Überschrift: Wirklichkeit – Realität.« Alle beugen sich interessiert zu ihm.
»Links die erste Ebene und rechts die zweite Ebene«, instruiert Alkibiades. »Unter die erste Ebene: Alles, was existiert, das

1 Stationen der Wahrnehmung

Wirklichkeit - Realität

DIE ERSTE EBENE	DIE ZWEITE EBENE
Alles was existiert	Wie alles, was existiert, uns erscheint, abhängig von unserer Wahrnehmung
Das Warum der Existenz	
Eine einzige Energieform	Modellvorstellung der Realität
Eine kosmische Intelligenz?	Das Wie ohne das Warum
Ein Schöpfer bzw. eine Schöpfung?	Eine einzige große Wie-Theorie
Eine kosmische DNA?	(GUT - TOE)

Abb. 1: Es existieren zwei Ebenen der Wirklichkeit: Zu der ersten haben wir keinen Zugang, sondern können nur über sie Spekulationen anstellen. Wir müssen uns mit der zweiten Ebene abfinden, die uns allerdings nur eine subjektive Wirklichkeit erschließen kann. Durch die Grenzen unserer Wahrnehmung müssen wir uns mit Modellvorstellungen begnügen.

Warum der Existenz und die Götter. Unter die zweite Ebene: Wie alles, was existiert, uns erscheint, abhängig von unserer Wahrnehmung. Modellvorstellungen der Wirklichkeit. Das Wie ohne das Warum.«

»Denn das Warum können ja nur die Götter beantworten«, pflichtet Phaidon bei.

Ein ungefähr zwölfjähriger Junge drängt sich durch die Menge zu den Diskutierenden und ruft: »Papa! Papa! Mutter will, dass du nach Hause kommst!«

Sokrates steht auf und blickt verlegen in die Runde: »Mein Sohn Lamprokles. Xanthippe macht Schwierigkeiten. Ich muss leider gehen«, verabschiedet er sich.

2 Ketzerfürsten der Vernunft

Engelsburg in Rom. Die Nacht vom
16. auf 17. Februar Anno Domini 1600

In der Ecke der dunklen Gefängniszelle kauert zusammengekrümmt die durch die Folter geschundene Gestalt auf fauligem Stroh. Unzählige Wunden bedecken den ausgemergelten Körper. Verfilzte, struppige Haare, der Bart und das zerrissene Hemd von Giordano Bruno sind blutverklebt. Durch eine Mauerspalte dringt Licht und erhellt das fahle Gesicht mit den tief in den Höhlen liegenden, dunklen, fiebrigen Augen.
»Filippo, Filippo!« Giordano Bruno zuckt zusammen. Es ist die Stimme seiner Mutter, die ihn mit seinem Taufnamen ruft. »Sei nicht so stur, sei nicht so halsstarrig! Komm endlich zum Essen!« – »Ich fantasiere«, sagt der Gefangene zu sich selbst und wandert in seinen Gedanken zurück in der Zeit. Wie ein Film läuft sein Leben vor seinen Augen ab.
Seine Mutter, Fraulissa Savolina, hat immer gesagt, dass seine Geburt in Nola bei Neapel außergewöhnlich schmerzhaft gewesen sei und sie dies als böses Omen aufgefasst habe.
»Und recht hast du gehabt, Mama«, Giordano Bruno nickt mit einem bitteren Lächeln.
Stur, halsstarrig und hartnäckig sei er, hat der Inquisitor ihn angebrüllt. Die schneidende Stimme von Kardinal Bellarmin dringt wie ein Messer in sein Gehirn: »Widerrufe deinen unsinnigen, ketzerischen Irrglauben«, fordert ihn dieser auf. Dann die Verhöre, immer und immer wieder Folterungen

2 Ketzerfürsten der Vernunft

und Schmerzen. Bruno lehnt sich zurück. »Sieben, es müssen schon sieben Jahre sein in diesem feuchten Drecklöch. Und warum? Weil ich von logischen Schlussfolgerungen überzeugt bin und rationale Erkenntnisse vertrete, ja, vertreten muss, nicht anders kann. Und bei Gott, ich bin nicht der Einzige! Hat nicht Nikolaus Kopernikus mit seinen brillanten Erkenntnissen den selbstgefälligen, verbohrten kirchlichen Schafsköpfen ihre Dummheit und heilige Unwissenheit vorgeführt? Zählen denn Vernunft und Verstand, Beobachtung und logische Schlussfolgerungen überhaupt nicht? Dürfen Wahrheit und Wissen durch die Vertreter einer Glaubensgemeinschaft unterdrückt oder gar durch Folter abgetötet werden? Ja, Kopernikus hat dem bis dahin sauber und bequem geordneten kosmischen Weltbild, mit der Erde und dem Papsttum im Zentrum und der starren, feudalen Ordnung mit den Leibeigenen auf der untersten Stufe und dem kirchlichen Oberhaupt an der Spitze, einen heftigen Stoß versetzt.

Soll ich einfach Beobachtungen und Berechnungen von Nikolaus Kopernikus, Tycho Brahe und Johannes Kepler ignorieren, dass es sich bei der Erde nicht um eine Scheibe im Mittelpunkt des Universums handelt, sondern nur um einen von mehreren Planeten, die um die Sonne kreisen?«

Es sind anscheinend für die Kirche gefährliche Schlussfolgerungen, denn hier wird ja der Glaube an die Unfehlbarkeit der Kirche auf dem Gebiet der Kosmologie in Frage gestellt, und damit wird ihre gesellschaftliche Stellung ebenfalls angezweifelt. Bruno krümmt sich zusammen. Wieder durchzieht ihn eine brennende Schmerzwelle.

»Filippo«, hört er die Stimme seines Vaters. »Sei frei in deinem Urteil und im Denken. Benutze deinen Kopf, suche nach Wahrheit.«

»Ich halluziniere wieder, aber Papa Giovanni hatte gut reden. Er war Soldat und hat sich wohl meinen Lebensweg anders vor-

2 Ketzerfürsten der Vernunft

gestellt. Ich habe die Dreistigkeit besessen und mir erlaubt, frei, vernünftig und laut zu denken, denn für mich darf Gottgegebenheit nicht der Verzicht auf den Vernunftgebrauch bedeuten. Dennoch habe ich während meiner Kerkerhaft in Venedig und hier wider besseren Wissens zum Teil widerrufen. Aber das wollten die gar nicht. Jeder absurde Vorwand und jede unsinnige Unterstellung soll dazu dienen, mich zu verurteilen. Von Anfang an sollte ich der Kirchenmacht als abschreckendes Exempel dienen.« Ein Frösteln lässt Giordano Bruno erschauern. »Es gibt einfach fundamentale Überzeugungen, für die ich lieber sterbe, als durch totalen Widerruf unehrenhaft weiterzuleben. Gott ist für mich keine Intelligenz außerhalb der Welt, die diese im Kreise dreht und leitet. Ist es nicht wesentlich würdiger für ihn, das innewohnende Gesetz der Bewegung zu bilden, als Natur aus sich heraus, von eigener Art, eine Seele für sich, an der alles teilhat? Für mich, und dabei bleibe ich, ist die Welt – das Universum – ewig und unendlich. Was soll dieser Mythos von einem persönlichen Gott, der die Welt aus dem Nichts erschaffen hat? Das Universum muss unendlich sein, mit einem unendlichen Raum, durchdrungen von unendlicher, körperlicher Substanz, eine lebendige, kosmische Einheit, die die Wechselwirkung des Verschiedenen enthält und damit unzählige Sonnen und unzählige Welten, ebenso bewohnt und belebt wie unsere Erde. Zwischen den Welten ist Raum, der nicht leer sein kann, denn leerer Raum kann nicht existieren. Alles stammt aus der Natur, von der göttlichen Einheit, von Materie und Dunkelheit. Und in allem wohnt Gott. Deshalb kann Jesus auch nicht Gottes Sohn sein. Es existieren einfach keine Grenzen zwischen Objekt und Subjekt, zwischen Mensch und Welt. Das, was wir als Realität bezeichnen, entspringt der Vorstellung.« »Ich bin gescheitert. Was bleibt?«, denkt Giordano Bruno und steht mühsam auf. Der Morgen graut.

2 Ketzerfürsten der Vernunft

»Durch ganz Europa bin ich gereist auf der Suche nach Information und um meine Ideen mitzuteilen. Genf, Toulouse, Paris, London, Oxford, Frankfurt, Wittenberg, Prag und dann Venedig, wo dieses falsche Schwein, Giovanni Mocenigo, mich denunziert hat. Und trotzdem«, er wirft den Kopf zurück, »man muss die Welt befragen, wenn man wissen will, wie sie und der Mensch sich verhalten. Man muss in das eigene Innere schauen, denn die Gesetze, die im Universum herrschen, herrschen auch im Menschen.«

Als sich der Schlüssel mit einem metallischen Geräusch im Schloss seiner schweren Gefängnistür dreht und sie sich mit einem knarzenden Geräusch öffnet, schreckt Giordano Bruno aus seinen Gedanken auf. Zwei stämmige Wärter holen ihn ab.

Am 20. Januar 1600 gab die Inquisition ihr Urteil bekannt: »Hierdurch, in diesen Dokumenten … verkünden wir das Urteil und erklären, dass der zuvor genannte Bruder Giordano Bruno ein unbußfertiger und hartnäckiger Ketzer ist und deshalb alle kirchlichen Tadel und Strafen des Heiligen Kanons auf sich geladen hat … Wir verfügen und befehlen deshalb, dass Du dem weltlichen Gericht ausgeliefert wirst … damit Du die Strafe erhältst, die Du verdienst, obwohl wir inbrünstig beten, dass er (der römische Statthalter) die Strenge des Gesetzes in Bezug auf Deine Strafen mildern möge, damit Du nicht getötet wirst oder Deine Glieder verstümmelt.

Darüber hinaus verurteilen, missbilligen und verbieten wir alle Deine zuvor genannten und Deine übrigen Bücher und Schriften als ketzerisch und irrig, da sie viele Ketzereien und Irrtümer enthalten, und wir verfügen, dass alle diese Bücher, die in die Hände der Inquisition gelangt sind oder in Zukunft gelangen, öffentlich vernichtet und auf dem St. Petersplatz vor den Stufen verbrannt werden und auf den Index verbotener Bücher gesetzt werden sollen.«

2 Ketzerfürsten der Vernunft

Entgegen der geheuchelten Sorge über Giordano Brunos körperliches Wohlergehen verkündete die Inquisition das Todesurteil. Giordano Bruno trotzte ihr bis zum Schluss. Gaspar Schopp von Brelau, der kurz zuvor zum Katholizismus übergetreten war und dem Urteil beiwohnte, berichtet:
»Heute sah ich mit eigenen Augen, wie Giordano Bruno, als Ketzer überführt, auf dem Campo dei Fiori vor dem Theater des Pompejus öffentlich verbrannt wurde ... Am 9. Februar war Bruno im Palast des Großinquisitors und in Gegenwart der erlauchtesten Kardinal-Inquisitoren, der theologischen Berater und des römischen Stadtoberhaupts in den Gerichtssaal geführt worden, wo er niederknien und den Urteilsspruch anhören musste. Erst wurde von seinem Leben und seiner Lehre berichtet und darauf hingewiesen, mit welcher Fürsorglichkeit die Inquisition versucht hatte, ihm seinen Irrweg aufzuzeigen und ihn brüderlich zu ermahnen. Geschildert wurde, wie hartnäckig und gottlos Bruno gewesen war. Dann wurde ihm seine Stellung als Geistlicher aberkannt, worauf man ihn exkommunizierte und dem weltlichen Arm zur Bestrafung übergab, mit der Bitte, die Strafe möge so gnädig ausfallen wie möglich. Während der ganzen Zeit erwiderte Bruno kein Wort, nur einmal sagte er: ›Vielleicht habt ihr, die ihr dies Urteil fällt, mehr Grund zur Angst als ich, der ich es hinnehmen muss.‹
So wurde er von den Männern des Stadtoberhaupts ins Gefängnis gebracht, wo man ihn noch acht Tage lang festhielt, für den Fall, dass er seine Irrtümer widerrufen wollte; aber ohne Erfolg. Und deshalb wurde er heute auf den Scheiterhaufen geschickt. Als hier dem schon Sterbenden das heilige Kruzifix vorgehalten wurde, wandte er mit verachtender Miene das Haupt. Man hielt ihm an einem langen Stab das Kreuz hin, die Kirchenmänner wollten, dass er es küsste. Er sah bleich und blass aus, offenbar geschwächt von dem Blutverlust, den er durch die vergangenen Marterungen erlitten hatte. Seine Arme hingen wie

2 Ketzerfürsten der Vernunft

leblos herunter. Man hatte sie aus den Gelenken gerissen, als man ihn über das Rad geflochten hatte. Nicht genug damit, die furchtbaren Marterwerkzeuge hatten an vielen Stellen das Fleisch bis auf die Knochen heruntergeschabt.

Er ging in den glühenden Flammen elendiglich zugrunde und war vielleicht kurz davor, auf die Welten zu verzichten, die er erdacht hatte. Und so werden gotteslästerliche und gottlose Menschen für gewöhnlich in Rom behandelt.«

In der römischen Zeitung »Avisi di Roma« war zwei Tage später zu lesen: »Der abscheuliche Dominikanerbruder von Nola, über den wir schon früher berichtet haben, wurde am Donnerstagmorgen auf dem Campo dei Fiori bei lebendigem Leibe verbrannt.

Er war ein ungemein halsstarriger Ketzer, der aus seiner eigenen Eingebung verschiedene Dogmen gegen unseren Glauben fabrizierte, besonders aber gegen die Heilige Jungfrau und andere Heilige. Der Elende war so hartnäckig, dass er gewillt war, dafür zu sterben.«

Zum besseren Verständnis möchte ich die Hintergründe der Spannungen zwischen den neuen, naturwissenschaftlichen Erkenntnissen und einer in Dogmen verhafteten, hierarchischen Institution, die sich ins Abseits gedrängt fürchtete, kurz beleuchten. Die Kirche fühlte sich bis beinahe zum 18. Jahrhundert durch das aristotelische und ptolemäische System relativ sicher aufgehoben.

Aristoteles, 384 v. Chr. in Stagira geboren und 322 v. Chr. in Chalkis gestorben, gehört zu den bekanntesten und einflussreichsten europäischen Philosophen. Er hat zahlreiche Disziplinen begründet oder zumindest beeinflusst, wie zum Beispiel die Erkenntnistheorie, Logik, Biologie, Physik, Ethik, Staatslehre und Poetik. Sein Vater, Nikomachos, war Leibarzt des Königs Amyntas III. von Makedonien, und seine Mutter stammte aus einer Arztfamilie aus Chalkis auf Euboia. 367 v. Chr. kam Aris-

2 Ketzerfürsten der Vernunft

toteles als Siebzehnjähriger nach Athen und wurde einer der bedeutendsten Schüler von Platon. War Platon ein schöpferischer Philosoph, Realist und Utopist, so war Aristoteles der rationale Analytiker. Im Gegensatz zu Platon ist Aristoteles Empiriker, für den die Fähigkeiten der Sinne, sicheres Wissen zu vermitteln, von besonderer Bedeutung sind. Wahrnehmung fasst Aristoteles allgemein als Erleiden oder qualitative Veränderung auf. Das, was die Sinne wahrnehmen, ist dabei jeweils durch ein kontinuierliches Gegensatzpaar bestimmt: Sehen durch hell und dunkel, Hören durch hoch und tief, Riechen und Schmecken durch bitter und süß. Tasten weist verschiedene Gegensatzpaare auf: hart und weich, heiß und kalt, feucht und trocken. Wahrnehmungsvermögen weisen nur Tiere und Menschen auf. Das Denken besitzt allein der Mensch. Die Vernunft oder das Denkvermögen ist also nach Aristoteles spezifisch für den Menschen. Er definiert sie als das, womit die Seele denkt und Annahmen macht. Die Vernunft sei unkörperlich, da sie andernfalls in ihren möglichen Denkgegenständen eingeschränkt wäre, was aber nicht der Fall sein darf. Vorstellungen bilden das Material der Denkakte, sie sind konservierte Sinneswahrnehmungen. Das Vorstellungsvermögen ist dem Wahrnehmungsvermögen zugeordnet. Demnach ist die Vernunft in ihrer Tätigkeit an Vorstellungen gebunden. Die Seele definiert Aristoteles als erste Wirklichkeit eines natürlichen, organischen Körpers. Beseelt sein bedeutet für ihn lebendig sein, und er argumentiert, dass die Seele, die die verschiedenen vitalen Funktionen von Lebewesen ausmache, dem Körper seine Form gebe.

Aristoteles vergleicht das Studium unvergänglicher Substanzen – das sind Gott und die Himmelskörper – mit dem vergänglicher Substanzen, den Lebewesen.

In seiner Weltanschauung unterscheidet Aristoteles zwischen irdischen und himmlischen Gesetzen. Wie bei Platon hat die Erde

1 Spiralgalaxie M81. Im Zentrum ein Schwarzes Loch als Rotationsmotor. In den Spiralarmen sind meist die jüngeren Sterne und auch Planetensysteme verteilt.

2 Eagle Nebula M16. Der interstellare Staub- und Gasturm ist die Geburtsstätte neuer Sterne und Planeten. Der »Soaring Tower« ist 9,5 Lichtjahre hoch.

3 Ultra Deep Field. Das Hubble-Teleskop erforscht die entferntesten kosmischen Regionen und blickt damit in die Frühzeit – 500 Millionen Jahre – nach dem Urknall.

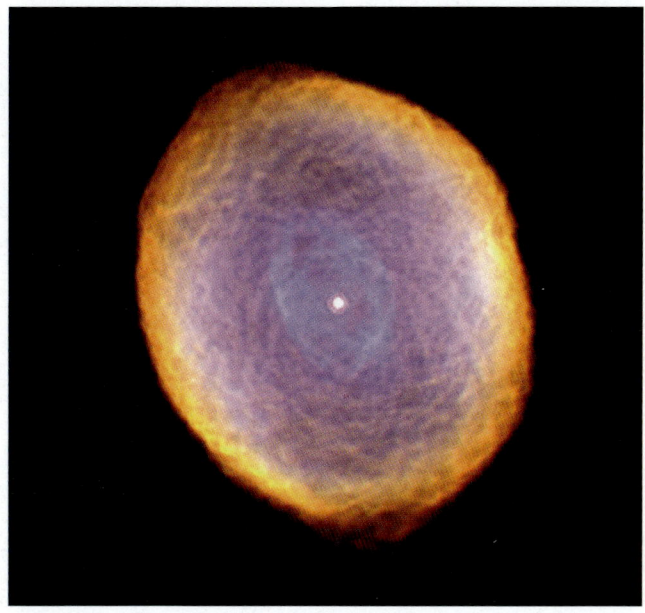

4 2000 Lichtjahre von uns entfernt entsteht aus dieser protoplanetarischen Gas- und Staubscheibe ein neues Sonnensystem.

5 Diese prachtvoll farbige Gas- und Staubwolke in der Galaxie M17 bildet das Rohmaterial für neue Planetensysteme und möglicherweise auch für Leben.

6 Existiert Leben auf dem Mars? Der Phoenix-Lander untersucht Bodenproben mit seinem Schürfarm nach Mikroorganismen.

für ihn bereits eine Kugelgestalt, und die Erde ist das ruhende Zentrum im Universum. Alle anderen Himmelskörper vollziehen Kreisbahnen als einzig wahre und vollkommene Bewegung. Aristoteles hat Platons Idee des sogenannten geozentrischen Systems nicht nur gefestigt, sondern durch eine weitläufige Naturbeschreibung ergänzt. Aristoteles war schon längst in der Institution der Kirche zu einer sakrosankten Autorität aufgestiegen, an der man unter gar keinen Umständen rütteln durfte. Das traf auch auf den um 100 n. Chr. geborenen griechischen Naturforscher und Astronom Claudius Ptolemäus zu. Im zweiten Drittel des zweiten Jahrhunderts in Alexandria tätig, hinterließ er der Nachwelt wissenschaftliche Erkenntnisse und Werke, die sich noch bis ins 17. Jahrhundert auswirkten. Am nachhaltigsten waren seine astronomischen Arbeiten, in denen er das Wissen seiner Zeit zusammengefasst, neu geordnet und ergänzt hat. Schließlich verschmolz er die verschiedenen Vorstellungen vom Universum zu einem konzentrischen Weltbild mit der absoluten Kugelform. In diesem ptolemäischen Weltbild war die Erde von Feuer, Luft und Wasser umgeben. Unterhalb der Sonnen- und Planetensphären drehte sich die Kristallsphäre des Mondes über der Erde und ihren Elementen. Diese skurrile Zwiebel wurde wiederum von der Sphäre der Fixsterne und das Ganze schließlich von der »primum mobile«-Sphäre eingeschlossen. Nach ptolemäischem Gesetz ist die Erde der Mittelpunkt des Universums. Ptolemäus konnte seine Überzeugungen durchsetzen, weil er dialektisch überzeugender argumentierte als seine Konkurrenten, mit dem Ergebnis, dass das ptolemäische System tausend Jahre lang die Welt beherrschte. Aber trotz dieses etablierten ptolemäischen Weltbildes entbrannten schon zu Zeiten von Leonardo da Vinci ketzerische Streitgespräche über die Rotation der Erde und ihrer Bewegung um die Sonne. Nicht zuletzt war dafür Nikolaus Kopernikus (1473–1543) mitverantwortlich. In Thorn an der Weichsel ge-

2 Ketzerfürsten der Vernunft

boren, verließ Kopernikus im Alter von 23 Jahren die Universität Krakau, um seine humanistischen, mathematischen und astronomischen Studien südlich der Alpen zu vervollständigen. Zudem wollte er Griechisch lernen. Ende 1496 schrieb er sich in die Studentenliste der Universität Bologna ein und wurde schon bald darauf Schüler, Assistent und Freund des aus Ferrara stammenden Astronomen Domenico Maria Novara. Zweifellos wurden bereits zu dieser Zeit die kopernikanischen Ideen vom heliozentrischen System geboren. Denn Novara, der zwar zum Broterwerb in Richtung Ptolemäus orientiert war, leitete seine intellektuellen Erkenntnisse allem Anschein nach von dem griechischen Astronomen Aristarchos von Samos (300 v. Chr.) ab.

Dieser hatte schon in der Antike ein heliozentrisches Weltbild vertreten, in dem die Erde um die Sonne kreist. Seine Zeitgenossen hatten diese Anschauung allerdings abgelehnt.

Als Kopernikus Italien 1505 verließ, um in seine Heimat zurückzukehren, brachte er die unumstößliche Überzeugung von der Realität des heliozentrischen Systems mit nach Hause. Schon zu diesem Zeitpunkt ging er von der Voraussetzung aus, dass die Sonne der Mittelpunkt der kreisförmigen Planetenbahnen ist, dass die Erde um die Sonne kreist und sich dabei täglich um die eigene Achse dreht, während sie ihrerseits vom Mond umkreist wird.

Kopernikus war nicht der erste Wissenschaftler an der Wende zur Neuzeit, der ein heliozentrisches System in Betracht zog. Vor ihm wurde diese Auffassung schon von Nikolaus von Kues (1401–1464), dem allerdings die Mittel für eine mathematische Ausarbeitung fehlten, und von Regiomontanus, eigentlich Johannes Müller, Mathematiker und Astronom (1436–1476) diskutiert.

Mit Sicherheit hat Kopernikus von den Werken dieser beiden Wissenschaftler profitiert. Auf Betreiben seines Onkels, des

2 Ketzerfürsten der Vernunft

Fürstbischofs Lukas Watzenrode, war Kopernikus schon 1497 in das Ermländische Domkapitel zu Frauenburg aufgenommen worden. Nach seiner Rückkehr aus Italien lebte er nun als Sekretär seines Onkels in Heilsburg, bis dieser 1512 starb. Danach erhielt er unter anderem auch das Amt eines Kanzlers des Frauenburger Domkapitels. In diesen 18 Jahren seiner Amtstätigkeit im Bereich des Bistums Ermland, von 1512–1530, arbeitete er daran, sein Weltbild mit den Himmelsphänomenen in Einklang zu bringen. Zur Veröffentlichung gab er allerdings nur eine Skizze seiner Resultate frei. Erst die eindringlichen Bitten des Bischofs von Kulm veranlassten Kopernikus schließlich, diesem das Manuskript seines Werkes »De revolutionibus orbium coelestium« zu übergeben.

Aber für Kopernikus kam die Veröffentlichung zu spät, denn der Tod war schneller. So konnte man ihm die erste gedruckte Kopie seines Lebenswerkes nur noch auf dem Totenbett am 24. Mai 1543 in die Hände legen.

Das neue Weltbild löste kein unmittelbares Echo aus. Weil es sich mit dem Wahrnehmungsvermögen der Sinne nicht vereinbaren ließ, wurde es nicht verstanden. Unglücklicherweise hatte Kopernikus auch nicht völlig mit der Tradition gebrochen, denn auch er hielt noch an der irrigen Auffassung fest, dass sich die Planeten in absolut perfekten Kreisbahnen bewegen. In Unkenntnis der Bewegungsgesetze kam es zudem zu ernsthaften Einwänden: Wenn sich die Erde wie ein Kreisel drehte, musste doch alles, was nicht fest an ihre Oberfläche gebunden war – also auch die Menschen –, heruntergeschleudert werden. Die Voraussetzung für die Stabilität der Erde, wendeten die Kritiker ein, war doch schließlich der Ruhezustand. Die scheinbare Bewegungslosigkeit der Sterne unterstellte obendrein derart unvorstellbare Entfernungen, dass diese mit den vorhandenen Ansichten einfach nicht in Einklang zu bringen waren.

2 Ketzerfürsten der Vernunft

Martin Luther äußerte seine Meinung über Kopernikus wie folgt: »Der Narr will mir die ganze Kunst Astronomia umkehren! Aber wie die Heilige Schrift zeigt, ließ Josua die Sonne stillstehen und nicht die Erde.« Entgegen der allgemeinen Ansicht wurde die Propagierung des heliozentrischen Weltbildes keineswegs als Ketzerei angesehen, sondern eher als Hirngespinst eines verwirrten Geistes. Die katholische Kirche, der Kopernikus angehörte, hielt sich mit einer Stellungnahme zurück, da seine Theorie lediglich als mathematische Hilfskonstruktion, als eine Hypothese zur einfachen Berechnung der Planetenbahnen, angesehen wurde.

Kopernikus selbst zweifelte nicht daran, dass sich mit der Umlaufbahn der Erde stellare perspektivische Verschiebungen ergeben mussten. Aber er rechnete fest damit, dass sich seine Theorie durch zukünftige Entfernungsmessungen beweisen lassen würde. Darüber sollten jedoch noch vier Jahrhunderte vergehen.

Der prominenteste unter den Astronomen während des Überganges vom Mittelalter zur Neuzeit war wohl der Däne Tycho Brahe (1546–1601). Er war adliger Abstammung und heiratete die bürgerliche Kirstine Barbara Jörgensdatter und hatte acht Kinder mit ihr. Er hatte Jura studiert, aber sein geheimes Steckenpferd war die Astronomie, der er sich nach seiner beträchtlichen Erbschaft widmen konnte. Seine Studienreisen führten ihn auch nach Deutschland. Hier wurde er unter anderem auch mit dem astronomisch interessierten Landgrafen von Hessen-Kassel, Wilhelm IV., bekannt, der ihn seinerseits dem dänischen König Friedrich II. empfahl.

Genau wie sein namhafter Vorgänger in der Antike, Hipparchos (134 v. Chr.), machte sich auch Brahe durch die Beobachtung eines aufflammenden »neuen Sterns« – durch die außergewöhnliche Nova Cassiopeia von 1572 – einen Namen.

Brahe war nicht nur extravagant, sondern auch ausgesprochen streitsüchtig. Kein Wunder also, dass er bereits als Zwanzigjäh-

2 Ketzerfürsten der Vernunft

riger einen Kommilitonen wegen einer mathematischen Formel wütend zum Duell forderte, bei dem er um Mitternacht seine Nase einbüßte. Doch dieses Missgeschick war nicht im Geringsten dazu angetan, sein Selbstbewusstsein zu erschüttern. Er trug, der Überlieferung nach, eine Nasenprothese aus einer Gold-Silber-Legierung, die er mit einer Salbe anklebte. Als man jedoch 1901 sein Grab öffnete und den Schädel untersuchte, um Hinweise auf die besagte Prothese zu bekommen, fand man Reste von Kupfersalzen an der entsprechenden Stelle, die eher auf eine dünne Kupferfolie hindeuteten als auf eine schwer zu tragende Prothese aus einer Goldlegierung. Bis zum Ende seines Lebens trug er jedenfalls seine Nasenprothese mit vollendeter Grandezza, die seinen pompösen Lebensstil eher noch unterstrich.

Als er 1576 von König Friedrich II. zusätzlich noch mit der Insel Ven in der Nähe von Kopenhagen belehnt wurde, gab es kein Halten mehr. Nun errichtete Brahe dort einen weitläufigen prunkvollen Palast – Tychos Palast –, der seinem Lebensstil endlich entsprach: die Sternwarte Oranienborg. Sie war mit dem besten astronomischen Instrumentarium seiner Zeit ausgestattet, das er nicht nur mit meisterhaftem Können, sondern auch unter entsprechendem Aufwand benutzte: Er stellte sich dem »Sternenvolk« selbstverständlich nur in den prächtigsten Roben. Zu seiner Zeit gab es noch kein Teleskop. Seine Beobachtungen der Fixstern- und Planetenpositionen, die damals mit Abstand die präzisesten waren und mit einer Genauigkeit von zwei Bogenminuten auch heute nicht ohne weiteres zu erreichen sind, führte er mit Hilfe eines großen Mauerquadranten durch.

Nach dem Ableben des dänischen Königs geriet er durch sein heftiges Temperament mit dessen Nachfolger, Christian IV., der seinen Etat gekürzt hatte, in Schwierigkeiten und verließ Dänemark. Im Oktober 1597 nahm er die Einladung seines Freundes

2 Ketzerfürsten der Vernunft

Heinrich Rantzau nach Wandsbek bei Hamburg an und zog in eines der Gutshäuser. Im September 1598 verließ Brahe mit seinen Söhnen und Studenten Wandsbek und wechselte 1599 nach Prag. Kaiser Rudolf II. hatte ihm eine Stelle als Hofmathematiker angeboten und wollte ihm dort eine neue Sternwarte erbauen lassen. Brahe starb jedoch 1601, bevor der Bau beendet war. Während seiner letzten beiden Lebensjahre stand ihm hier unter anderen Johannes Kepler (1571–1630) als Assistent zur Seite.

Vor der Erfindung des Fernrohrs war Brahe der herausragendste beobachtende Astronom. Er hat mit dem bloßen Auge die bestmögliche Genauigkeit überhaupt erreicht. Allein aufgrund seiner Beobachtungen der Standorte der Planeten – insbesondere dem des Mars – wurden die Voraussetzungen für Keplers Arbeiten über die elliptischen Bahnen der Planeten geschaffen. Aber gerade durch die absolute Genauigkeit seiner Beobachtungen entfernte sich Brahe paradoxerweise von der Wirklichkeit. Dem kopernikanischen System setzte er sein eigenes, extravagantes entgegen, das ihn allerdings nicht überlebte, denn Brahe sah in der Erde den ruhenden Mittelpunkt einer Welt, die von Sonne und Mond umkreist wurde, während sich die übrigen Planeten um die Sonne bewegten.

Mit der Einführung des Fernrohres eröffneten sich für die Astronomie ungeahnte neue Perspektiven. Als der holländische Brillenmacher Jan Lippershey 1608 rein zufällig auf eine bestimmte Anordnung von Linsen stieß, die eine buchstäbliche Überbrückung von Entfernungen ermöglichte, konnte wohl niemand damals die Konsequenzen dieses Zufalls nur erahnen. Dadurch erhielt die beobachtende Astronomie ein Werkzeug, das zu ganz neuen Erkenntnissen führen sollte.

Durch seine genialen Arbeiten mit ihren präzisen Berechnungen war Johannes Kepler ein Mitbegründer der modernen Na-

2 Ketzerfürsten der Vernunft

turwissenschaften. Als Nachfolger Tycho Brahes erhielt Kepler vollen Zugang zu dessen gewaltigem Schatz von astronomischen Daten, denn die Sorgfalt und Genauigkeit von Brahes Aufzeichnungen waren einfach erstaunlich.
Johannes Kepler wurde am 27. Dezember 1571 in der freien Reichsstadt Weil der Stadt in Württemberg geboren. Sein Großvater war Bürgermeister dieser Stadt, und sein Vater verdiente seinen unsicheren Lebensunterhalt als Händler und verließ die Familie, als Johannes fünf Jahre alt war. Seine Mutter Katharina, eine Gastwirtstochter, war eine Heilerin und Kräuterfrau und wurde später der Hexerei angeklagt. Als Frühgeburt wurde Johannes immer als schwaches und krankes Kind bezeichnet. 1575 überstand er eine Pockenerkrankung, die jedoch sein Sehvermögen bleibend beeinträchtigte. Keplers Mutter weckte schon früh sein Interesse für die Astronomie. Mit 18 Jahren ging er nach Tübingen, um Theologie zu studieren. Vorlesungen des Mathematikers und Astronomen Michael Mästlin über das kopernikanische Weltsystem begeisterten ihn jedoch derartig, dass er sich entschied, sein Leben der Astronomie zu widmen.
Bereits als Fünfundzwanzigjähriger veröffentlichte er 1596 eine Arbeit, in der er das kopernikanische Weltbild sehr klar darstellt und seine Vorteile gegenüber dem ptolemäischen System aufzeigt. Keplers ungewöhnlich forschender Verstand enthüllt sich bereits in diesem Werk.
Bis zu Kepler hatten sich Astronomen noch das verhältnismäßig bescheidene Ziel gesteckt, die Bewegungen der Planeten genau zu beschreiben. Ihnen genügte eine geometrische Darstellung der Planetenbahnen. Als kaiserlicher Hofastronom Rudolfs II. und Nachfolger von Brahe kam er nach gründlicher Analyse der Messortsbestimmungen zum Schluss, dass die Marsbahn elliptisch verläuft.
Er fegte die Überbleibsel ptolemäischen Plunders im kopernikanischen System weg und erstellte einen harmonischen Plan,

2 Ketzerfürsten der Vernunft

nach dem unser Sonnensystem geordnet ist. Kepler kam zu der Erkenntnis, dass die Planeten bestimmten Gesetzmäßigkeiten unterliegen, dass sie sich nicht in Kreisbahnen, sondern in elliptischen Bahnen um die Sonne bewegen, genau wie der Mond und die Erde.

Zudem versuchte Kepler, den Lauf der Planeten um die Sonne mechanisch zu erklären. Angeregt durch das bahnbrechende Werk William Gilberts (1544–1603), »De magnete magneticisque corporibus et de magno magnete tellure« (»Über den Magneten, magnetische Körper und den großen Magneten Erde«), vermutete er als Ursache einer gegenseitigen Anziehung schwerer Körper den Einfluss einer zentralen Kraft. Gilbert, der seit 1601 Leibarzt Elisabeths I. und nach ihrem Tode König Jakobs I. von England war, präsentierte in seiner Arbeit die ersten Überlegungen über das Phänomen Elektromagnetismus.

Kepler lebte in einer Zeit, in der zwischen Astronomie und Astrologie noch nicht eindeutig getrennt wurde. Zudem war seine Epoche von Hass, Intoleranz und Angst geprägt. In seiner Zeit tobte der Dreißigjährige Krieg zwischen Katholiken und protestantischen Parteien. Kepler war ein zutiefst religiöser Mensch. Er räumte der menschlichen Willkür die Möglichkeit ein, himmlische Zwänge zu durchbrechen und von dem astrologisch vorgezeichneten Weg abzuweichen. Er versuchte die Astrologie auf eine gesicherte Basis zu stellen, was zu seinem Werk »Über die wahren Grundlagen der Astrologie« führte. Mehr als 800 Horoskope und Geburtskarten, die von Kepler gezeichnet wurden, sind erhalten. Schon 1608 hatte Kepler Wallenstein ein Horoskop gestellt, das nicht gerade ein schmeichelhaftes Charakterbild zeichnete. Wie zum Trost fügte Kepler hinzu: »Es ist aber das Beste an dieser Geburt, dass Jupiter darauf folget und Hoffnung machet, mit reifem Alter werden sich die meisten Untugenden abwetzen und also diese Natur zu hohen, wichtigen Sachen zu verrichten tauglich werde.«

2 Ketzerfürsten der Vernunft

Mit Galileo Galilei wechselte Kepler zwar öfter Briefe, dieser jedoch hielt nicht viel von dessen fernwirkenden Kräften und esoterischen Harmonien. Das Verhältnis zwischen den beiden war trotz mancher Übereinstimmungen, gelinde gesagt, gespannt.

Eine der bedeutendsten Arbeiten Keplers war seine »Dioptrice«. Mit diesem 1611 erschienenen Werk erarbeitete Kepler die Grundlagen für die Optik als Wissenschaft. »Nicht vom Auge gehe ein Kegel aus, dessen Basis den Betrachtungsgegenstand umfasst, sondern von jedem Punkt des Objektes gehen Strahlen in alle Richtungen, einige davon erreichen durch die Pupille das Augeninnere. Ebenso wie Lichtstrahlen auf dem Weg von den Gestirnen zur Erde durch die Lufthülle abgelenkt werden, werden sie in dem noch dichteren Medium der Augenlinse gebrochen und damit gebündelt.«

Die Erfindung des Kepler-Fernrohres ist eine Konsequenz seiner tiefgreifenden Erkenntnisse zur Brechung des Lichts und der optischen Abbildung. Die Veröffentlichung der »Dioptrice« war eine Antwort auf Galileis Arbeit »Sidereus nuncius« und stützte Galileis Schlussfolgerung über die Jupitermonde. Dieser schrieb an Kepler unter anderem: »Ich danke Ihnen, weil Sie der Einzige sind, der mir Glauben schenkt.«

Galileo Galilei, am 15. Februar 1564 in Pisa geboren und 1642 in Arcetri bei Florenz gestorben, war ein italienischer Mathematiker, Physiker und Astronom, der bahnbrechende Entdeckungen in mehreren Disziplinen der Naturwissenschaften machte. Er stammte aus einer verarmten Florentiner Patrizierfamilie. Sein Familienzweig hatte den Namen eines bedeutenden Vorfahren angenommen, des Arztes Galileo Bonaiuti. Galileis Vater Vincenzo war Tuchhändler, Musiker und Musiktheoretiker und hatte auch mathematische Kenntnisse. Galilei wurde als Novize in einem Kloster erzogen und wäre beinahe in den Benediktinerorden eingetreten, wenn ihn sein Vater

2 Ketzerfürsten der Vernunft

nicht nach Hause geholt hätte, um ihn 1580 nach Pisa zu schicken, um dort Medizin zu studieren. Er brach jedoch nach vier Jahren sein Studium ab, ging nach Florenz und studierte bei Ostilio Ricci Mathematik. Er bestritt seinen Lebensunterhalt mit Privatunterricht, befasste sich mit angewandter Mathematik, Mechanik und Hydraulik und erregte Aufsehen durch Vorträge in den gebildeten Kreisen der Stadt.

Im Jahr 1589 war er als Mathematiklektor an der Universität Pisa engagiert. Er befasste sich dort mit der Pendelbewegung und kam zum Schluss, dass die Periode nicht von der Auslenkung oder dem Gewicht des Pendels, sondern von dessen Länge abhängt. Zudem untersuchte er die Grundlagen der Fallgesetze und führte die schiefe Ebene als Versuchsanordnung ein. Er experimentierte in diesem Zusammenhang mit Kugeln unterschiedlichster Materialien. Durch Messen der Geschwindigkeit der anrollenden Kugeln erkannte er, dass Beschleunigung und Geschwindigkeit unterschiedliche Faktoren sind.

Von 1592 bis 1610 hatte er den Lehrstuhl für Mathematik in Padua inne, auf den sich auch Giordano Bruno vergebens Hoffnung gemacht hatte. Es war auch in dieser Zeit, in der er deutlich zu erkennen gab, dass er das heliozentrische Weltsystem gegenüber dem vorherrschenden Glauben an das geozentrische Weltsystem favorisierte. Als er 1609 von Jan Lippersheys Fernrohr hörte, baute er aus käuflichen Linsen ein Gerät mit ungefähr vierfacher Vergrößerung nach, lernte dann schließlich, die Linsen selbst zu schleifen und erreichte damit anfänglich eine neunfache und später bis zu dreiunddreißigfache Vergrößerung.

Mit seiner »optischen Röhre« erkannte er 1610 die Mondgebirge und die vier größten Jupitermonde. 1611 identifizierte er die Venusphasen, die Sonnenflecken und das »seltsame Anhängsel« des Saturn, die Saturnringe. Er beobachtete, dass die Milchstraße aus unzähligen Sternen besteht.

Die Endeckung der Sonnenflecken verwickelte ihn in Auseinandersetzungen mit den Jesuiten. Um die Sonne vor der befleckten Unvollkommenheit zu retten, argumentierte der Jesuit Christoph Scheiner, dass die Flecken Satelliten seien, während Galilei entgegnete, dass die Sonnenflecken entstehen und vergehen.

Galilei stand im Grunde genommen bis zu seinem Prozess bei der römischen Kurie, den Jesuiten und auch bei den Päpsten in hohem Ansehen, und seine Lehren wurden gefeiert. Als er 1611 nach der Veröffentlichung seines »Sternenbote« nach Rom kam, wurde er von Papst Paul V. in einer Audienz freundschaftlich empfangen, und das Jesuitenkollegium Roms ehrte ihn mit verschiedenen Feierlichkeiten.

Galileis erste gedruckte Stellungnahme für das kopernikanische System fand in Rom zuerst großen Beifall und stieß nicht auf Kritik. Sogar Kardinal Barberini, der spätere Papst Urban VIII., der ihn 1633 verurteilen ließ, beglückwünschte ihn.

So stellte der Religionswissenschaftler Professor Paul Schirrmacher fest, dass der Kampf gegen Galilei danach nicht nur von katholischen Würdenträgern ausging, sondern gerade von seinen Wissenschaftler-Kollegen, die um ihre Position fürchteten. Der bedeutende, in Ungarn gebürtige Schriftsteller Arthur Koestler, 1905 in Budapest geboren und 1983 durch Freitod viel zu früh aus dem Leben geschieden, kommt in seiner Galilei-Studie in »Die Nachtwandler« zu einer wenig schmeichelhaften Charakterbeschreibung:
»Galilei war ein überdurchschnittlich eigensinniger, empfindlicher und aggressiver Wissenschaftler und schaffte sich durch seine fortwährende, scharfe Polemik selbst dort Todfeinde, wo man dem ptolemäischen Weltbild längst entsagt hatte. Bereits im Studium erhielt er den Spitznamen ›Zänker‹.«
Koestler weist immer wieder auf seine zahlreichen Auseinandersetzungen hin, die es unmöglich machten, wissenschaftlich

2 Ketzerfürsten der Vernunft

mit Galilei zusammenzuarbeiten. Seine Methode war, den Gegner lächerlich zu machen, und damit hatte er immer Erfolg, gleichgültig, ob mit Recht oder Unrecht.

Und weiter stellt Koestler fest: »Die Persönlichkeit Galileis, wie sie uns aus populärwissenschaftlichen Werken entgegentritt, hat noch weniger Bezug auf die historischen Gegebenheiten als im Falle des Kanonikus Kopernigk. Bei Galilei aber handelt es sich nicht mehr um wohlwollende Gleichgültigkeit gegenüber dem Individuum, unabhängig von seiner Leistung, sondern um eine weitgehende parteigebundene Stellungnahme. In theologisch angehauchten Werken erscheint er als ein Störenfried, während die rationalistische Mythographie ihn als Jungfrau von Orleans der Naturwissenschaft oder als St. Georg hinstellt, der den Drachen der Inquisition erschlug. Es überrascht daher kaum, dass der Ruhm dieses hervorragenden Mannes in der Hauptsache auf Entdeckungen beruht, die er nie machte, und auf Heldentaten, die er nie vollführte. Im Gegensatz zu dem, was in den meisten Darstellungen des Werdegangs der Naturwissenschaften zu lesen steht, erfand Galilei das Teleskop nicht, ebenso wenig wie das Mikroskop, das Thermometer oder die Pendeluhr. Er entdeckte weder das Trägheitsgesetz noch das Kräfte- und Bewegungsparallelogramm noch die Sonnenflecken. Er leistete keinen Beitrag zur theoretischen Astronomie; er warf keine Gewichte vom schiefen Turm zu Pisa und bewies die Richtigkeit des kopernikanischen Systems nicht. Er wurde von der Inquisition nicht gefoltert, schmachtete nicht in ihren Verliesen, sagte nicht ›Und sie bewegte sich doch‹ und war kein Märtyrer der Wissenschaft. Hingegen war er der Begründer der modernen Wissenschaft der Dynamik und zählt somit nicht zu den Männern, die das Geschick der Menschen formten.«

1624 reiste Galilei nach Rom und wurde von Papst Urban einige Male empfangen, der ihn ermutigte, über das kopernikanische System seine Ansichten zu veröffentlichen, solange er dies

2 Ketzerfürsten der Vernunft

als Hypothese behandelte. Nach jahrelangen Vorarbeiten erschien endlich sein Werk »Dialogo« in italienischer Sprache und nicht wie üblich in Latein, in dem er die ersten Ansätze für das Relativitätsprinzip und Vorschläge zur Bestimmung der Lichtgeschwindigkeit und Argumente für das kopernikanische System präsentierte.

Allerdings machte er den kapitalen Fehler, dass er sich in seinem Werk über Papst Barberini-Urban versteckt lustig machte, indem er dessen Reden in den Mund des Dummkopfs Simplicio legte. Damit hatte Galilei die Protektion des Papstes verspielt. Anfang 1633 wurde er offiziell von der Inquisition verhört. Am 22. Juni 1633 fand der Prozess in der Basilika Santa Maria sopra Minerva statt. Anfänglich leugnete Galilei, das kopernikanische System gelehrt zu haben, um dann aber offiziell zu widerrufen.

»Ich, Galilei, Sohn des verstorbenen Vincenzo Galilei aus Florenz, 70 Jahre alt, persönlich vor diesen Gerichtshof geladen und hier vor Euch auf den Knien, Hochwürdiger und Erhabener Großinquisitor der Herren Kardinäle gegen ketzerische Verderbtheit in der gesamten christlichen Welt, schwöre, vor meinen Augen die Heilige Schrift, die meine Hände berühren, dass ich stets geglaubt habe, glaube und mit Gottes Hilfe auch in Zukunft alles glauben werde, woran die Heilige Katholische und Apostolische Kirche festgehalten, was sie gepredigt und gelehrt hat.

Aber seit der Zeit – nachdem das Heilige Amt eine rechtliche Verfügung gegen mich erlassen hat, des Inhalts, dass ich von der unwahren Behauptung, dass die Sonne der Mittelpunkt der Welt ist und sich nicht bewegt, gänzlich ablassen muss; dass ich an dieser falschen Lehre nicht festhalten darf, sie nicht verteidigen und in keiner Weise, wie auch immer, lehren darf, weder mündlich noch schriftlich; und nachdem ich darüber unterrichtet wurde, dass diese Lehre der Heiligen Schrift wider-

45

2 Ketzerfürsten der Vernunft

spricht – habe ich ein Buch geschrieben und gedruckt, in dem ich diese bereits verworfene Lehre verkündet und zwingende Argumente zu ihren Gunsten angeführt habe, ohne dafür eine Erklärung abzugeben. Ich wurde vom Heiligen Amt der schweren Ketzerei beschuldigt, gewissermaßen daran festgehalten und geglaubt zu haben, dass die Sonne der Mittelpunkt der Welt ist und sich nicht bewegt und die Erde nicht der Mittelpunkt der Welt ist und sich bewegt ...
Ich schwöre, dass ich zukünftig nie mehr auch nur das Geringste sagen oder behaupten werde, mündlich oder schriftlich, das Anlass dazu geben könnte, einen ähnlichen Verdacht gegen mich zu nähren; sollte ich jedoch von irgendeinem Ketzer oder einer der Ketzerei verdächtigen Person wissen, werde ich sie dem Heiligen Amt melden oder dem Inquisitor oder jedem ordentlichen Richter des Ortes, an dem ich mich gerade aufhalten sollte. Weiterhin schwöre und verspreche ich, alle Bußen, die mir durch dieses Heilige Amt auferlegt wurden oder werden sollten, uneingeschränkt zu erfüllen und zu beachten. Und wenn ich irgendeinem Versprechen oder Schwur zuwiderhandeln sollte (was Gott verhüten möge!), unterwerfe ich mich allen Schmerzen und Strafen, die im Kanonischen Recht und anderen allgemeinen und speziellen Anordnungen für solche Verbrecher vorgesehen sind. So helfe mir Gott und diese Heilige Schrift, die meine Hände berühren.«
Zu lebenslänglichem Hausarrest verurteilt, durfte Galilei sein Landhaus in Arcetri in der Nähe von Florenz nicht mehr verlassen. Besucher waren ihm allerdings erlaubt. In den acht Jahren seiner Gefangenschaft pilgerten seine Anhänger aus aller Herren Länder zu ihm. In den letzten Jahren seines Lebens ließ zwar sein Augenlicht nach, nicht aber sein wacher, bis zuletzt nach Zusammenhängen suchender Verstand. So legte er in diesen acht Jahren, die ihm durch seinen Widerruf der »Irrlehre« geschenkt wurden, noch den Grundstein zur Dynamik.

2 Ketzerfürsten der Vernunft

Es wird oft übersehen, dass es moslemische Gelehrte waren, die nicht nur als Vermittler zwischen Antike und Renaissance dienten, sondern bereits zu großartigen astronomischen und physikalischen Erkenntnissen gekommen waren, während Europa noch im Mittelalter vor sich hindämmerte. 600 Jahre vor Galilei und Kepler experimentierte der Naturwissenschaftler Abu Ali Al Hasan Ibn Al-Haitham (965–1039) in Ägypten mit optischen Linsen und entwickelte Hohlspiegel. Er war ohne Zweifel ein herausragender Experimentalphysiker.

Der Perser Abu Ali Al-Husain (um 980–1037) beeinflusste unter seinem latinisierten Namen Avicenna mit seinen Werken die abendländische Geistesgeschichte. Besonders hervorragend in dieser Zeit war der Wissenschaftler Al-Biruni (973–1048). Er war einer der bedeutendsten Gelehrten des islamischen Mittelalters. Seine Beiträge zur Mathematik, Astronomie, Geodäsie, Mineralogie und Pharmazie sind von einer großartigen rationalen und humanistischen Denkweise geprägt. Er war ein Pionier der Erdvermessung.

Al-Biruni war es auch, der die ersten Schritte einleitete, um aus dem aristotelischen und ptolemäischen Weltbild auszubrechen. Zu diesem Zweck führte er Experimente durch, die der inzwischen verstorbene Wissenschaftsphilosoph Karl Popper als Falsifikation bezeichnen würde.

594 Jahre nach Al-Biruni, am 8. Januar 1642, starb Galileo Galilei, inzwischen erblindet, in seinem Landhaus in Arcetri. In mancher Hinsicht war er Wegbereiter für das großartige Werk Isaak Newtons, der ein Jahr später, am 4. Januar 1643, im englischen Lincolnshire das Licht der Welt erblickte.

3 Drei seltsame Besucher

Woolsthorpe bei Grantham im englischen Lincolnshire, 1684

Vor dem offenen Kamin in einem kleinen Landhaus hat es sich der schlanke Mann um die vierzig in einem Schaukelstuhl bequem gemacht. Das schmale, blasse Gesicht mit der hohen Stirn hat etwas Beeindruckendes, auch nachdem er seine üppige Lockenperücke abgelegt hat und seine strähnigen Haare zum Vorschein gekommen sind. Er hat den Stehkragen von seinem weißen Hemd mit den bauschigen Ärmeln aufgeknöpft und trägt hellgraue, seidene Kniehosen. Seine eleganten Schnallenschuhe hat er abgestreift. Isaak Newton starrt in die Flammen und ärgert sich.

»Immer wieder diese Querelen mit Robert Hooke. Kann dieser kleine, krumme Mann mich nicht in Ruhe lassen! Als ob ich es nötig hätte, Erkenntnisse über die Schwerkraft von ihm zu stehlen!« Newton schüttelt unwillig den Kopf. »Seine Feststellung, dass es sich bei der Gravitation um eine von der Sonne ausgehende Kraft handelt, ist mir schon lange klar, denn nur so ergeben sich ja die elliptischen Bahnen der Planeten. Er habe bereits 1666 über das quadratische Abstandsgesetz der Gravitationswirkungen argumentiert! Ich bin auf jeden Fall völlig unabhängig auf die Gesetzmäßigkeiten der Schwerkraft gestoßen!«

Ein Klopfen an der Haustür schreckt Newton aus seinen nagenden Gedanken auf. Er schlüpft in seine Schuhe, steht auf und öffnet die Tür. Vor ihm stehen drei Personen. Zwei Männer und

3 Drei seltsame Besucher

eine Frau. Er blickt sie überrascht an und fragt: »Was kann ich für Sie tun? Was wollen Sie von mir?«
»Wir müssen uns für unsere Unhöflichkeit entschuldigen, so unangemeldet bei Ihnen zu erscheinen«, sagt der dunkelgrau gekleidete Mann mit den verschlossenen Gesichtszügen.
»Fassen Sie es bitte nicht als Provokation auf«, fügt die Frau mit den blonden Haaren und dem strengen Profil hinzu.
»Schon gut, aber was wollen Sie von mir, und wer sind Sie überhaupt«, fragt Newton konsterniert.
»Nun, das sollten Sie eigentlich wissen, nachdem Sie sich mit uns befassen, ja, ständig auseinandersetzen«, lächelt der korpulente Mann jovial. »Gestatten Sie, dass wir uns vorstellen: Mein Name ist Kraft, die Dame hier ist Frau Zeit und das ist Herr Raum.«
»Mir kommt Ihr unerwarteter Besuch zwar mehr als sonderbar vor, aber nachdem Sie nun einmal hier sind, kommen Sie rein und nehmen Sie Platz.« Newton zeigt auf das weinrote Sofa.
»Kann ich Ihnen etwas anbieten? Tee oder einen Port?«
»Ein Gläschen Port wäre schon recht«, sagt Kraft mit dröhnender Stimme und setzt sich auf das Sofa, wobei sein Gewicht eine tiefe Kuhle im Polster verursacht, wodurch Herr Raum und Frau Zeit alle Mühe haben, durch die entstandene Schräge nicht auf Herrn Kraft zu rutschen.
Isaak Newton studiert die drei Fremden etwas genauer: »Sie gehören augenscheinlich nicht zusammen, haben eine eigenständige Herkunft. Die Frau Zeit hat es offensichtlich faustdick hinter den Ohren. Sie kann mit Sicherheit gnadenlos sein«, denkt er mit einem unguten Gefühl. Er holt vier Gläser und schenkt aus der Kristallkaraffe Portwein ein.
Newton setzt sich zu ihnen und fragt: »Was kann ich für Sie tun?«
»Wir sind brennend daran interessiert, etwas über Ihre Raum-Zeit-Gravitationserkenntnisse zu erfahren«, fordert Herr Raum Newton mit einem undurchsichtigen Gesichtsausdruck auf.

3 Drei seltsame Besucher

»Nun«, Newton zögert. »Ich bin der Ansicht, dass der Raum eine absolute, reale Gegebenheit ist, allerdings ohne Beziehung auf einen Gegenstand. Es spielt keine Rolle, wer die Entfernung zwischen zwei Gegenständen im Raum misst, die Ergebnisse müssen stets übereinstimmen. Für mich gibt es nur den absoluten, unabhängigen Raum. Oder, mit anderen Worten: Der absolute Raum bleibt, entsprechend seiner Natur und ohne Beziehung auf einen äußeren Gegenstand, stets gleich und unbeweglich.«

»Aber was ist für Sie der Raum?«, provoziert Herr Raum und nippt an seinem Port.

»Der absolute Raum ist das Sensorium Gottes«, antwortet Newton irritiert.

»Diese Antwort kann mich nicht befriedigen«, sagt Herr Raum enttäuscht. »Schreiben Sie dem Raum eine unabhängige Wirklichkeit zu? Und wo befindet sich dann das Universum? An welchem Ort? Bewegt sich das Universum durch den Raum?«

»Darf ich auch einmal zu Wort kommen?«, meldet sich Frau Zeit. »Ist der Raum für Sie endlich oder unendlich? Und überhaupt, was halten Sie von der Zeit?«

»Das ist für mich wie der Raum, das heißt eine universelle, absolute Zeit, die ihrer Natur nach gleichförmig und ohne Beziehung auf irgendeinen äußeren Gegenstand dahinfließt. Ganz gleich, wer die Zeit misst, bei sorgfältiger Messung werden die Messresultate immer übereinstimmen«, erläutert Newton ungehalten.

»Also, wenn ich Sie richtig verstehe, sind für Sie Raum und Zeit zwei völlig unabhängige Phänomene. Sie sind unbeeinflussbar. Die Zeit schreitet gleichmäßig fort, und der absolute Raum steht unveränderlich fest ...«

»... und sind für uns Menschen nicht sinnlich wahrnehmbar«, fällt Newton Frau Zeit ins Wort, »da sie direkte Prädikate Gottes darstellen. Zukunft, Gegenwart und Vergangenheit stehen also durch den Schöpfer von vornherein fest.«

3 Drei seltsame Besucher

Herr Kraft lächelt amüsiert: »Bis jetzt haben Sie die Gravitation ausgelassen.«
»Die Schwerkraft habe ich ganz gut im Griff.« Newton steht auf und legt ein Holzscheit ins Feuer. »Wenn Raum und Zeit absolute und unwandelbare Größen sind, die dem Universum als unsichtbares Gerüst Gestalt und Struktur verleihen, dann hat Gravitation auch etwas mit Bewegung zu tun. Wenn die Sonne an der Erde zieht, so muss die Erde ihrerseits mit der gleichen Kraft an der Sonne ziehen. In einem solchen System bleibt keiner der beiden in Ruhe, sondern Sonne und Erde bewegen sich in elliptischen Bahnen um ihr gemeinsames Gravitationszentrum.«
»Sie meinen also, dass aus dem Gesetz der Aktion gleich Reaktion folgt«, sagt Kraft und hält Newton auffordernd sein leeres Portglas hin. »Das bedeutet, dass jeder Planet beides gleichzeitig ist, das Zentrum einer Anziehungskraft und zugleich ein angezogener Körper.«
»Richtig«, sagt Newton. »Ein Planet zieht nicht nur die Sonne an, sondern auch jeden anderen Planeten, und er wird selbst nicht nur von der Sonne angezogen, sondern auch von allen anderen Planeten.« Er füllt das Glas von Herrn Kraft erneut und sagt leise, als spräche er zu sich selbst: »Wenn eine Kraft auf einen Gegenstand einwirkt, so erzeugt sie eine der Masse proportionale Beschleunigung. Auch die Größe der auf einen Gegenstand einwirkenden Schwerkraft ist der Masse dieses Gegenstandes proportional.«
»Also heben sich die Massen gegenseitig auf«, bestätigt Kraft zufrieden. »Und alle Gegenstände fallen mit gleicher Geschwindigkeit. Was, mein lieber Newton, passiert aber, wenn der Raum sich dreht, also rotiert? Denn, wenn ich Sie richtig verstehe, ist für Sie der Raum eine Art Gefäß, ein Behälter.«
»Darüber habe ich auch schon nachgedacht und habe mir ein Beispiel vorgestellt: Nehmen wir zu diesem Zweck einen Eimer,

3 Drei seltsame Besucher

der mit Wasser gefüllt ist, und verdrehen das Seil, an dem er hängt, bis es nicht mehr weitergeht, und lassen los. Was passiert dann?« Newton schaut die drei herausfordernd an.

»Gut, der Eimer beginnt zu rotieren«, sagt die Frau Zeit.

»Und das Wasser im Eimer bleibt zunächst einmal unverändert glatt und ruhig«, ergänzt Newton.

»Aber dann rotiert doch der Eimer immer schneller und schneller«, stellt Herr Raum fest.

»Richtig«, sagt Newton. »Und die Bewegungsenergie wird immer mehr auf das Wasser im Eimer übertragen, sodass es ebenfalls zu rotieren beginnt und an der Oberfläche eine konkave Gestalt annimmt.«

»Das heißt, an den Rändern höher und in der Mitte tiefer.« Kraft nimmt einen kräftigen Schluck und lächelt amüsiert.

»Sie werden aber feststellen, dass, wenn der Eimer in seiner Drehung zum Stillstand kommt, das Wasser mit seiner konkaven Oberfläche noch einige Momente weiter rotiert.« Herr Raum sieht Newton mit einem provozierenden Blick an. »Die Frage ist doch, die Sie beantworten müssen, warum nimmt die Wasseroberfläche diese Form an?«

»Offensichtlich liegt anfänglich eine relative Bewegung zwischen dem Eimer und dem Wasserinhalt vor, weil das Wasser noch in Ruhe verharrt«, überlegt Frau Zeit laut.

»Und dann, später, wenn das Wasser anfängt zu rotieren, besteht keine relative Bewegung zwischen Eimer und Wasser mehr. Die Wasseroberfläche ist dann konkav«, sagt Herr Raum. »Wenn aber der Eimer in seiner Drehung zum Stillstand kommt und der Inhalt in seiner konkaven Form noch eine Weile rotiert, kann die relative Bewegung die Oberflächenform nicht erklären. Dann nehmen wir doch mal, anstatt Ihres Eimers, den Weltraum – und stellen uns weiter vor, er sei vollkommen leer, ohne Sterne, Planeten, Sonne und Erde, nichts, was als Bewegungspunkt für die Rotation des Raums dienen könnte. Was nun, Isaak Newton?«

3 Drei seltsame Besucher

»Der Raum selbst ist für mich ein relatives Bewegungssystem, in dem alle Bewegung stattfindet. Auch wenn wir ihn mit unseren Sinnesorganen nicht erfassen können, ist er für mich absolut. Wenn ein Gegenstand beschleunigt, beschleunigt er in Bezug auf den absoluten Raum. Wenn ich noch auf den Eimer zu sprechen kommen darf«, erläutert Newton. »Am Anfang rotiert der Eimer in Bezug auf den absoluten Raum, wobei das Wasser jedoch mit Bezug auf den absoluten Raum ...«

»... glatt und ruhig bleibt«, fällt Herr Kraft ein.

»Wenn das Wasser die Bewegung des Eimers übernimmt«, führt Newton ungeduldig weiter aus, »rotiert es in Bezug auf den absoluten Raum, und die Oberfläche wird konkav. Es ist der Raum selbst, der das Bezugssystem präsentiert, das die Bewegung definiert. Ganz allgemein gesprochen: Die wahren Bewegungen der einzelnen Objekte zu erkennen und zu unterscheiden, ist deshalb so schwer, weil die Teile jenes unbeweglichen Raumes, in denen sich die Objekte bewegen, nicht sinnlich erkannt werden können.«

»Ich muss gestehen, dass Ihre Definition vom absoluten Raum mich keineswegs befriedigt. Das ist mir zu vage, und vor allem wird nicht deutlich, um was es sich beim Raum handelt«, sagt Herr Raum und steht auf. »Es ist Zeit, wir müssen gehen. Wir danken für Ihre Gastfreundschaft.«

Frau Zeit wendet sich leise an Herrn Raum: »Merkst du es nicht, Newton versucht uns die ganze Zeit auseinander zu dividieren. Dabei gehören wir doch zusammen!«

Als Herr Kraft sich schwerfällig erhebt, fällt ihm das Glas mit einem klirrenden Geräusch auf den Boden.

Newton schreckt auf und merkt, dass er eingedöst war und das Glas umgestoßen hat. »Ach Gott, was für ein verrückter Traum. Ich muss meine Erkenntnisse mathematisch genau festlegen.«

Am 4. Januar 1643 erblickte Isaak Newton in der englischen Industriestadt Woolthorpe in Lincolnshire das Licht der Welt.

3 Drei seltsame Besucher

Seine Mutter Hannah Ayscough gab ihm keine große Überlebenschance, da er eine Frühgeburt war. Newtons Vater war Landwirt und starb bereits drei Monate vor der Geburt seines Sohnes.

Als Newton zwei Jahre alt war, heiratete seine Mutter in zweiter Ehe den wohlhabenden Geistlichen Barnabas Smith aus North Witham. Der große Isaak Newton bemerkte später einmal, dass er bei seiner Geburt so klein gewesen sei, dass er in einen Ein-Liter-Krug gepasst habe. Es scheint so, als ob der kleine Isaak im Weg war, denn sie gaben ihn zu seiner Großmutter in Pflege. Für Newton war diese Erfahrung offensichtlich ein Trauma, das er nie ganz zu verwinden vermochte, denn er konnte seinen Stiefvater nicht ausstehen. Er hat ihn geradezu gehasst. In seinen Tagebucheintragungen 1662 spielte er sogar mit dem Gedanken, das Haus von Vater und Mutter Smith über ihren Köpfen anzuzünden und sie zu verbrennen.

Seine Erfahrungen könnten auch der Grund dafür sein, das schwierige Verhältnis zu vermeintlichen Feinden und Freunden zu erklären.

Schon sehr früh zeichnete er sich durch Neugier, vor allem für mechanische Modelle, aus. Er verbrachte viel Zeit mit dem Bau von Uhren, Laternen tragenden Drachen und Entwürfen von Schiffen. Mit fünf Jahren besuchte er die Schulen Skillington und Stoke, allerdings mit der Einschränkung, dass er als einer der schlechtesten Schüler galt und von seinen Lehrern wenig schmeichelhaft als unaufmerksam und faul beurteilt wurde.

Als Barnabas Smith starb, war Newton zehn Jahre alt, und seine Mutter erbte ein beträchtliches Vermögen.

Isaak zog mit seiner Großmutter wieder zu seiner Mutter und lebte dort mit einem Halbbruder und zwei Halbschwestern. Als die Mutter auf die Idee kam, ihrem ältesten Sohn Isaak die Verwaltung des landwirtschaftlichen Besitzes zu übertragen, war dieser wenig davon angetan. Er entschloss sich lieber, weiter zur

3 Drei seltsame Besucher

Schule zu gehen und sich auf ein Studium an der Universität Cambridge vorzubereiten.

Am Trinity College vollzog sich bei Newton ein intellektueller Wandel, und sein Vollstipendium ermöglichte es ihm, sich ganz der Mechanik, der Mathematik, vor allem der Optik und der Gravitation zu widmen.

Als die Universität 1665 wegen der Beulenpest den Lehrbetrieb einstellen musste, begann für Newton das »Annus mirabilis«, das »Jahr der Wunder«, wie Newton es später bezeichnete. Es war eine der produktivsten und fruchtbarsten Perioden seines Lebens – unabhängig davon, ob ihm wirklich der berühmte Apfel auf den Kopf gefallen ist oder nicht.

»Die Mathematik und die Philosophie wurden ein bedeutender Faktor in meinem Leben.« Als er nach Cambridge zurückkehrte, befasste sich Newton eingehend mit Aristoteles und Descartes. Besonders interessant fand er Kopernikus' Mechanik, Galileis Astronomie und Keplers Optik.

Er fand hier die Anregungen zu dem Phänomen der Lichtbrechung und -streuung sowie zu seinen Prismenexperimenten. Der Inhaber des renommierten Lukasischen Lehrstuhls, Professor Isaak Barrow, erkannte Newtons außergewöhnliche Fähigkeiten und schlug ihn als seinen Nachfolger vor. Nach Barrows Tod machte Newton als Lukasischer Professor entscheidende Fortschritte auf dem Gebiet der reinen Mathematik, der Infinitesimal-Rechnung, der Theorie des Lichts und der Gravitation und präsentierte wichtige Beiträge zur Algebra.

Schon 1666 entwickelte er Methoden zur Untersuchung der Krümmung von Kurven. Allerdings löste diese Entdeckung eine aufsehenerregende Auseinandersetzung mit dem deutschen Mathematiker und Philosophen Gottfried Wilhelm Leibniz aus. Beide Wissenschaftler waren auf die gleichen mathematischen Prinzipien gestoßen. Doch Leibniz hatte seine Arbeit be-

3 Drei seltsame Besucher

reits vor Newton veröffentlicht. Der Streit ging also darum, wer der wirkliche Entdecker war.

Newton beschuldigte Leibniz öffentlich wütend des Plagiats, und dieser hatte schwer unter dessen Attacken zu leiden. Heute geht man davon aus, dass beide Männer unabhängig voneinander zu den Erkenntnissen gelangt sind.

Das war nicht die einzige Auseinandersetzung, die Newton am Ende nervlich belastete. Nach dem Tod seiner Mutter zog er sich immer mehr zurück und befasste sich heimlich mit alchimistischen Experimenten, die er vor der Kirche verbergen musste.

Ein Erzfeind und Widersacher war der bedeutende englische Physiker und Mathematiker Robert Hooke, der 1635 in Freshwater auf der Isle of Wight geboren wurde. Hooke arbeitete an astronomischen, physikalischen, biologischen und theologischen Problemen.

1665 wurde Hooke Professor der Geometrie am Gresham College. Als Kurator, verantwortlich für Experimente in der Royal Society, erkannte er für sich das quadratische Abstandsgesetz der Gravitationswirkungen und erstellte eine Theorie über Lichtwellen als transversale Schwingungen.

Hooke war ein herausragender Universalgelehrter, der Isaak Newton beschuldige, seine Erkenntnisse über die Gravitation gestohlen zu haben, was Newton vehement bestritt. Hooke starb am 3. März 1703 in London.

Bereits in den Jahren 1679 und 1680 kam es zu den ersten Ansätzen auf dem Weg zur Entdeckung der allgemeinen Massenanziehung, denn in jener Zeit informierte Robert Hooke Newton über die Möglichkeit der Bewegungen längs gekrümmter Bahnen. Hooke hatte erkannt, dass die Bewegung eines Körpers, der eine Kreisbahn oder eine andere gekrümmte Bahn durchläuft, von zwei Faktoren bestimmt wird: einer Trägheitskomponente und einer Zentripetalkomponente. »Die Trägheitskomponente treibt den Körper tangential zur gekrümm-

3 Drei seltsame Besucher

ten Bahn nach vorn, sodass er in gerader Linie davonflöge, wenn ihn die Zentripetalkomponente nicht daran hindern würde.«
Die Vorstellung einer Zentrum suchenden, also einer Zentrifugalkraft, hatten bereits der französische Philosoph und Mathematiker René Descartes (1596–1650) und Christian Huygens (1629–1695) in ihrem Modell von den Bewegungen längs gekrümmter Bahnen eingeführt.

Heute wissen wir jedoch, dass die Zentrifugalkraft lediglich eine Scheinkraft ist, die dadurch entsteht, dass das bewegte Objekt von einem rotierenden Bezugssystem betrachtet wird.

Für Descartes war die Welt eine Maschine, die er in eine objektive und eine subjektive Sphäre unterteilte. Die eine ist die Welt der Materie, die andere die des Geistes. Die Sphäre der Materie repräsentiert die Wissenschaft, die des Geistes die Religion. Diese mechanistische Weltanschauung übertrug er auch auf seine Bewegungsgesetze und deren Anfangsbedingungen.

Damit könne aber auch jede Bewegung eines Objektes vorhergesagt werden. Wenn wir alle Kräfte kennen, die auf jedes Objekt zu jeder Zeit einwirken, dann sind wir in der Lage, ihre Anfangsbedingungen genau zu berechnen und damit zu erkennen, wo jedes dieser Objekte später sein wird.

Für Descartes ist das Bewusstsein die entscheidende Eigenschaft des Menschen, denn dadurch unterscheide dieser sich vom Tier. Wer denkt, existiert (Cogito ergo sum). Wer zweifelt, muss existieren, da der universelle Zweifel eine Art zu denken ist. Der Zweifel am Bewusstsein über die Welt führt zum Selbstbewusstsein.

Die andere Seite ist der Körper. So ist die Welt für Descartes dualistisch zweigeteilt: die Körper, die man an ihrer räumlichen Ausdehnung erkennen kann, und der Geist, den man daran erkennt, dass er denkt. An der Existenz Gottes hat er nie gezweifelt: »Ich erkenne es als unmöglich, dass ein Wesen wie ich, mit der Idee Gottes in mir, existiert, ohne dass Gott existiert.«

3 Drei seltsame Besucher

Für Isaak Newtons Zeitgenossen Gottfried Wilhelm von Leibniz hatte der Begriff »Raum« nur durch die Objekte in ihm eine Bedeutung. Er war der festen Überzeugung, dass der Raum im herkömmlichen Sinn nicht existiert. Er habe unabhängig keine Existenz. Er spiele nur in den Beziehungen zwischen dem Ort eines Objektes und dem eines anderen eine Rolle. Würden wir alle Objekte aus dem Raum entfernen, sodass er vollkommen leer wäre, wäre er bedeutungslos.

Ganz anders Newton: »Der absolute Raum bleibt, vermöge seiner Natur und ohne Beziehung auf einen äußeren Gegenstand, stets gleich und unbeweglich.« Und weiter: »Der Ort ist ein Teil des Raumes, welchen ein Körper einnimmt, und nach Verhältnis des Raumes entweder absolut oder relativ.«
Und über Bewegung stellt er fest: »Die absolute Bewegung ist die Übertragung des Körpers von einem absoluten Ort nach einem andern absoluten Ort; die relative Bewegung die Übertragung von einem relativen Orte nach einem anderen relativen Ort.«
Newtons Entdeckung der universellen Gravitation wurde zu einem Grundpfeiler der Wissenschaft, der bis heute im alltäglichen Gebrauch immer noch von Bedeutung ist. Im Alter von 42 Jahren hat er 1685 sein Konzept der universellen Massenanziehung formuliert.
In seiner Gleichung demonstriert er, dass die Schwerkraft zwischen zwei Körpern dem Produkt ihrer Massen proportional und dem Quadrat der Entfernung zwischen ihnen umgekehrt proportional ist. Das bedeutet, dass die Stärke der Massenanziehung zwischen zwei Körpern von zwei Komponenten abhängt: der Materialmenge, aus der die Körper bestehen, und dem Abstand zwischen ihnen. Aus was Raum, Zeit und Gravitation allerdings bestehen, konnte Newton nicht erklären und ist auch bis heute ungeklärt.
Ein Bewunderer und Zeitgenosse von Isaak Newton, der Schweizer Naturforscher Nicolas Fatio de Duiller (1664–1753) hatte

3 Drei seltsame Besucher

den Einfall, dass sich zwei Körper nicht gegenseitig anziehen, sondern dass sie durch unsichtbare Teilchen zueinander gedrückt werden. Die Gravitation würde also durch den Druck unbekannter Teilchen entstehen. Isaak Newton war zwar sehr liebenswürdig zu Fatio, hat aber dessen Konzept wohl nicht ernst genommen.

Im März 1727 starb Isaak Newton nach schweren Gichtanfällen und einer Lungenentzündung. Newton hat folgendes Resumé über sein Werk gezogen: »Ich weiß nicht, was sich die Welt für ein Bild von mir macht, aber mir selbst will scheinen, ich sei nur ein Knabe gewesen, der am Strand spielte und sich damit begnügte, hin und wieder einen glatteren Kiesel oder eine schönere Muschel zu finden, während der große Ozean der Wahrheit unentdeckt vor mir lag.«

4 Einsteins Socken

Ort: Kramgasse 49, Bern, Schweiz. Zeit: 1904

Der 29-jährige Philosoph Maurice Solovine eilt voll freudiger Erwartung die knarrenden Stufen zum ersten Stock hinauf. Es riecht muffig nach erkaltetem Essen und feuchter Wäsche. Am Ende des dunklen Ganges klopft Solovine an die halboffene Tür. »Komm schon rein, Maurice«, antwortet die kräftige Stimme Albert Einsteins. Im Korridor bahnt sich der Besucher einen Weg durch die dort zum Trocknen aufgehängte Wäsche.
Einstein sitzt etwas vorgebeugt an seinem Schreibtisch. Mit einer Hand schaukelt er den Kinderwagen, in dem der kleine Hans Albert selig schlummert. Albert Einstein hat eine billige Zigarre unter dem schwarzen Schnurrbart zwischen den Zähnen. Sein Gesicht hat einen hellbraunen Teint, und die dunklen, vollen Haare sind gekräuselt und lassen seinen Kopf breiter erscheinen. Die Augen strahlen tief und weich.
Auf seinem Schreibtisch liegen unzählige Facharbeiten und Bücher. Die Wohnung wirkt unaufgeräumt und chaotisch.
»Maurice! Wie schön, dass du da bist!« Einstein steht auf und begrüßt Solovine.
Als er bemerkt, dass dieser seine nackten Knöchel über den Schuhen nachdenklich betrachtet, ruft Einstein: »Mileva, wo sind meine Socken!«
»Ich weiß es nicht, Albert, schau doch mal zwischen deinen Büchern nach!«, antwortet Einsteins Frau, als sie aus der Küche kommt und Solovine begrüßt. Sie wirkt verschlossen. Ihre

4 Einsteins Socken

Haare sind hochgesteckt, und sie trägt über ihrem langen Rock und der weißen Bluse mit dem Stehkragen eine Schürze. »Soll ich euch einen Kaffee machen, bevor ihr wieder mit euren stundenlangen Diskussionen anfangt?« – »Das wäre lieb von dir, aber bitte bring noch eine Extratasse, denn Konrad Habicht wird jeden Moment zu uns stoßen.«

»Ach, das wird wieder eine lange Nacht. Ich sehe es schon kommen! Dann ist ja wieder die Akademie Olympia vollzählig.«

»Und unser Präsident, Albert Ritter von Steißbein, führt den Vorsitz«, lacht Solovine.

»Es wird mir eine Ehre sein!« Einstein verbeugt sich mit einer theatralischen Geste.

Als es an der Wohnungstür klopft, sagt er: »Das ist sicher Konrad«, und ruft »Herein!«

Der Mathematiker Konrad Habicht trägt einen Kneifer, ist sorgfältig mit einem Gehrock gekleidet, und seinen steifen Hemdkragen ziert eine Fliege.

Die drei schnauzbärtigen Männer setzen sich um den runden Tisch, und Mileva Einstein bringt den Kaffee in geblümtem Porzellan und setzt sich abseits in den Sessel am Fenster, während die Freunde sich schon lebhaft unterhalten. Es geht wieder einmal um den 1838 in Mähren geborenen Physiker Ernst Mach.

»Also, für Mach enthält die Newton'sche Mechanik eigentlich keine Gedanken, die dem menschlichen Verstand sofort einleuchten, denn Newton benutzt ja Begriffe, die nicht als Erfahrung aufgezeigt werden können, stellt Mach zu Recht fest. Oder, was meinst du, Albert?« Der Rumäne Solovine blickt Einstein fragend an.

»Über Newtons absoluten Raum und absolute Zeit kann man ja kaum etwas aussagen. Insofern gebe ich Mach recht.«

»Mach vertritt ja auch die Ansicht, dass die Newton'schen Gesetze in verständlichen Begriffen neu geschrieben werden müssten«, mischt sich Habicht ein.

4 Einsteins Socken

Albert Einstein geht kurz zu seinem Schreibtisch, um ein Schriftstück zu holen, und sagt: »Mach will ja auch das Trägheitsgesetz ›relativ zum absoluten Raum‹ durch die Formulierung ›relativ zu den Fixsternen‹ ersetzt haben.« Einstein setzt sich wieder. »Ich habe hier eine Arbeit von Mach, seine ›Mechanik‹. Ich würde euch gerne eine interessante Passage vorlesen: ›Statt nun einen bewegten Körper auf den Raum zu beziehen, wollen wir direkt sein Verhalten zu den Körpern des Weltraums betrachten, durch welches jenes Koordinatensystem allein bestimmt werden kann. Voneinander sehr entfernte Körper, welche in Bezug auf andere ferne festliegende Körper sich mit konstanter Richtung und Geschwindigkeit bewegen, ändern ihre gegenseitige Entfernung der Zeit proportional. Die eben angestellten Betrachtungen zeigen, dass wir nicht nötig haben, das Trägheitsgesetz auf einen besonderen absoluten Raum zu beziehen. Vielmehr erkennen wir, dass sowohl jene Massen, welche nach der gewöhnlichen Ausdruckweise Kräfte aufeinander ausüben, als auch jene, welche keine ausüben, zueinander in gleichartigen Beschleunigungsbeziehungen stehen, und zwar kann man alle Massen als untereinander in Beziehung bestehend betrachten. Auch ich erwarte, dass astronomische Beobachtungen zunächst nur sehr unscheinbare Korrekturen notwendig machen werden, so halte ich es doch für möglich, dass der Trägheitssatz in seiner einfachen Newton'schen Form für uns Menschen nur örtliche und zeitliche Bedeutung hat.‹«
»Das bedeutet: In einem leeren Universum existieren Begriffe wie Bewegung oder Beschleunigung nicht, weil keine Orientierungspunkte zum Vergleichen existieren«, überlegt Habicht.
»Genau«, fällt Solovine temperamentvoll ein. »Auch Newtons rotierender Eimer ist hier nicht mehr relevant, denn die Rotation in einem leeren Universum hebt Newtons absoluten Raum auf.«
»Richtig, denn ohne andere Materie oder irgendwelche Vergleichsmaßstäbe kann Beschleunigung, so Mach, nicht erfah-

4 Einsteins Socken

ren werden«, sagt Einstein bedächtig. »Wir kommen hier zu einem Punkt, wo alle Perspektiven des Raums und der Bewegung gleichberechtigt nebeneinander gelten. Damit ist nur relative Bewegung und relative Beschleunigung von Bedeutung. Und unser Bezugssystem ist die verteilte Materie im Universum, also die Atome, die Sterne, die Planeten und auch wir Menschen. Wobei die relative Beobachtung und die relative Empfindung ausschlaggebend sind.«

»Ich habe doch recht, wenn ich Mach richtig verstehe«, mischt sich Mileva behutsam ein, »sind für ihn in seinen erkenntnistheoretischen Überlegungen Naturerkenntnisse nur durch Erfahrung über Sinneseindrücke oder Messdaten zu erreichen.«

»Ich glaube, dass Ernst Mach von dem irischen Gelehrten Bischof George Berkeley beeinflusst ist«, unterbricht Habicht. »Denn der hat ja auch schon im 17. Jahrhundert festgestellt, Bewegung sei immer relativ und müsse stets im Verhältnis zu etwas anderem gemessen werden. Da der absolute Raum ja nicht wahrgenommen werden kann, eignet er sich auch nicht als Bezugspunkt.«

»So ist es«, bestätigt Solovine. »Wenn alles im Universum zerstört werden würde und nur eine Kugel übrigbliebe …«

»… dann«, ergänzt Einstein, »kann man sich eine Bewegung dieser Kugel nicht mehr vorstellen. Es wäre sinnlos. Selbst wenn zwei vollständig glatte Kugeln einander umkreisen, lässt sich diese Bewegung nicht messen. Doch wenn wir voraussetzten, plötzlich würde der Himmel mit Fixsternen erschaffen, wären wir in der Lage, uns die Bewegungen dieser Kugeln im Verhältnis zu den verschiedenen Teilen des Universums vorzustellen. Wir kommen hier zur Crux der ganzen Geschichte: Wie sieht die Welt für Beobachter aus, die sich mit verschiedenen Geschwindigkeiten bewegen? Was passiert mit dem Begriff ›Gleichzeitigkeit‹ von Ereignissen, die verschiedene Beobachter von unterschiedlichen Standorten wahrnehmen? Wie sieht

4 Einsteins Socken

das Universum wohl aus, wenn wir auf einem Lichtstrahl …« Einstein macht eine Pause und betrachtet seine Freunde mit einen spitzbübischen Lächeln.»… mit der Geschwindigkeit von beinahe 300 000 Kilometern in der Sekunde durch den Weltraum rasen könnten?«

»Ohne Bezugspunkte würden wir überhaupt nicht merken, dass wir durch das Universum reisen«, antwortet Solovine.

»Was das Problem der Bezugspunkte angeht, sollten wir uns hier noch einmal das Beispiel des englischen Philosophen John Locke vor Augen führen«, sagt Einstein und zündet sich seine erkaltete Zigarre wieder an. »Er hat interessanterweise schon vor dreihundert Jahren ein Szenario mit Schachfiguren angeführt. Lassen wir nämlich Schachfiguren unverändert auf ihrem ursprünglichen Platz stehen, sagen wir, sie seien an ihrem Ort geblieben oder seien unbewegt – selbst wenn das Schachbrett in einen anderen Raum gebracht würde. Auch ein Schachbrett, das einen festen Platz in der Kabine eines fahrenden Schiffes hat, ist für uns unbewegt. Wenn sich der Abstand des Schiffes zu verschiedenen Objekten an Land nicht verändert, behaupten wir, dass es sich nicht bewegt, obwohl sich die Erde inzwischen gedreht hat.«

»Und damit haben alle Objekte«, stellt Habicht fest, »Schachfiguren, Brett und Schiff, ihren Standort relativ zu anderen Körpern verändert.«

»In Wirklichkeit ist alles noch viel komplexer.« Einstein verfolgt nachdenklich den Rauch seiner Zigarre. »Denn die Erde dreht sich nicht nur um die eigene Achse, sondern bewegt sich dabei gleichzeitig mit einer Geschwindigkeit von 30 Kilometern in der Sekunde um die Sonne. Nicht genug damit, wandert unser Sonnensystem zusätzlich noch innerhalb des Spiralarms unserer Milchstraße pro Sekunde 20 Kilometer weiter.«

»Ja, und auch unser Sternensystem, die Milchstraße, mit ihren rund 200 000 Millionen Sternen bewegt sich relativ zu anderen

4 Einsteins Socken

Galaxien mit 160 Kilometern pro Sekunde fort«, sagt Solovine. »Mir fällt hier ein einfaches Beispiel ein, das jeder kennt«, wirft die Physikerin Mileva ein. »Wenn wir zum Beispiel in einem Zug sitzen, auf die Abfahrt warten und dabei durchs Fenster einen anderen Zug auf dem Nebengleis beobachten, wissen wir nicht, ob sich unser Zug unmerklich in Bewegung gesetzt hat oder auch nicht, wenn der andere plötzlich an uns vorüberzugleiten scheint. Das können wir doch erst dann feststellen, wenn wir uns an einem festen Bezugspunkt auf dem Bahnsteig orientieren.«

»Bravo, Mileva! Du hast unsere Überlegungen anschaulich auf die Erde zurückgeholt«, ruft Solovine erfreut.

»Wenden wir uns doch einmal dem Phänomen Zeit zu«, sagt Einstein, »Ich habe mir ein Gedankenexperiment ausgedacht, das die Newton'sche absolute Zeit widerlegt. Also stellen wir uns doch folgendes Beispiel vor. Während eines Gewitters hat sich ein Mann in der Nähe eines Bahndamms untergestellt. Er beobachtet, wie zwei Blitze gleichzeitig in die Gleise einschlagen. Daraus schließt er, dass sie genau zur gleichen Zeit niedergingen – der eine weit entfernt von ihm in östlicher Richtung und der andere in der gleichen Entfernung im Westen. Im Moment der Blitzeinschläge rast ein Zug an ihm vorbei, der von Osten nach Westen fährt. Ein Mitreisender hat die Blitze am Fenster seines Abteils ebenfalls gesehen. Aber seiner Beobachtung nach schlugen sie nicht gleichzeitig ein. Da sich der Zug rasch in westlicher Richtung fortbewegt, braucht das Licht des Blitzes im Osten länger, bevor es den Zugreisenden erreicht. Den im Westen einschlagenden Blitz sieht er früher, weil er sich selbst in dieser Richtung fortbewegt, ihn das Licht also schneller erreicht. Im Gegensatz zum stationären Beobachter am Bahndamm, der zwei gleichzeitig einschlagende Blitze sieht, beobachtet der Zugreisende zwei aufeinanderfolgende Blitze. Zuerst einen im Westen und den zweiten im

Osten. Bei einer anderen Folge der Blitzeinschläge wäre es aber durchaus möglich, dass der Zugreisende sieht, wie zwei Blitze gleichzeitig einschlagen, während der Mann am Bahndamm zwei aufeinanderfolgende beobachtet. Welche Beobachtung stimmt nun?« Einstein blickt Habicht und Solovine herausfordernd an.

»Eigentlich die eine wie die andere«, sagt Habicht nach kurzem Zögern.

»So sehe ich das auch«, bestätigt Einstein. »Und das heißt, jeder Bezugskörper oder jedes Koordinatensystem hat seine eigene, besondere Zeit. Im Übrigen bin ich absolut überzeugt davon, dass die Lichtgeschwindigkeit nicht nur eine Naturkonstante ist, die stets den gleichen Wert hat, sondern zudem ein Maximum ist mit einer oberen Grenzgeschwindigkeit in der mechanischen und elektromagnetischen Welt.«

»Und damit sind wir wieder bei dem schottischen Physiker James Clerk Maxwell angelangt. Albert ist ganz beeindruckt von ihm.« Mileva steht auf und schenkt den Freunden Kaffee nach.

»Ja, es ist tatsächlich so. Maxwells Experimentalergebnisse faszinieren mich, denn sie überzeugen. Nicht nur, dass er alle elektrischen und magnetischen Phänomene in einem einzigen mathematischen System als elektromagnetisches Feld vereint hat, sondern er demonstrierte ja auch, dass elektromagnetische Wellen sich mit einer bestimmten und unveränderlichen Geschwindigkeit ausbreiten, und zwar mit rund 300 000 Kilometern in der Sekunde. Licht bewegt sich also im Vakuum immer mit Lichtgeschwindigkeit.«

»Aber Maxwell war ja auch der Ansicht, dass die Ausbreitung des Lichtes ein Medium erfordert, in dem die elektromagnetischen Wellen sich fortpflanzen können«, ergänzt Habicht.

»Dieser ominöse Äther. Ich muss euch unbedingt mein Gedankenexperiment schildern, das ich mir 1896 als Sechzehnjähriger ausgedacht habe.« Einstein dreht sich eine Haarlocke um den Zeigefinger. »Also, als ich sechzehn war, fragte ich mich: ›Was würde passieren, wenn ich mit Lichtgeschwindigkeit reisen könnte und dabei einen Spiegel vor mich halten würde. Könnte ich dann mein eigenes Spiegelbild sehen?‹ Im vergangenen Jahrhundert war man ja davon überzeugt, dass dieses Äther-Medium eine statische Substanz ist, die das gesamte Universum erfüllt. Wenn sich also das Licht im Äther mit seiner Geschwindigkeit von 300 000 Kilometern in der Sekunde relativ zu mir bewegt, reise ich, also mein Gesicht und mein Spiegel ebenfalls, mit Lichtgeschwindigkeit durch den Äther.

Das Licht versucht also, mein Gesicht zu veranlassen, sich zu meinem Spiegel in der Hand fortzupflanzen. Doch es wird sich ja nie vom Gesicht entfernen und schon gar nicht meinen Spiegel erreichen, weil sich ja alles mit Lichtgeschwindigkeit bewegt.«

Solovine, leicht geschockt: »Wenn das Licht den Spiegel nicht erreichen kann, dann kann es auch nicht reflektiert werden. Also kann Albert sein Spiegelbild nie sehen.«

»Und ein Reisender«, ergänzt Habicht, »der sich mit Lichtgeschwindigkeit bewegt, muss verblüfft feststellen, dass sein Spiegelbild verschwindet.«

»Aber dieses Gedankenexperiment von mir bringt ein Problem mit sich«, sagt Einstein. »Ich war immerhin damals erst sechzehn. Es gibt ja hier nur zwei Möglichkeiten. Entweder ist Galileis Relativitätsprinzip verkehrt oder mein Gedankenexperiment ist falsch, weil ich das Äthermedium voraussetzte. Es gibt für mich nur einen Schluss, um dieses Paradoxon aufzulösen: Und zwar, dass sich das Licht mit einer bestimmten Geschwindigkeit relativ zum Äther ausbreitet, also nicht vom Äther getragen wird, sondern die Lösung ist, dass das Äthermedium überhaupt nicht existiert.«

4 Einsteins Socken

Die drei Männer werden aus Ihrer intensiven Diskussion jäh herausgerissen, als der kleine Hans Albert in seinem Wagen zu quengeln anfängt.
»Er hat Hunger«, sagt Mileva und nimmt den Kleinen auf den Arm.
»Wisst ihr was, wir drei machen einen kleinen Spaziergang.«
»Gute Idee«, pflichten Habicht und Solovine bei. Die drei Freunde machen sich auf dem Weg.
Anfang des 20. Jahrhunderts befand sich die klassische Physik in einer Krise. Verantwortlich dafür waren herausragende Kapazitäten in der theoretischen Physik, brillante Denker und geniale Wissenschaftler, die hartnäckig für eine Neuordnung unseres bisherigen Weltbildes kämpften. Vor allem eine außerordentlich originelle Arbeit, die am 17. März 1905 in der Fachzeitschrift »Annalen der Physik« publiziert wurde, sollte für Aufsehen sorgen. Ein bis dahin unbekannter Patent-Sachbearbeiter in Bern war der Verfasser. Er schaffte es, das bis dahin gültige Zeit- und Raumverständnis sowie die klassische Auffassung der Physik mit nur 9000 Wörtern drastisch zu verändern. Dieser Mann war Albert Einstein.
Er wurde am 14. März 1879 in Ulm geboren und starb am 18. April 1955 in Princeton, USA. Seine Eltern Hermann Einstein und Pauline, geborene Koch, entstammten beide alteingesessenen jüdischen Familien, die schon seit Jahrhunderten im schwäbischen Raum ansässig waren. Der Vater stammte aus Bad Buchau, einer schwäbischen Kleinstadt, in der bereits seit dem Mittelalter eine bedeutende jüdische Gemeinde existierte. Nach der Geburt von Albert zog die Familie nach München, wo sein Vater und dessen Bruder eine elektrotechnische Fabrik gründeten, die die erste elektrische Beleuchtung für das Münchner Oktoberfest installierte. Anfänglich war Albert Einstein ein sehr guter Schüler, lernte die Violine zu spielen und besuchte 1888 das Luitpold-Gymnasium. Als Fünfzehnjähriger geriet er je-

doch mit dem autoritären Schulsystem in Konflikt und entschloss sich 1894, die Schule ohne Abschluss zu verlassen.
Um dem Armeedienst zu entgehen, gab er 1896 im Alter von 17 Jahren seine württembergische und somit auch die deutsche Staatsbürgerschaft auf und trat auch aus der jüdischen Religionsgemeinschaft aus. Der Rektor und Physiker Heinrich Weber vermittelte Albert Einstein in die liberale Kantonschule Aarau in der Schweiz, wo er die Matura mit den Bestnoten erreichte.
Danach nahm er sein Studium am Züricher Polytechnikum auf. Einer seiner Lehrer war der Mathematikprofessor Hermann Minkowski (1864–1909), von dem bahnbrechende Arbeiten der Zahlentheorie, der Geometrie und der Relativitätstheorie stammen. Über den Studenten Einstein stellte er später fest: »Ach, der Einstein? Der schwänzte doch immer die Vorlesungen! Dem hätte ich das gar nicht zugetraut!«
Als Minkowski Einsteins Arbeit »Zur Elektrodynamik bewegter Körper« in die Hände bekam, fand er die Darstellung mathematisch umständlich und verbesserungswürdig, und er verfasste eine neue mathematische Einkleidung der speziellen Relativitätstheorie von Einstein. Dazu benutzte er einen bemerkenswerten Kunstgriff. Neben den drei Raumkoordinaten führte er die Zeit als völlig gleichberechtigte Raumkoordinate ein, und damit war das Konzept des vierdimensionalen RaumZeit-Kontinuums geboren.
Einstein war von Minkowskis neuen Ideen zunächst nicht beeindruckt und fand diese vierdimensionale Darstellung der RaumZeit als überflüssige Gelehrsamkeit. Jahre später allerdings lobte Einstein Minkowskis wichtige Überlegungen, ohne die seine Relativitätstheorie möglicherweise in den Windeln stecken geblieben wäre.
Einstein war nicht sehr begeistert von der abstrakten mathematischen Ausbildung. Er erachtete sie sogar als hinderlich für

4 Einsteins Socken

den problemorientierten Physiker. Ihn faszinierten vor allem theoretisch-physikalische Überlegungen. Er glänzte daher immer wieder durch Abwesenheit bei bestimmten Vorlesungen. Das sollte sich später als Nachteil herausstellen, sodass er dann öfter gezwungen war, seinen ehemaligen Studienkollegen Marcel Grossmann (1878–1936) um Hilfe zu bitten.

1900 verließ Einstein das Polytechnikum mit einem Diplom als Fachlehrer für Physik und Mathematik. 1901 wurde er Schweizer Staatsbürger, und am 16. Juni 1902 erhielt er eine feste Anstellung als Experte dritter Klasse beim Schweizer Patentamt in Bern. Ab dieser Zeit traf er sich auch regelmäßig mit den Philosophiestudenten Maurice Solovine (1875–1948) und Konrad Habicht (1876–1958), mit denen er die sogenannte »Akademie Olympia« gründete.

Schon während seiner Studienzeit hatte Einstein seine zukünftige Ehefrau, die dreieinhalb Jahre ältere Serbin Mileva Marić, kennengelernt. Gegen den Willen der Familien heirateten sie am 6. Januar 1903.

1904 wurde der Sohn Hans Albert und 1910 Eduard geboren. Im Alter von 26 Jahren, 1905, veröffentlichte Albert Einstein eine Reihe von bahnbrechenden Arbeiten. Vor allem seine spezielle Relativitätstheorie, die Lichtquanten-Hypothese, die Bestätigung des molekularen Aufbaus der Materie durch die Brown'sche Bewegung und die quantentheoretische Erklärung der spezifischen Wärme fester Körper sollten von herausragender Bedeutung sein. Seine Arbeit »Ist die Trägheit eines Körpers von seinem Energie-Inhalt abhängig?« mündete in der berühmten Formel $E = mc^2$, Energie ist gleich Masse mal Lichtgeschwindigkeit zum Quadrat, mit anderen Worten: die Äquivalenz von Masse und Energie.

Einsteins Arbeit über die sogenannte »Brown'sche Bewegung« untermauerte die Theorie, dass Materie aus Atomen und Molekülen besteht, und erklärte auch das Phänomen des photoelektrischen Effekts. Seine brillanteste Arbeit über die spezielle Relativitätstheorie machte ihm jedoch schwer zu schaffen, denn wie er später feststellte, sei er verwirrt herumgelaufen und litt unter nervösen Störungen. Nach Veröffentlichung seiner revolutionierenden Theorie löste diese wahrscheinlich bei vielen seiner Kollegen dieselben Symptome aus, denn seine Feststellungen schienen den gesunden Menschenverstand völlig zu überfordern. Denn normalerweise muss doch angenommen werden, dass beispielsweise das von einem Raumschiff in Flugrichtung ausgestrahlte Licht nicht nur mit der eigenen Geschwindigkeit, sondern zusätzlich mit der des Raumschiffes addiert werden muss. Aber nach Einstein trifft dies nicht zu, denn unabhängig davon, ob das Raumschiff auf uns zukommt oder von uns wegfliegt, bleibt die Geschwindigkeit des von ihm ausgestrahlten Lichts immer gleich.

Am erstaunlichsten sind jedoch Einsteins Schlussfolgerungen über die bis dahin uns vertraute Vorstellung von der Zeit. War man der Ansicht, dass Zeit eine Art universelle Uhr verkörperte, die unaufhörlich unbeeinflusst, gleichmäßig tickt. Egal, wo wir uns befinden, ob am Nordpol, Südpol, in Europa oder Australien, auf sie wäre immer Verlass und sie würde immer die gleiche Zeit anzeigen. Auch in diesem Zusammenhang schockierte Einstein mit seinem Konzept die wissenschaftliche Welt. Er sagte kategorisch: »Nein. Zeit ist dehnbar. Sie lässt sich zusammenstauchen, sie ist flexibel und abhängig vom Beobachter.«

So tickt eine Uhr langsamer, die im Verhältnis zu uns in Bewegung ist, als eine stationäre Uhr. Einstein hat sich einmal vorgestellt, dass er sich in einer Straßenbahn mit Lichtgeschwindigkeit bewegt, weg von einer Kirchenuhr. Die Kirchenuhr würde stehen bleiben, während seine Uhr in der Straßenbahn normal geht.

Kommen wir noch einmal zurück zu unserem Reisenden im Zug, der vorher die Blitzeinschläge beobachtet hat. Dieser Reisende hat eine Spiegeluhr. Sie besteht aus zwei Spiegeln, einen an

4 Einsteins Socken

der Decke und einen auf dem Boden. Ein Lichtstrahl wird ständig, regelmäßig von oben nach unten und von unten nach oben reflektiert. Unser Zug fährt auf gerader Strecke mit konstanter Geschwindigkeit von 80 Prozent der Lichtgeschwindigkeit. Mit dieser Geschwindigkeit rast auch der Zug an dem Beobachter am Bahndamm vorbei. Er kann die Spiegeluhr durch das große Fenster im Wagen sehen. Doch er sieht den Lichtstrahl nicht in seiner reflektierten Auf-und-ab-Bewegung, sondern eine Seitwärtsbewegung des Lichtstrahles, zusammen mit dem vorbeirasenden Zug, da der Lichtstrahl der Spiegeluhr durch die Fortbewegung des Zuges einen längeren diagonalen Weg zurücklegen muss. Also läuft hier unsere Photonenuhr für den Reisenden und für den Mann am Bahndamm mit unterschiedlicher Geschwindigkeit, denn der Lichtstrahl legt für den Beobachter am Bahndamm einen längeren Weg zum zweiten Spiegel zurück.

Abb. 2: Tickende Photonenuhr: Der Passagier im Zugabteil sieht die Lichtuhr stationär mit der vertikalen Auf-und-ab-Bewegung des Photons. Der Beobachter auf dem Bahnsteig dagegen sieht die Photonenuhr mit dem Zug vorbeirasen und registriert dadurch, wie das Lichtteilchen einen längeren diagonalen Weg zurücklegt.

Aber unser Mann am Bahndamm bemerkt einen zusätzlichen Faktor, nämlich, dass sich der Zug in seiner Bewegungsrichtung zusammenzieht, also verkürzt. Für den Reisenden im Zug ist alles normal. Seine Spiegeluhr läuft unverändert und die Zuglänge ist nicht beeinträchtigt. Die Beeinflussung der Zeit durch Bewegung ist die erstaunlichste Erkenntnis der Relativitätstheorie. Denn das heißt: Für zwei Beobachter, die sich relativ zueinander bewegen, läuft die Zeit unterschiedlich ab. Sein Begriff der Zeitdilatation, also der Zeitdehnung, strapazierte damit erst einmal den sogenannten gesunden Menschenverstand, den Einstein als Hinterlassenschaft vorgefasster Meinungen abtat.

Nachdem Einstein die absoluten Größen Zeit und Raum entthront hatte, befasste er sich mit einem weiteren Grundbegriff der klassischen Physik, und zwar der Masse. Masse sei nichts anderes als verfestigte Energie, stellte er fest. Und jede Energie setze Materie frei und umgekehrt. Demzufolge handle es sich bei Photonen, also Lichtteilchen, um masselose Teilchen, die sich nun in Form von Energie mit Lichtgeschwindigkeit fortbewegen würden. Bei Unterlichtgeschwindigkeit verdichte sich dagegen Energie durch das verringerte Tempo zu Materie. Einstein erkannte, dass mit steigender Geschwindigkeit eine Zunahme an Masse stattfindet.

Aus der Tatsache, dass zur Beschleunigung eines Körpers Energie erforderlich ist, schloss Einstein auf eine Verbindung zwischen Energie und Masse. Er legte in seiner genial einfachen Formel $E = mc^2$ fest, wieviel Energie (E) sich aus Masse (m) bildet. Oder anders formuliert: Masse muss mit dem Quadrat der Lichtgeschwindigkeit (c) multipliziert werden, um die darin enthaltene Energie zu errechnen. Es ist offensichtlich, dass angesichts der immensen Geschwindigkeit des Lichts gewaltige Energiemengen in der Masse enthalten sind.

Kommen wir noch einmal auf Hermann Minkowski zurück. Als dieser 1902 zum Professor der Mathematik nach Göttingen be-

4 Einsteins Socken

rufen wurde, hatte Einstein gerade seine Anstellung im »Eidgenössischen Amt für geistiges Eigentum« übernommen. Minkowski veröffentlichte seinen eigenen Beitrag zur speziellen Relativitätstheorie in den »Göttinger Nachrichten« in einer einzigen Abhandlung. Wurde die Öffentlichkeit durch diese Arbeit schon hinreichend auf ihn aufmerksam, machte Minkowski mit seinem Vortrag über Raum und Zeit vor der Gesellschaft deutscher Naturforscher und Ärzte im September 1909 in Köln geradezu Furore: »Ich möchte ihnen Vorstellungen von Raum und Zeit entwickeln, die auf experimentell-physikalischem Boden erwachsen sind«, begann Minkowski. »Darin liegt ihre Stärke, ihre Tendenz ist radikal. Und von Stund an sollen Raum für sich und Zeit für sich ein völliges Schattendasein führen, und nur eine Vereinigung beider soll Selbstständigkeit bewahren.«

Es war Minkowski, der die spezielle Relativitätstheorie nicht nur mathematisch untermauerte, sondern es Einstein ermöglichte, eine allgemeine Relativitätstheorie zu entwickeln, um sie auf das Phänomen der Gravitation anzuwenden. Im Vergleich zu anderen Naturkräften ist die Gravitation erstaunlich schwach. Und dennoch wird das Universum ausgerechnet durch diese schwache Gravitation zusammengehalten und nicht durch die 10^{37}-mal so starken elektromagnetischen Kräfte. Durch die Gravitation werden die Bewegungen aller Himmelskörper bestimmt. Das universelle Gefüge wird durch die Schwerkraft, die Gravitation, beherrscht. Alle anderen Kräfte sind räumlichen Grenzen unterworfen.

So wird also das Geschick unseres Universums durch die Gravitation diktiert. Einstein kam durch seine Überlegungen auf den genialen Gedankenblitz, ob die Schwerkraft nicht als eine Eigenschaft des Raumes angesehen werden kann. Kann nicht das Phänomen Schwerkraft als eine Krümmung, als eine geometrische Verformung des Raum-Zeit-Gefüges durch die Masse von materiellen Objekten aufgefasst werden? Einstein war sich sicher:

4 Einsteins Socken

Schwerkraft ist also eine durch Materie ausgelöste Eigenschaft und keine mysteriöse Kraft, wie noch Newton annahm.

Diese Erkenntnis passte gut zu einer Beobachtung, die Einstein einmal aus dem Fenster seiner Wohnung in Bern gemacht hatte. Kinder spielten mit Murmeln auf der Straße. Er sah, wie die Murmeln bestimmten Stellen auswichen, aber sich auf andere zubewegten. Man könnte daraus natürlich folgern, dass sie irgendeiner »Kraft« unterliegen, die sie von diesen Stellen ablenkten und zu anderen hinführten. Jemand aber, der unten auf der Straße den spielenden Kindern an Ort und Stelle zusieht, bemerkt jedoch, dass der holprige Boden mit seinen Kuhlen die Murmeln beeinflusst und in bestimmte Bahnen lenkt. Der Beobachter im ersten Stock würde vermuten, dass die Murmeln durch eine Kraft gesteuert werden, und ist somit ein Vertreter der Newton'schen Mechanik. Der Zuschauer am Boden vertritt dagegen die Einstein'sche Theorie, da er die Rollbahn der Murmeln aufgrund der Oberflächeneigenschaften des Bodens in geometrischer Form beschreibt.

Danach ist Gravitation eine geometrische Eigenschaft der Raum-Zeit, verursacht durch Masse.

In Einsteins Weltbild setzt sich das Universum aus drei Raumdimensionen und einer Zeitdimension zusammen. Da Einstein zur Beschreibung von Raum und Zeit neue Maßstäbe brauchte, weil die euklidische Raumgeometrie mit ihren drei Dimensionen Länge, Breite und Höhe, wo jede Gerade unendlich ist und Parallelen stets im gleichen Abstand nebeneinander verlaufen, nicht mehr genügte, wandte er sich an seinen alten Freund, den renommierten Mathematiker Marcel Grossmann. Dieser stattete Einstein mit dem notwendigen Rüstzeug aus, und zwar mit einer nichteuklidischen Geometrie, die der deutsche Mathematiker Bernhard Riemann bereits im 19. Jahrhundert entwickelt hatte. Diese Geometrie konnte Einstein auf sein vierdimensionales Konzept anwenden. Charakteristisch für die

4 Einsteins Socken

Riemann'sche Geometrie ist, dass hier keine Verbindungslinien existieren und die kürzeste Verbindung zwischen zwei Punkten keine Gerade ist, sondern eine geodätische Linie, also die kürzeste Verbindung zweier Punkte auf einer gekrümmten Fläche. Einsteins gekrümmte, vierdimensionale RaumZeit wird oft mit einem straff gespannten Gummilaken verglichen, das an den Stellen Kuhlen hat, auf die mehr oder weniger schwere Kugeln platziert sind.

Wenn wir dieses Beispiel auf das Universum übertragen, dann krümmt sich die Geometrie der RaumZeit um massive Körper, beispielsweise Planeten, Sterne oder Galaxien. Statt durch die Fernwirkung der Sonnenkraft werden Planeten auf ihren elliptischen Umlaufbahnen lediglich durch die Wegkrümmungen der RaumZeit auf ihren Bahnen gehalten, d. h. sie folgen den geometrischen Einbuchtungen der RaumZeit, verursacht durch Masse.

Abb. 3: Gravitation, als Eigenschaft der RaumZeit, verursacht durch Masse. Die Sonne bewirkt nach Albert Einstein durch ihre Masse eine Kuhle in der RaumZeit und hält dadurch die Erde auf ihrer Bahn um die Sonne gefangen. Die Erde rollt an der Talwand des gekrümmten Raums um die Sonne und folgt damit dem Weg des geringsten Widerstands.

In diesem Zusammenhang können wir uns auch einen großflächigen Schwamm vorstellen, in dem Holz-, Glas- und Bleikugeln im Inneren und auf der Oberfläche platziert sind. Je nach ihrer Masse verzerren diese Kugeln mehr oder weniger das Gewebe des Schwammes. Der Schwamm stellt hier das vierdimensionale RaumZeit-Kontinuum dar, während die Kugeln Gestirne mit unterschiedlicher Masse veranschaulichen.

1914 überredete der bedeutende deutsche Physiker und Nobelpreisträger Max Planck (1858–1947) Albert Einstein, als hauptamtlich besoldetes Mitglied der Preußischen Akademie der Wissenschaften nach Berlin zu kommen. Dort wurde dieser am 1. April 1914 zum Direktor des Kaiser-Wilhelm-Instituts für Physik ernannt. Hier fand er auch die Ruhe und die Möglichkeiten, seine großartige Arbeit über die Gravitation, bekannt als seine allgemeine Relativitätstheorie, zu vervollständigen.

Aus der allgemeinen Relativitätstheorie ergibt sich auch die Voraussage, dass Lichtstrahlen durch Masseobjekte, wie zum Beispiel Sterne, abgelenkt werden. Nach Einsteins Berechnungen müsste das emittierte Licht durch die Gravitation der Sonne um 1,74 Bogensekunden abgelenkt werden.

Diese Vorhersage fand ihre glänzende Bestätigung in der Beobachtung am 29. Mai 1919 während einer Sonnenfinsternis in Brasilien durch den Cambridge-Astronomen und Physiker Sir Arthur Eddington (1882–1944). Bei dieser totalen Sonnenfinsternis konnte Eddington als einer der ersten Verfechter der Relativitätstheorie den von Einstein vorhergesagten Ablenkungswert annähernd bestätigen. Um seine Bestimmung durchzuführen, wurde die Fotografie von der Sonnenfinsternis und eine Vergleichsfotografie Schicht auf Schicht in eine Messapparatur eingelegt, sodass die korrespondierenden Abbildungen nahe beieinander lagen.

Daraufhin wurden die kleinen Abstände in zwei rechtwinklig zueinander stehenden Richtungen vermessen. Dadurch konnte man die relativen Verschiebungen der Sterne bestimmen, mit dem Resultat, dass sie ziemlich gut mit Einsteins Voraussage übereinstimmen. Damit war auch Newtons Schwerkraftmodell widerlegt.

Das Ergebnis der Eddington-Expedition machte nicht nur weltweit Schlagzeilen, sondern trug auch zu der enormen Popularität Albert Einsteins bei. Er wurde berühmt. 1919 ließ sich Einstein von Mileva scheiden und heiratete später seine Cousine Elsa Löwenthal, geborene Einstein (1876–1936). 1921 wurde Einstein für seine Arbeiten über den Photoelektrischen Effekt mit dem Nobelpreis für Physik belohnt.

Im Dezember 1932 war Einstein auf einer Vortragsreise in den Vereinigten Staaten, kam aber wegen Hitlers Machtübernahme 1933 nicht mehr nach Deutschland zurück.

Er wurde Mitglied im Institute for Advanced Studies unweit der Universität Princeton und arbeitete an einer Weltformel, die die Gravitation mit dem Elektromagnetismus vereinen sollte, was bis heute niemandem gelungen ist.

1936 starb seine Frau Elsa, und Einstein lebte bis zu seinem Tod in seinem Häuschen in der Mercer Street 112 in Princeton.

Albert Einstein, dessen Erkenntnisse vor über 90 Jahren veröffentlicht wurden, wird nach wie vor als der überragendste Physiker des 20. Jahrhunderts betrachtet, und sein Ruf ist ihm auch in das 21. Jahrhundert gefolgt. Seine Relativitätstheorien waren so komplex und revolutionär, dass es Jahrzehnte dauerte, bis ihre Schlussfolgerungen und Konsequenzen akzeptiert wurden, und sie werden auch heute noch debattiert.

»Wichtig ist, dass man nicht aufhört, zu fragen. Neugier hat ihren eigenen Seinsgrund. Man kann nicht anders, als die Geheimnisse von Ewigkeit, Leben oder die wunderbare Struktur der Wirklichkeit ehrfurchtsvoll zu bestaunen. Es genügt, wenn man versucht, an jedem Tag lediglich ein wenig von diesem Geheimnis zu erfassen«, hat Einstein einmal bemerkt.

4 Einsteins Socken

Ich möchte hier noch einmal die Konsequenzen der Einstein'schen Theorien zusammenfassen:
Die Auswirkungen von Beschleunigung und Gravitation sind äquivalent. Zeitdilatation kann also sowohl durch Beschleunigung als auch durch Gravitation verursacht werden. In anderen Worten:
1. Bei großer Beschleunigung oder in einem starken Gravitationsfeld wird die Zeit gedehnt und läuft langsamer ab.
2. Licht, das von einem Raumschiff bei Annäherung an die Lichtgeschwindigkeit in Flugrichtung ausgestrahlt wird, überschreitet niemals die Grenze von rund 300 000 Kilometern in der Sekunde.
3. Ein Lichtstrahl wird durch Gravitation abgelenkt beziehungsweise gekrümmt.
4. Der Astronaut, der sich in seinem Raumschiff mit hoher Geschwindigkeit fortbewegt, nimmt bei sich und seiner Uhr keine Veränderung wahr. Ein Beobachter dagegen (wenn er es könnte) stellt fest, dass sich das Raumschiff verkürzt, an Masse zunimmt, dass der Astronaut langsamer altert und seine Uhr langsamer geht.
5. In einem Raumschiff, das mit 9,80 Metern pro Sekunde gleichförmig beschleunigt, spüren die Passagiere die gleiche Anziehungskraft wie diejenigen in einem Raumschiff, das auf der Erde steht.
6. Gravitation ist Eigenschaft der RaumZeit-Geometrie, die durch die Masse eines Objektes verursacht wird.
Und was ist mit Einsteins Socken? Er hat häufig absichtlich oder unabsichtlich seine Socken nicht angezogen. War dies von Bedeutung für Einsteins revolutionierende Schlussfolgerungen? Wir wissen es nicht. Allerdings vertreten einige Menschen die Ansicht, dass nackte Füße das Denken anregen.

5 Photonentanz und Quantenradierer

Ort: Ein Park im Jenseits. Zeit: Die selige Ewigkeit

Zypressen säumen den sandigen Pfad. Sanftes, blaues Dämmerlicht schimmert auf hellen Marmorstatuen. Die Stille liegt wie Watte zwischen den Sträuchern und Bäumen, bis die Schritte zweier älterer Herren sie bricht.
»Ich bin Ihnen eigentlich zu großem Dank verpflichtet, Mr. Stoney, denn Ihr Einheitensystem war für meine Überlegungen sehr hilfreich«, sagt der Herr mit dem Schnauzbart und der hohen Denkerstirn. Die Haare haben sich zu einem Kranz zurückgezogen. Er trägt einen dunklen Anzug mit Weste.
»Mein lieber Planck, es ist sogar hier noch für mich eine Genugtuung, einen kleinen Beitrag geleistet zu haben.« Der anglo-irische Physiker George Johnstone Stoney (1826–1911) streicht sich über seinen weißen Rauschebart. »Na, na, jetzt untertreiben sie wirklich«, protestiert der deutsche Physiknobelpreisträger Max Planck (1858–1947). »Ihre theoretischen Erkenntnisse über Gase, Temperatur und Druck waren von großer Bedeutung. Vor allem aber Ihre Arbeiten über das Atom und die elektrische Ladung können gar nicht hoch genug eingestuft werden, denn Sie haben damit das Fundament gelegt, das Thomson ermöglichte, das von Ihnen benannte Elektron zu entdecken.«
»Nun ja«, Stoney bleibt stehen und betrachtet nachdenklich einen dunklen Zypressenzweig. »Nur ging es damals eigentlich um das komplizierte Netz der Maßeinheiten. Ich wollte es vereinfachen und gleichzeitig die Hypothese von der elektrischen

5 Photonentanz und Quantenradierer

Einheitsladung untermauern. Es war mir bewusst, dass das Konzept einer Elementarladung ein fehlender Baustein war.«
»Ich weiß, es ging damals vor allem um die Definition von Einheiten für Masse, Länge und Zeit«, sagt Planck.
»Richtig, es ging mir um Naturkonstanten«, antwortet Stoney.
»Ja, das magische Trio«, bemerkt Planck. »Also c, G und e. Sie haben zu den zwei Konstanten c für Lichtgeschwindigkeit, G für Gravitation, eine dritte hinzugefügt, und zwar e für die Elementarladung.«
»Wobei G«, wirft Stoney ein, »für mich nach wie vor ein Gravitations-Koeffizient ist, der eine absolute Größe darstellt.«
»Apropos Gravitation, was macht eigentlich unser Freund Newton?«, fragt Planck.
»Der arbeitet zurzeit an seiner Jenseits-Mechanik.«
»Es ist geradezu fantastisch, wen man hier alles trifft. Großartige Persönlichkeiten, mit denen man Gedanken austauschen kann«, stellt Planck fest. »Ich hatte vor Kurzem ein langes Gespräch mit Einstein. Der Arme arbeitet immer noch an seiner großen einheitlichen Feldtheorie. Das Ganze ist sehr problematisch auch unter Einbeziehung der neuesten Modellvorstellungen aus dem Diesseits.«
»Ja, und nun muss der Bedauernswerte auch noch die Gesetzmäßigkeiten unseres Jenseits mit einbeziehen«, sagt Stoney lakonisch.
»Sie glauben ja gar nicht, welchen Diffamierungen und Unterstellungen der arme Einstein um 1920 ausgesetzt war«, sagt Planck, und sein Blick folgt dem sich endlos dahinschlängelnden Pfad.
»Er hasste den Nationalismus, den Militarismus und natürlich den Rassismus. Es gab ja eine regelrechte Opposition, nicht nur gegen seine Person, sondern vor allem gegen seine Ansichten. Es war natürlich auch viel Neid im Spiel. Sie konnten den Jubel um diesen Mann nicht ertragen.

5 Photonentanz und Quantenradierer

Es ging sogar so weit, dass sich eine regelrechte Anti-Einstein-Gruppierung bildete, die verkündete, die Relativitätstheorie sei Teil einer großen semitischen Verschwörung, die es sich zum Ziel gesetzt habe, die Welt und insbesondere Deutschland zu verderben. Das Getue um die Relativitätstheorie widerspräche dem deutschen Geist, verkündete ihr Anführer Paul Weyland. Einstein konterte damals mit einer Antwort an die ›antirelativistische Gesellschaft mit beschränkter Haftung‹. Ich weiß noch, dass der Physiker Arnold Sommerfeld, dem Sinn nach, Folgendes an Einstein schrieb: Als Präsident der deutschen physikalischen Gesellschaft hielte er es für notwendig, zu retten, was zu retten wäre. Mit wahrer Wut hätte er als Mensch die Berliner Hetze gegen Einstein verfolgt … Er hoffe, Einstein habe sein philosophisches Lachen wiedergefunden und habe Mitleid mit Deutschland, dessen Qualen sich, wie überall, in Pogromen äußere. Ich selber habe mich, zusammen mit anderen Freunden, in jener Zeit ständig bemüht, ihn zu unterstützen. Die Relativitätstheorie wurde regelrecht als Provokation der Schöpfung aufgefasst.«

»Und das bringt uns wieder zum RaumZeit-Problem. Was ist die RaumZeit denn nun?«, unterbricht Stoney.

Planck kickt einen Kieselstein vor sich her. Dann bleibt er stehen und schaut Stoney in die Augen. »Eine Art riesiger, dynamischer Container, in dem das kosmische Theaterstück abläuft. Würden wir alle Materie und Energie aus der RaumZeit entfernen, was bliebe dann?«

»Offensichtlich ein leerer Container«, lacht Stoney meckernd.

»Aber wenn die RaumZeit leer wäre, ohne irgendeine Substanz, ein Medium, wie kann sie sich dann durch Masse verformen?«

»Also doch eine Art Äther?«

»Nein, nein, wir wissen doch beide, dass die beiden amerikanischen Physiker Albert Michelson (1852–1931) und Edward

5 Photonentanz und Quantenradierer

Morley (1838–1923) durch ein ausgeklügeltes Experiment den Nachweis von Äther und dessen Auswirkungen auf die Lichtgeschwindigkeit zu bringen versucht haben.«

»Natürlich! Mit einem negativen Resultat. Sie gingen davon aus, dass durch die Erdbewegung um die Sonne eine Art Ätherfahrtwind existieren würde, der die Lichtgeschwindigkeit beeinflussen müsste.«

»Wir Naturwissenschaftler«, erwidert Planck, »standen damals vor einem komplizierteren Problem, für das es anscheinend drei Alternativen gab: Entweder die Erde bewegt sich nicht. Offensichtlich ein absurder Gedanke, denn es hätte das kopernikanische Weltbild zum Einsturz gebracht. Die zweite Möglichkeit wäre, dass die Erde den Äther mit sich durch das All transportiert. Aber vorangegangene Experimente sprachen dagegen. Es blieb also nur noch eine Schlussfolgerung: Es gibt einfach kein Äther-Medium.«

»Ja, aber dann betrat mein Landsmann, der Ire George FitzGerald (1851–1901) die Bühne. Übrigens ein starker Typ«, sagt Stoney.

»Und der holländische Nobelpreisträger Hendrik A. Lorentz (1852–1928). Die beiden haben versucht, durch eine neue These die Äther-Theorie wieder zu erwecken. FitzGerald und Lorentz gingen davon aus, dass sich in Bewegung befindliche Objekte in ihrer Fortbewegung verkürzen und dass diese Längenkontraktion tatsächlich ausreichen würde, um die durch den Ätherwind verursachte Veränderung der Lichtgeschwindigkeit wieder aufzuheben. Denn diese Kontraktion würde durch den entgegenströmenden Äther hervorgerufen.«

»Ich persönlich finde den Beitrag zur Elektronentheorie faszinierend«, sagt Stoney. »Denn Lorentz kam ja zu dem Ergebnis, dass ein elektrisch geladener Körper bei seiner Fortbewegung durch den sogenannten Äther elektromagnetische Kräfte produziert, die eine Umstrukturierung der Materie verursachen, mit dem Resultat einer Längenkontraktion.«

5 Photonentanz und Quantenradierer

»Lorentz hat ja trotz aller Kritiken an der Existenz des Äthers festgehalten«, wirft Planck ein. »Er brachte in diesem Zusammenhang sogar einen zusätzlichen Faktor mit ins Spiel: und zwar die Zeit- und Entfernungsbestimmung eines Ereignisses, das von verschiedenen Beobachtern registriert wird, die sich in relativ zueinander bewegten Bezugssystemen aufhalten. Für diese Problematik entwickelte Lorentz sogar mathematische Gleichungen, die sogenannte Lorentz-Transformation.«

»Und das Ganze im Sinne Albert Einsteins!«, ergänzt Stoney.

»Das schon, aber ohne Äther! Mit den Erkenntnissen der Quantenphysik brach eine völlig neue Ära an, und da haben ja der Kollege Heisenberg und ich einige Verdienste erworben. Denn vor Anbruch der Quantenära haben wir den Raum für vollkommen leer erklärt, wenn er keine Elementarteilchen enthält und auch der Wert aller Felder Null beträgt.«

Die beiden Männer setzen sich auf eine Bank am Wegrand.

»Wissen Sie, lieber Planck, es ist ja alles schön und gut hier, aber in Momenten wie diesen fehlt mir ein guter, alter irischer Whiskey. Ihre Quantenmechanik hat so viel verändert. Leere bedeutet für uns ein Vakuum, und da hat ja bereits Ihr Landsmann Otto von Guericke (1602–1686) 1657 eine ganze Reihe von aufsehenerregenden Experimenten durchgeführt.«

»Ja, er hat ja damals zwei große Halbkugeln aus Kupfer aneinandergefügt, hat dann die Luft aus ihnen abgepumpt, sodass sie durch das entstehende Vakuum zu äußerst starken Saugnäpfen wurden. Er machte in Magdeburg eine regelrechte Show daraus, denn er demonstrierte öffentlich, dass zwei Gespanne von jeweils acht Pferden nicht fähig waren, die Halbkugeln auseinanderzureißen. Aber noch interessanter war sein Experiment in diesen Zusammenhang mit einem vakuumisierten Glasgefäß, das im Inneren eine Glocke enthielt. Bevor Guericke die Luft aus dem Gefäß abgepumpt hatte, konnten die Zuschauer das Läuten der Glocke hören. Sobald aber die Luft herausgepumpt

5 Photonentanz und Quantenradierer

war, also die Glocke sich in einem Vakuum befand, war das Läuten der Glocke nicht mehr zu hören, obwohl der Klöppel auf die Glocke schlug.«

»Damit war klar«, sagt Stoney, dass der Schall sich nicht in einem Vakuum fortpflanzen kann, im Gegensatz zum Licht.«

»Das bedeutet, dass der Begriff ›leerer Raum‹ verkehrt ist. Diese Erkenntnisse verdanken wir auch der Quantenphysik«, stimmt Planck ihm zu. »Auch in einem sogenannten Vakuum existieren Quantenfluktuationen von Feldern.«

»Also ich verstehe diese neue Quantentheorie immer noch nicht. Sie ist für mich ein Buch mit sieben Siegeln. Sie, lieber Planck, sind doch einer der Begründer der Quantenphysik. Erklären Sie mir doch bitte, was Sie unter diesen quantenphysikalischen Vorgängen verstehen.«

»Es gibt inzwischen Entwicklungen in der Quantenmechanik, die den gesunden Menschenverstand überfordern. Aber ich hole hier gerne einmal ein wenig aus. Noch Anfang des 20. Jahrhunderts war man der Ansicht, dass es sich bei Atomen um komplette Gebilde handeln müsse, bis der neuseeländische Experimentalphysiker Ernest Rutherford (1871–1937) in Cambridge 1911 ein neues Atommodell bekannt gab. Er erklärte, dass sich die größte Masse des Atoms in einem schweren Kern im Mittelpunkt konzentriert, den Elektronen auf Umlaufbahnen umkreisen. Verglichen mit einem Sandkörnchen ist ein Atom zehntausend- bis hunderttausendmal kleiner. Aber Atomkerne sind noch um das Zentausendfache kleiner. Kernkräfte halten den aus positiv elektrisch geladenen Protonen und elektrisch nicht geladenen Neutronen bestehenden Atomkern zusammen. James Clark Maxwell und Michael Faraday haben Anfang des 19. Jahrhunderts in unzähligen Experimenten bis dahin unbekannte Eigenschaften der Elektrizität und des Magnetismus nachgewiesen. Durch diese Entdeckungen entstand das Konzept des sogenannten Feldes. Jedes Schulkind bekommt

5 Photonentanz und Quantenradierer

eine Vorstellung von einem magnetischen Feld, wenn Eisenspäne in der Nähe eines Stabmagneten ausgestreut werden. Wenn die Späne ein wenig geschüttelt werden, ordnen sie sich zu einem regelmäßigen Linienmuster vom Nordpol des Magneten zu Bögen, die zum Südpol verlaufen. Verantwortlich dafür ist das unsichtbare magnetische Feld.

Aber es existieren auch noch andere Felder. Zum Beispiel das elektrische Feld. Elektrische Feldveränderungen können auch Veränderungen in einem Magnetfeld hervorrufen und umgekehrt. Durch diese Wechselbeziehung entstand dann das Konzept der elektromagnetischen Felder. Der Begriff ›Felder‹ wurde auch auf andere Gebiete der Physik angewendet. Wie zum Beispiel ›Gravitationsfelder‹ oder ›Felder der Kernkräfte‹. Und die Physik des 21. Jahrhunderts diskutiert ›Higgsfelder‹ und andere.

Für Maxwell bedeuten Veränderungen in Feldern, dass sie sich wellenartig mit einer bestimmten Geschwindigkeit ausbreiten. Es gelang mir, ein mathematisches Gesetz für die Energieverteilung der Wärmeausstrahlung aufzustellen. Allerdings ließ sich der mathematische Ausgangspunkt nicht mehr durch die herkömmliche Physik darstellen. Es gab für mich nur eine Erklärung: dass die sich während des Strahlungsvorganges abgegebene Energiemenge nicht gleichmäßig ausdehnt – also kontinuierlich und stetig –, sondern in stoßweisen Energieportionen. Ich habe diese energetischen ›Pakete‹ als ›Quanten‹ bezeichnet. Außerdem kam ich zu dem Schluss, dass die Energiemengenpakete dieser Strahlungsquanten unterschiedlich sind. Je höher die Strahlungsfrequenz ist, umso mehr Energie haben die Quanten.

Ich habe die sogenannte ›Planck'sche Konstante‹ eingeführt, um das Wesen der Wärmestrahlung zu definieren. Alle Strahlungsarten, wie auch Licht, können nicht nur als elektromagnetische Wellen erklärt werden, sondern sie verhalten sich auch

5 Photonentanz und Quantenradierer

wie ein Strom von Teilchen, die wir Photonen nennen. Ein Photon ist also ein Energiepäckchen – ein Quant. Meine Konstante legt die Energiemenge fest, die jedes Photon mit einer bestimmten Wellenlänge der Strahlung trägt.«

»Es ist gut, dass Sie das noch einmal für mich zusammengefasst haben, obwohl vieles Ihrer Ausführung mir bekannt war, denn ich habe mich auch hier weiter informiert«, sagt Stoney. »Was für mich eher problematisch ist, dass es die Quantenmechanik als solche anscheinend nicht gibt, sondern unterschiedliche Schulen, wie zum Beispiel die Kopenhagener Schule.«

»Da haben sie recht. Allerdings ist das Ganze auch eine Frage der Interpretation quantenmechanischer Vorgänge.« Planck erhebt sich. »Ich muss mich jetzt wirklich entschuldigen. Ich habe noch einen Termin mit Werner Heisenberg.«

Max Planck wurde am 23. April 1858 in Kiel geboren. Sein Vater war Juraprofessor in Kiel und in München. Max Planck stammte aus der zweiten Ehe mit Emma Patzig. Der Großvater und der Urgroßvater waren beide Theologieprofessoren in Göttingen. Nachdem die Familie nach München umgezogen war, besuchte Max Planck das Maximilian-Gymnasium. Trotz seiner hohen musikalischen Begabung entschied er sich, anstatt Musik Physik zu studieren. Der Münchner Physikprofessor Philippe von Jolly versuchte Planck von einem Physikstudium abzuhalten, da »in dieser Wissenschaft schon fast alles erforscht sei, und es gelte, nur noch einige unbedeutende Lücken zu schließen.« Planck konterte mit der Feststellung: »Ich hege nicht den Wunsch, Neuland zu entdecken, sondern lediglich, die bereits bestehenden Fundamente der physikalischen Wissenschaft zu verstehen, vielleicht auch noch zu vertiefen.« Zunächst studierte er Physik in München und dann bei den renommierten Physikern Hermann von Helmholtz und Gustav Kirchhoff. Nach seiner Habilitation war er zuerst Privatdozent in München und danach als Extraordinarius für mathematische Physik an der Universität in Kiel.

5 Photonentanz und Quantenradierer

1889 wurde Planck zum Nachfolger von Kirchhoff nach Berlin berufen. 1894 wurde er zum Mitglied der Preußischen Akademie der Wissenschaften gewählt. 1892 erhielt er den Lehrstuhl für theoretische Physik. In dieser Zeit befasste er sich eingehend mit der Thermodynamik und der Theorie der Herleitung des Strahlungsgesetzes und entwickelte das »Planck'sche Strahlungsgesetz«. Von großer Bedeutung sollte seine Erkenntnis sein, dass Energie nur in Form unmittelbarer Energieelemente, also Quanten, emittiert würde. Heute wird diese Erkenntnis des sogenannten »Planck'schen Wirkungsquantums« (h) und die »Frequenz der Strahlung« (v) als Geburtsstunde der Quantenphysik anerkannt.

Als Rektor der Universität Berlin holte er Einstein 1914 zu sich. Sie wurden nicht nur gute Freunde, sondern musizierten auch zusammen. Einstein hatte große Hochachtung vor Planck und verehrte ihn geradezu, Planck erhielt 1918 den Nobelpreis für Physik.

Max Planck war von herausragender Bescheidenheit. Er hat sich in der schrecklichen Nazizeit um jüdische Wissenschaftler bemüht. Sein Sohn Erwin wurde von den Nazischergen hingerichtet, weil er zum Gördeler-Kreis gehörte und damit in den Attentatsversuch am 20. Juli 1944 verwickelt war. Am 4. Oktober 1947 starb Max Planck in Göttingen.

Die Erkenntnis, dass das Licht als Welle und als Teilchen gleichzeitig erscheinen kann, also als »Wellikel«, relativierte die »Maxwell'sche Gleichung«.

Der französische Physiker und Nobelpreisträger Louis Victor de Broglie (1892–1987) veröffentlichte 1924 seine Arbeit über den Wellencharakter der Materie, in der er nachwies, dass jede Art von Materie gleichzeitig auch ihren Teilchencharakter hat. De Broglies Schlussfolgerung wurde in voneinander unabhängigen Experimenten bestätigt, in denen die Beugung von Elektronen nachgewiesen wurde.

5 Photonentanz und Quantenradierer

Hatte Albert Einstein noch die Naturkräfte mit Hilfe der Geometrie zu erklären versucht, so wurde diese Ansicht durch das Aufkommen der Quantenphysik in Frage gestellt. Die Relativitätstheorie konnte überzeugend Vorgänge im Makrokosmos erklären. Doch um 1925 stellte eine Reihe von bedeutenden Physikern fest, dass der Mikrokosmos mit seiner Welt der Atome und deren Bausteinen, den Elementarteilchen, und der Kräfteübertragung einen neuen theoretischen Ansatz erforderte. Rund 118 Atome beziehungsweise Elemente formen die uns bekannte Materie. Die Atome bestehen aus dem Atomkern, der sich aus Neutronen und Protonen zusammensetzt. Der Atomkern wiederum wird von Elektronen umkreist. Kräfte werden durch den Austausch diskreter Energiepäckchen, also sogenannter Quanten, erzeugt. Unterschiedliche Kräfte werden durch den Austausch unterschiedlicher Quanten verursacht.
Welle oder Partikel? Diese Streitfrage löste unter den Physikern regelrechte intellektuelle Kämpfe aus. Es entstanden gegnerische Schulen, die mit allen möglichen Experimenten die Gegenpartei in eine Sackgasse zu führen versuchten. Physiker, die Partikel als Realität betrachteten, verteidigten ein Partikeluniversum. Wellen wiesen ihrer Ansicht nach nur auf eine Möglichkeit hin, und zwar entlang eines Lichtstrahls an jedem beliebigen Punkt auf Partikel, also Photonen, zu stoßen.
Der Wiener Nobelpreisträger der Physik, Erwin Schrödinger (1887–1961), hielt dagegen die Partikeltheorie schlichtweg für eine Illusion. Er setzte, wie auch andere Physiker, auf die Wellenthese. Doch in Zusammenarbeit mit dem englischen Nobelpreisträger der Quantenphysik Paul Dirac (1902–1984) wies Schrödinger schließlich nach, dass beide Lager in letzter Konsequenz auf den gleichen Nenner gekommen waren und im Endeffekt beide recht hatten.
Bereits 1932 war der damals einunddreißigjährige, bedeutende deutsche Physiker Werner Karl Heisenberg (1901–1976) mit

5 Photonentanz und Quantenradierer

dem Nobelpreis für Physik ausgezeichnet worden. Während seines Studiums in Kopenhagen bei Niels Bohr (1885–1962), der wegen seines sogenannten »Bohr'schen Atommodells« mit dem Nobelpreis geehrt wurde, hatte sich in ihm bereits die Überzeugung gefestigt, dass eine Lösung des Wellen- und Partikel-Paradoxons nur möglich sei, wenn der Beobachter, also der Physiker, in den Messprozess mit einbezogen wird. Diese Überzeugung führte Heisenberg zu seiner berühmten Unschärferelation. Nach seiner These muss bei allen Experimenten die Wechselwirkung zwischen Objekt und Betrachter berücksichtigt werden. Damit stellte Heisenberg unmissverständlich fest, dass sich ein befriedigendes Konzept der physikalischen Welt nur aus der Wahrscheinlichkeit von Ereignissen ableiten lässt, da im atomaren beziehungsweise im elementarphysikalischen Bereich das beobachtete Objekt bereits durch den Vorgang des Beobachtens mehr oder weniger beeinflusst wird.

In anderen Worten: Der Beobachter verändert mit seinem Messinstrumentarium die extrem kleinen und schnellen Wellikel.

Heisenberg erinnerte sich später, dass ihn eine Bemerkung Einsteins, im Verlauf eines Gespräches, auf seine Unschärferelation gebracht habe. Einstein hatte es besonders gestört, dass sich Heisenberg grundsätzlich nur mit zu beobachtenden Elementen der physikalischen Welt beschäftigte und nicht dazu bereit war, über den Umlauf von Elektronen zu diskutieren, da es niemanden gäbe, der ein Elektron in der Umlaufbahn beobachtet habe und höchstwahrscheinlich auch niemand jemals eines zu Gesicht bekommen werde.

Bei einem nächtlichen Spaziergang im Jahre 1927 erinnerte sich Heisenberg an eine Aussage, die Einstein einmal gemacht hatte: Eine Theorie könne nicht allein auf feststellbaren Größen aufgebaut werden, da ja die Theorie bestimme, was beobachtet werden kann. Diese Feststellung musste sich ja auch auf das Problem der Wellen- oder Partikeltheorie anwenden lassen,

denn die subatomare Welt konnte, je nachdem, was gesucht wurde, sowohl als Wellen- als auch als Partikeluniversum betrachtet werden. Was wäre die Folge, wenn alle von den Physikern in der Mikrowelt beobachteten Vorgänge weniger durch die sogenannte Wirklichkeit bestimmt würden als durch die Beobachtungsmethode der Wissenschaftler?
Werden die Resultate am Ende durch den Beobachter mit seinem Messinstrumentarium bestimmt? Soll zum Beispiel ein Elektron aufgespürt werden, wird es mit harter Gammastrahlung beschossen. Dadurch wird es aber gleichzeitig aus seiner Umlaufbahn im Atom gestoßen. Damit liegt in der Methode der Entdeckung bereits die Veränderung. Ist damit unsere Welt von Natur aus unberechenbar? Über die zukünftigen Verhaltensweisen eines physikalischen Systems lassen sich also allenfalls Vermutungen beziehungsweise Wahrscheinlichkeitsberechnungen anstellen.
Mit dieser Feststellung wurde der Quantenmechanik der Determinismus entzogen, wogegen sich Albert Einstein bis ans Ende seines Lebens vehement wehrte. Sein alter Freund Max Born (1882–1970) versuchte alles, um die für Albert Einstein unvereinbare Kluft zwischen Einstein und den Quantenphysikern zu schließen, aber Einstein betonte immer wieder seine Überzeugung, dass die Physik von Wahrscheinlichkeiten zu realen Tatbeständen zurückfinden würde.
Der deutsche Mathematiker und Physiker Max Born entwickelte mit Werner Heisenberg, Wolfgang Pauli und Pascual Jordan große Teile der modernen Quantenmechanik. Born erhielt 1954 den Nobelpreis für Physik.
Nach der Quantenmechanik ist die Welt statistischen Schwankungen unterworfen, die sich zum Beispiel auch beim Roulette auswirken. Denn entgegen jeder Wahrscheinlichkeitsrechnung kann eine Zahl beim Spiel mehrmals hintereinander fallen. Im submikroskopischen Bereich konnten sol-

5 Photonentanz und Quantenradierer

che statistischen Schwankungen experimentell nachgewiesen werden.

Als der dänische Physiker Niels Bohr mit den Erkenntnissen Heisenbergs konfrontiert wurde, kam er zu der Ansicht, dass allein die untersuchten spezifischen Eigenschaften dafür verantwortlich seien, ob Lichtphotonen oder Elektronen sich wie in Bewegung befindliche Wellen oder wie Partikel verhalten. Bohr legte damit den Grundstein zu seinem sogenannten Korrespondenzprinzip. Bis dahin waren die Physiker von der Annahme ausgegangen, dass von den die Atome umkreisenden Elektronen Energie durch Strahlung abgegeben wird, dass sie sich zwanghaft spiralförmig zum Atomkern bewegen und dabei ein stetiges Energiespektrum abstrahlen. Beobachter konnten diese These freilich nie bestätigen.

In seiner ersten Hypothese ging Bohr davon aus, dass Atome nur in zwei bestimmten Grundzuständen oder Ruhepositionen existieren und ihr Kern von den Elektronen in vorgegebenen, »erlaubten« Bahnen umkreist wird. Dabei gibt das Atom keine Strahlung ab. In seiner zweiten These postulierte er, dass von einem Atom dann Strahlung freigesetzt wird, wenn ein Elektron aus bestimmten Gründen von einer Umlaufbahn auf eine dem Kern näher liegende überspringt. Absorbiert ein Atom dagegen Strahlung, springen eines oder mehrere Elektronen von ihrer »erlaubten« Bahn auf eine andere über, die weiter vom Kern entfernt ist. Aufnahme und Abgabe von Strahlung vollziehen sich in unsteten Einheiten, in Lichtquanten, also Photonen.

In Bohrs Kopenhagener Deutung der Quantenmechanik vertrat er die Auffassung, dass es überhaupt keinen Sinn mache, sich zu fragen, wo der Aufenthaltsort eines Elektrons ist, bevor man es misst. Ein Elektron hat keinen bestimmten Aufenthaltsort, bevor man es beobachtet. Es ist überall und nirgendwo. Die Wahrscheinlichkeitswelle verschlüsselt die Wahrscheinlichkeit, dass das zu untersuchende Elektron hier oder dort anzutreffen

5 Photonentanz und Quantenradierer

ist. Einen bestimmten Aufenthaltsort hat das Elektron erst dann, wenn wir seinen Aufenthaltsort beziehungsweise seine Position messen.

Das Problem ist hier noch nicht zu Ende. Wir können niemals Ort und Geschwindigkeit eines Elektrons gleichzeitig bestimmen. Wollen wir den Ort eines Elektrons mit großer Genauigkeit messen, stören wir die Geschwindigkeit des Elektrons. Und umgekehrt, wollen wir die Bewegungsgeschwindigkeit des Elektrons messen, beeinträchtigen wir die Position, der Ort wird unscharf. Dieses Prinzip der Unschärfe der Elektronenbeobachtung gilt nicht nur für Elementarteilchen, sondern gilt generell für alles.

Nach der Quantenmechanik ist der Beobachtungsakt beziehungsweise Messakt tief verwurzelt in der Erschaffung der Wirklichkeit, das heißt, die Dinge entstehen durch den Akt der Beobachtung. Es ist eigentlich nicht überraschend, dass Albert Einstein sich durch diese quantenmechanische Erkenntnis zu der sarkastischen Aussage hinreißen ließ: »Glauben Sie wirklich, der Mond ist nicht da, außer wenn jemand hinschaut?« Die Vertreter der Quantenmechanik konterten: Wenn es niemanden gäbe, der den Mond betrachte oder seinen Aufenthaltsort messe, lasse sich unmöglich feststellen, ob der Mond existiere. Die Frage zu stellen, sei also sinnlos.

Der großartige Physiker Amit Goswami, Professor des Institute of Theoretical Sciences der Universität Oregon, fasst treffend in seinem Buch »Das bewusste Universum« die »verrückte Wirklichkeit« der Quantenmechanik folgendermaßen zusammen: »Wir können die Quantenphysik nicht mit experimentellen Messdaten verbinden, ohne ein Interpretationsschema zu haben. Deutungen, Erklärungen oder Interpretationen hängen nun aber immer von der Philosophie ab, die wir auf das Rohmaterial anwenden ... Wir können uns aus der Mathematik der Quantenphysik keinen Reim machen, ohne experimentelle Re-

5 Photonentanz und Quantenradierer

sultate in einer Weise zu interpretieren, die von vielen nur als paradox, wenn nicht sogar als unmöglich bezeichnet werden kann.« Um das zu verdeutlichen, fassen wir noch einmal die sonderbaren Eigenschaften der Quantenmechanik zusammen:
1. Quantenobjekte wie Elektronen oder Photonen haben die Eigenschaft, dass sie gleichzeitig an zwei oder mehr Orten sein können. Diese Eigenschaft wird als »Wellennatur« bezeichnet.
2. Quantenobjekte haben die Eigenschaft, dass sie sich sozusagen erst dann in der normalen RaumZeit manifestieren, wenn wir sie als Teilchen beobachten. Dieses Verhalten wird als »Wellenkollaps« bezeichnet.
3. Quantenobjekte, zum Beispiel ein Elektron, haben die Eigenschaft, dass sie an dem einen Ort aufhören zu existieren und gleichzeitig an einem anderen in Erscheinung treten. Dieser Vorgang wird als »Quantensprung« bezeichnet. Es kann bei diesem Vorgang nicht festgestellt werden, ob das Quantenobjekt die dazwischenliegende RaumZeit durchquert hat. Es scheint aus unserer RaumZeit zu verschwinden, um dann plötzlich in unserer gewohnten RaumZeit wieder aufzutauchen.
4. Eine durch unsere Beobachtung zustande gekommene Manifestation eines Quantenobjekts – wodurch bestimmte Eigenschaften wie zum Beispiel Teilchenort, Geschwindigkeit, Energie, Drehimpuls oder Achse durch den Akt des Beobachtens bestimmt werden – beeinflusst ein mit ihm »verbundenes« Zwillingsobjekt, ungeachtet ihrer Entfernung von einander. Dieser Vorgang wird als »Quantenfernwirkung« bezeichnet.
In den Dreißigerjahren des letzten Jahrhunderts wurde zum ersten Mal die faszinierende Hypothese vor allem von dem Mathematiker John von Neuman geäußert, dass das Bewusstsein des Beobachters für den Kollaps der Quantenwelle verantwortlich sei.
Kann es zutreffen, dass unser Bewusstsein, das nicht zuletzt durch quantenphysikalische Prozesse unseres Gehirns existiert,

5 Photonentanz und Quantenradierer

interaktiv mit den zu beobachtenden Quantenobjekten agiert? Nach quantenmechanischen Erkenntnissen müssen wir davon ausgehen, dass erst die bewusste Beobachtung unsere sogenannte Realität erschafft. Dass all das, was für uns die reale Wirklichkeit darstellt, vor unserer Wahrnehmung nur als eine verschwommene Wolke von Wahrscheinlichkeiten beziehungsweise Möglichkeiten in Überlagerung aller nur möglichen Zustände existiert. Gleichzeitig überall und nirgendwo. Bewusste Intelligenz erschafft Realität als subjektive Wirklichkeit.
Ein entscheidender Aspekt der Quantenmechanik ist die sogenannte »spukhafte Fernwirkung«, über die sich bereits 1935 Albert Einstein mit seinen Kollegen Podolsky und Rosen den Kopf zerbrochen haben. Es handelt sich hier um die signal- und zeitlose Übertragung von Information zwischen sogenannten »verschränkten Teilchen«, also eine Fernwirkung ohne die geringste zeitliche Verzögerung, folglich eine Nichtlokalität. Der französische Quantenphysiker Alain Aspect hat bereits 1980 gemeinsam mit seinen Kollegen Dalibart und Roger Experimente durchgeführt, um die Wechselbeziehung von Quantenobjekten zu untersuchen. Er konnte die nichtlokale Korrelation an verschränkten Photonen nachweisen. Nichtlokalität ist offensichtlich ein physikalischer Aspekt unserer Welt.
Um dies zu verdeutlichen, befassen wir uns kurz mit dem Experiment, das Aspect mit seinen Mitarbeitern durchgeführt hat. Dazu nehmen wir ein Photonenzwillingspaar, also verschränkte Quantenobjekte. Den einen Photonenzwilling schicken wir weit weg, den anderen behalten wir in unserem Labor. Diesen beobachten beziehungsweise vermessen wir mit dem Resultat, dass seine Wellenfunktion kollabiert. Das Erstaunliche ist nun, dass im selben Augenblick auch die Wellenfunktion des anderen, weit entfernten Zwillingsphotons zusammenbricht, obwohl keine Signalverbindung zwischen ihnen existiert. Es besteht aber ohne Frage eine Wechselwirkung zwischen diesem

5 Photonentanz und Quantenradierer

verschränkten Paar, die nicht lokal ist und anscheinend außerhalb der RaumZeit angesiedelt ist. Wenn ich eine Veränderung an dem einen Zwilling durch Beobachtungseinwirkung ausübe, übernimmt der andere Photonenzwilling augenblicklich die gleiche Veränderung, egal wie weit sie voneinander getrennt sind. Diese Wechselwirkung ist als EPR-Effekt in der Quantenmechanik zu einem Stachel im Fleisch des mechanistischen beziehungsweise cartesischen Weltbildes geworden.

»Wer denkt, außerhalb des Raums sei so etwas wie ein weiterer Kasten, außerhalb des räumlichen Kastens, in dem wir uns selbst befinden, der möge diesen Gedanken ganz schnell vergessen. Der andere Kasten kann im Universum genauso gut ein Teil des Alls sein wie unser hiesiger. Das ist nur eine Frage der Definition. Nichtlokale Verbundenheit ist allerdings ein Phänomen, das uns zwingt, die Existenz eines Wirklichkeitsbereiches außerhalb von Raum und Zeit zu begreifen. Denn innerhalb von Raum und Zeit kann eine nichtlokale Verbindung nicht vorkommen ... Letztendlich kommt man zu einer idealistischen Wissenschaft, wo Bewusstsein an erster Stelle steht und Materie zu zweitrangiger Bedeutung verblasst«, folgert Amit Goswami.

Wahrscheinlich ist für viele die sonderbarste Eigenschaft, dass das Verhalten eines Protons oder Elektrons völlig davon abhängt, was wir über es herausfinden wollen. Es kann sich so oder so verhalten, Welle oder Teilchen.

Ein Standortexperiment in diesem Zusammenhang ist der sogenannte Doppelspalt-Versuch.

Bei diesem Experiment strahlt eine Quelle Teilchen aus, die auf einen Schirm mit zwei Spalten treffen. Die durchgegangenen Teilchen erreichen dann einen zweiten schwarzen Schirm. Auf diesem entstehen helle und dunkle Streifen, sogenannte Interferenzstreifen. Deckt man jedoch einen der beiden Spalte ab,

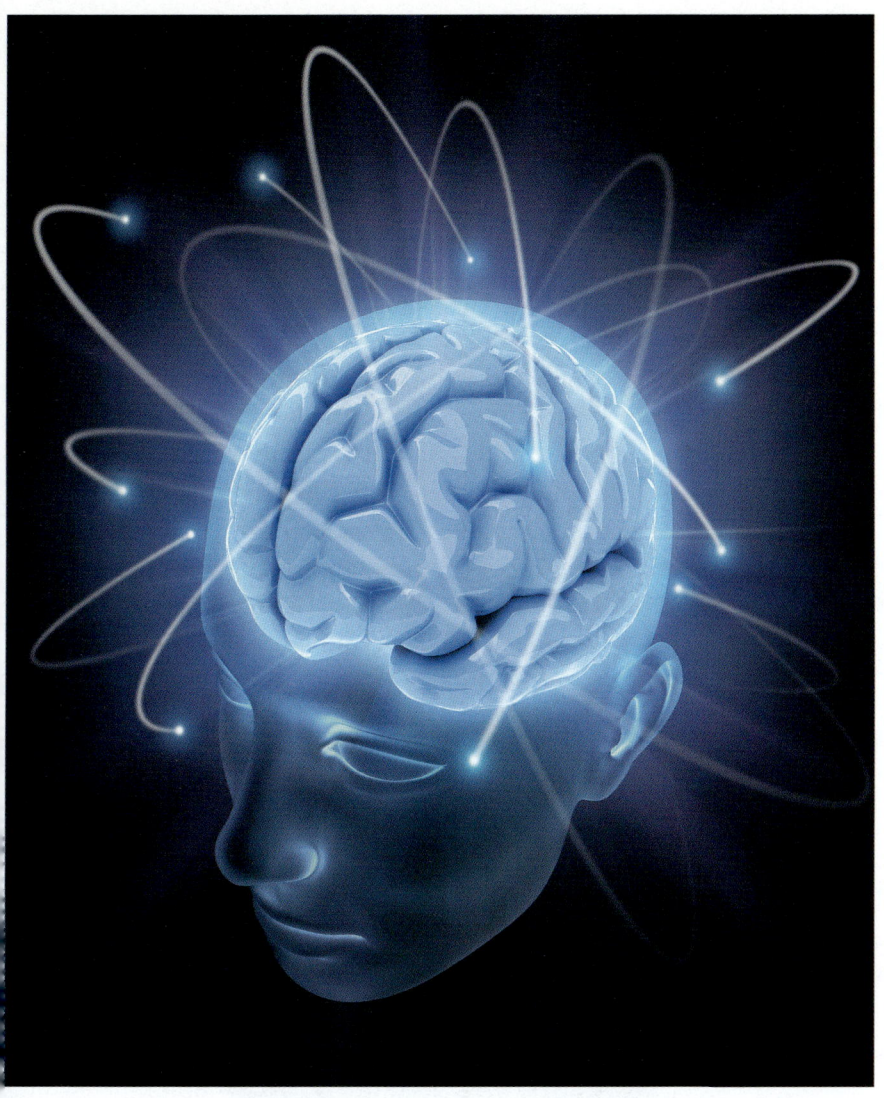

7 Unsere Wahrnehmung hängt von unseren Sinnesorganen und der Interpretation durch unser Gehirn ab. Letztendlich ist das Gehirn ein quantenmechanisches Messinstrument.

8 Giordano Bruno

9 Galileo Galilei

10 Isaac Newton

11 James Clerk Maxwell

12 Albert Einstein

13 Ernest Rutherford

14 Max Planck

15 John Mather

16 Roger Penrose mit dem Autor in Oxford.

sind keine Streifen mehr vorhanden, sondern ein ausgedehnter Lichtfleck. Wird der andere Spalt abgedeckt, kommt es, zwar leicht verschoben, auch zu einem ausgedehnten Lichtfleck. Die beiden Flecken überschneiden sich in einem breiten Bereich. Sind beide Spalte wieder offen, sehen wir helle und dunkle Interferenzstreifen. Dort, wo die dunklen Linien sind, kommt kein Licht an, wenn die Spalte offen sind. Wenn aber nur einer der Spalte offen ist, gibt es dort Licht. Messungen belegen, dass die Lichtmenge an den hellen Streifen größer ist als die Menge der beiden Intensitäten, die man erhalten würde, wenn ein Spalt geöffnet ist.

Wie ist das möglich? Hier liefert die Wellennatur des Lichts eine Erklärung des Interferenzmusters. Denn durch die Wellenstruktur des Lichts kommt es entlang der dunklen Streifen zur Auslöschung und entlang der hellen Streifen zur Verstärkung des Lichts.

In einem anderen Experiment wurde ein Elektronenstrahl auf einen Schirm mit zwei Spalten abgeschossen. Nachdem die Elektronen durch die Spalte gedrungen waren, wurden sie von einem Phosphorschirm aufgefangen, der durch Aufblitzen den Ort ihres Aufenthalts registrierte. Es ergab sich ein erstaunliches Resultat. Wurden die Elektronen als Teilchen auf die Spalte geschossen, bildeten sie auf dem Phosphorschirm nach dem Auftreffen ein Interferenzmuster, das für Wellen charakteristisch ist. Die Elektronen erzeugen das Interferenzmuster nur, wenn jedes jeden der beiden Spalte passiert haben könnte und wenn nicht festzustellen ist, welcher der beiden Spalte getroffen wurde. Die beiden Passagen gelten als nicht unterscheidbar, und jedes Elektron verhält sich so, als hätte es tatsächlich beide Spalte passiert. Nach der Quantenmechanik tritt Interferenz sein, wenn nicht unterscheidbare Alternativen in dieser Weise koexistieren. Quantenphysiker sprechen dann von einer Superposition.

Was bedeutet Interferenz? Wenn wir einen Stein ins Wasser wer-

5 Photonentanz und Quantenradierer

fen, breiten sich kreisförmig Wellen aus, das heißt Wellentäler und Wellenberge. Wir werfen dann einen zweiten Stein hinein, von dem sich wiederum Wellen ausbreiten. Wenn die beiden Wasserwellengebilde zusammentreffen und sich überschneiden, interferieren sie. Es entsteht Interferenz. Manchmal treffen zwei Wellenberge aufeinander und manchmal zwei Wellentäler, und gelegentlich treffen Wellenberg und Wellental aufeinander und heben sich damit auf.

Bei unserem Zwei-Spalte-Experiment, bedeutet das, dass dort, wo Wellenberg und Wellental aufeinandertreffen, also sich aufheben, der Schirm dunkel bleibt, also entsteht ein dunkler Streifen. Wenn Wellenberg und Wellenberg aufeinandertreffen oder zwei Wellentäler, wird der Schirm hell, also entstehen helle Streifen.

Wie wir gesehen haben, hängt das Verhalten von Quantenteilchen davon ab, welche Information wir durch unsere Beobachtung erhalten wollen. Passieren diese Teilchen zwei Spalte, entstehen die Interferenzstreifen, da jedes Teilchen auf seinem Weg zum Reflexionsschirm durch beide Spalte gehen kann. Diese Interferenzstreifen treten jedoch nicht auf, wenn wir den Ort jedes Teilchens an den Spalten feststellen wollen. Um diese Messung durchzuführen, entsteht durch den Messvorgang eine Streuung des Teilchens. Durch diesen Vorgang kann zwar die Wahrscheinlichkeit, welchen Weg das Teilchen nimmt, festgestellt werden, aber damit wird das Interferenzmuster gelöscht. Ein sogenannter »Quantenradierer« ist eine Apparatur mit einem Linsensystem. Dieser Quantenradierer löscht die Information, welchen Weg das Teilchen genommen hat. In diesem Fall hat das Teilchen wieder beide Spalte passiert, und damit treten die Interferenzstreifen wieder auf.

Der geniale charismatische Physiker und Nobelpreisträger Richard Feynman (1918–1988) hat wesentliche Beiträge zum Verständnis der Quantenmechanik geleistet. Aus seiner Arbeit

5 Photonentanz und Quantenradierer

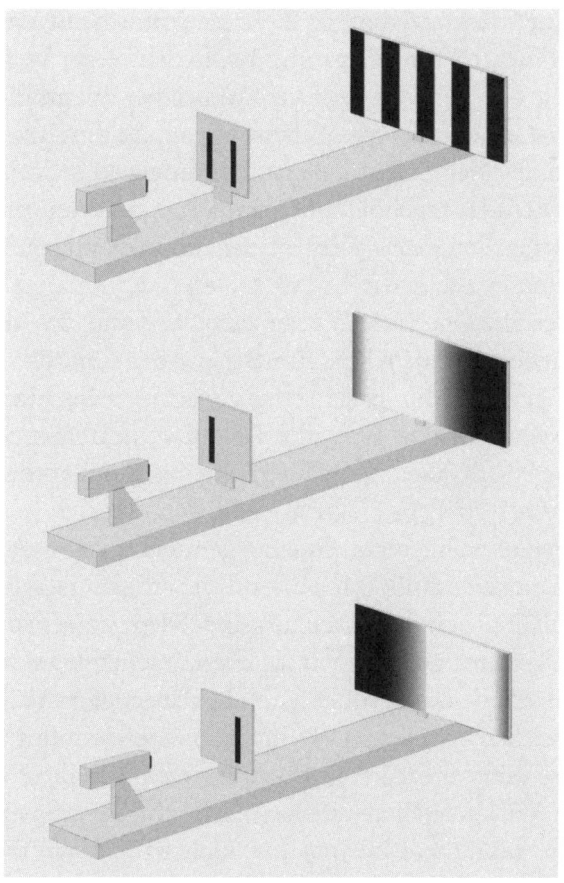

Abb. 4: Doppelspaltexperiment: Aus der Lichtquelle strahlt das Licht durch die zwei Spaltöffnungen und wird auf einen Schirm projiziert. Wenn beide Spalte offen sind (oben), erscheinen dunkle und helle Streifen, die sogenannten Interferenzstreifen. An den dunklen Stellen löschen sich die Lichtwellen, die die beiden Spalte passiert haben, gegenseitig aus. An den hellen Streifen dagegen verstärken sie sich. Ist nur einer der Spalte offen (Mitte und unten), erhält man einen breiten Lichtfleck ohne Streifen. Offensichtlich ist das Streifenmuster in der oberen Illustration nicht nur das Resultat der beiden unteren Beispiele. Aufgrund der Wellennatur des Lichts kommt es entlang der dunklen Streifen zur Auslöschung und entlang der hellen Streifen zur Verstärkung.

5 Photonentanz und Quantenradierer

zur Quantenelektrodynamik, die er gemeinsam mit seinen Kollegen Shinichiró Tomonaga und Julian Schwinger verfasst hat, resultierte ein Standardwerk zur Darstellung quantenfeldtheoretischer, elementarer Wechselwirkungen, die durch sogenannte Feynman-Diagramme dargestellt werden.

Ein bedeutendes Ergebnis der Feynman'schen Überlegungen ist, dass Teilchen von einem Ort zu einem anderen gelangen, indem sie jeden nur möglichen Weg einschlagen. Feynman stellte fest, dass jedes einzelne Elektron auf dem Weg von der ursprünglichen Quelle zu seinem Ziel, zum Beispiel dem Phosphorschirm, jede mögliche Bahn gleichzeitig zurücklegt. Bei dem Zweispaltenschirm bewegt sich, laut Feynman, das Elektron durch den linken Spalt, aber auch gleichzeitig durch den rechten Spalt. »Wir können uns ein Elektron vorstellen, das sich frei bewegt und beispielsweise nicht einfach geradewegs von A nach B fliegt, wie der gesunde Menschenverstand dies nahelegt, sondern vielfältig sich dahin schlängelnde Wege einschlägt. Feynman fordert uns auf, uns vorzustellen, irgendwie erkunde das Elektron alle denkbaren Pfade, und da man nicht beobachten kann, welchen Weg genau es nimmt, müssen wir davon ausgehen, dass diese alternativen Pfade irgendwie in ihrer Gesamtheit die Wirklichkeit darstellen«, schreibt der Physiker Paul Davies in seiner Einführung zur Richard P. Feynmans Buch »Sechs physikalische Fingerübungen«.

Feynman entwickelte ein mathematisches Verfahren, um das Konzept seines sogenannten Pfadintegrals als Summe aller möglichen Historien der Quantenteilchen auf einen Nenner zu bringen.

Für Feynman hatte Werner Heisenberg durch seine Unschärferelation die grundlegende Basis für die Quantenmechanik gelegt. Es ist nicht nur unmöglich, Ort und Impuls gleichzeitig mit größter Genauigkeit zu messen, sondern es ist genauso unmöglich, eine Vorrichtung zu konstruieren, mit deren Hilfe

5 Photonentanz und Quantenradierer

man bestimmen kann, durch welche Öffnung die Elektronen laufen, ohne gleichzeitig die Elektronen so sehr zu stören, dass das gesamte Interferenzmuster zerstört wird. Die Unschärferelation kann nicht umgangen werden.

Werner Karl Heisenberg wurde am 5. Dezember 1901 in Würzburg geboren. Er studierte Physik in München unter Arnold Sommerfeld und wurde nach seiner Promotion 1924 Assistent von Max Born in Göttingen. Er arbeitete mit Niels Bohr in Kopenhagen. Schon mit 26 Jahren übernahm er den Lehrstuhl für Physik an der Universität Leipzig. 1932 erhielt er den Nobelpreis. Er starb 1976 in München.

»Die Quantenmechanik ist die Beschreibung des Verhaltens von Materie in allen Einzelheiten, insbesondere dessen, was sich auf atomarer Ebene abspielt. Dem Verhalten sehr kleiner Dinge ähnelt nichts von alledem, was ihrer unmittelbaren Erfahrung zugänglich ist. Sie verhalten sich nicht wie Wellen, sie verhalten sich nicht wie Teilchen, sie verhalten sich nicht wie Wolken, wie Billardkugeln oder wie auf Feldern aufliegende Gewichte oder wie irgendetwas, das Sie je gesehen haben«, so Richard P. Feynman.

Wir müssen einfach akzeptieren, dass im Mikrokosmos quantenphysikalischer Prozesse die Dinge nicht so sind, wie wir sie gerne hätten, um sie zu verstehen. Quantenmechanische Ereignisse erscheinen oft nicht nur bizarr, sondern auch widersprüchlich. Dennoch belegen viele Experimente, dass quantenmechanische Konsequenzen nicht ein Artefakt geistesverwirrter Elementarphysiker sind, sondern dass die Welt der Elementarteilchen eine andere Facette der Wirklichkeit ist.

Ein klassisches Beispiel für diese verrückte Wirklichkeit ist das sadistische Beispiel von Schrödingers Katze. Hier wird – Gott sei Dank nur als Gedankenexperiment – eine niedliche Katze in einem Kasten eingesperrt, in dem sich außer der Katze ein radioaktives Atom und ein Geigerzähler befinden. Entsprechend

5 Photonentanz und Quantenradierer

der Wahrscheinlichkeit wird das Atom zerfallen und daraufhin der Geigerzähler reagieren. Sobald aber der Geigerzähler mit einem Ticken reagiert, löst er einen Hammerschlag aus, der einen Glaskolben zertrümmert, in dem sich ein hochgiftiges Gas befindet. Die Wahrscheinlichkeit, dass dieses Ereignis innerhalb einer Stunde eintritt, beträgt 50 Prozent. Nach einer Stunde müssen wir davon ausgehen, dass unsere arme Katze tot ist oder noch lebt. Die Wahrscheinlichkeit für den einen oder den anderen Zustand beträgt 50 Prozent. So weit, so gut. Das leuchtet uns noch ein. Nach der Quantenmechanik allerdings sieht es anders aus. Denn hier ist die Katze nach einer Stunde am Leben und tot. Oder, wenn wir wollen, halb am Leben oder halb tot. Für Quantenphysiker kommt es nämlich zu einer sogenannten kohärenten Überlagerung, einer halb lebenden und einer halb toten Katze. Wenn wir allerdings den Kasten öffnen, kommt es durch unseren Akt der Beobachtung zu einem Überlagerungskollaps, einem Zusammenbruch der Wahrscheinlichkeitswelle, und die Katze ist entweder tot oder lebendig.

Können wir rückwirkend in der Welt der Quanten Veränderungen herbeiführen? Der 1911 im Florida geborene große theoretische Physiker John Archibald Wheeler wies in einem Experiment nach, dass Quantenprozesse durch Beobachtung verändert werden können, obwohl sie schon abgeschlossen waren. So kann zum Beispiel bestimmt werden, durch welchen Spalt ein Elektron gegangen ist, obwohl es schon längst den Spalt passiert hat. Das bedeutet, dass durch die bewusste Beobachtung rückwirkend die Wahrscheinlichkeitswelle zum Kollaps gebracht wird. Das menschliche Bewusstsein erschafft rückwirkend eine neue Realität.

Es ist so, als ob ich Sie heute dazu bringe, gestern etwas zu tun, obwohl Sie etwas anderes getan haben. Das heißt, gestern sind Sie ins Kino gegangen. Nachdem ich mich heute aber mit Ihnen befasse, sind Sie nicht ins Kino gegangen, sondern zu einem

5 Photonentanz und Quantenradierer

guten Essen in einem Restaurant. Verrückt? Nein, das ist Quantenmechanik!

Fassen wir hier noch einmal einige Konsequenzen der Quantenmechanik zusammen:

1. Der Akt des Beobachtens beziehungsweise des Messens verändert das zu beobachtende Objekt.
2. Wir können nicht Ort und Impuls von einem Teilchen gleichzeitig messen. Es gibt entweder die Wahrscheinlichkeit für einen bestimmten Ort oder die für eine bestimmte Geschwindigkeit.
3. Elementarteilchen, wie zum Beispiel Photonen oder Elektronen, sind Wellen und Teilchen zugleich. Sie sind also Wellikel. Lichtwellen bestehen aus Lichtquanten, Photonen, die sozusagen einen Photonen-Quantentanz aufführen und damit ein Lichtmuster entstehen lassen. Ein freies Photon befindet sich nie in Ruhe, da es keine Ruhemasse besitzt. Photonen tanzen als Welle mit Lichtgeschwindigkeit, der Beobachter entscheidet darüber, wie sich Quantenobjekte zu erkennen geben. Als Welle oder Teilchen. Vor dem Akt der Messung befinden sie sich in einem unentschiedenen Überlagerungszustand.
4. Zwillingsteilchen, die sozusagen miteinander verschränkt sind, können nach ihrer Trennung signallos, ohne den geringsten Zeitverlust, Informationen austauschen, unabhängig davon, wie weit sie voneinander entfernt sind. Dieses Phänomen wird manchmal als »spukhafte Fernwirkung« bezeichnet. Das heißt, es besteht eine Nichtlokalität, sie sind nicht örtlich gebunden.
5. Unsere Auffassung von Raum und Zeit ist offensichtlich für die Quantenwelt ohne Bedeutung.

Diese Aussage ist von großer Bedeutung, denn die Konsequenz wäre hier: Unser Universum ist in seinen Abläufen nicht lokal. Wenn wir an einem Ort etwas tun, sind wir verknüpft – verschränkt – mit einem Ereignis an einem anderen Ort. 1935 versuchte Albert Einstein mit seinen Kollegen Boris Podolsky und

5 Photonentanz und Quantenradierer

Nathan Rosen durch einen faszinierenden Aufsatz zu beweisen, dass die Quantenmechanik mit ihrer Nichtlokalität unzutreffend sei, weil sie nach der Ansicht der Verfasser unvollständig sei. Zudem wollten sie belegen, dass jedes Teilchen zu jedem Zeitpunkt einen bestimmten Aufenthaltsort und einen bestimmten Impuls besäße und dass außerdem die Quantenmechanik durch die Unschärferelation fundamental eingeschränkt sei und mit der physikalischen Wirklichkeit nicht umgehen könne. Im Endeffekt belegte jedoch der Aufsatz von Einstein, Podolsky und Rosen die Nichtlokalität und damit den EPR-Effekt. Albert Einstein konnte nicht akzeptieren, dass Information ohne Signalübertragung mit Überlichtgeschwindigkeit zwischen voneinander entfernten Teilchen ausgetauscht werden kann. Unzählige Experimente haben jedoch bewiesen, dass genau das der Fall ist.
Durch die Arbeiten des irischen Physikers John Stewart Bell (1928–1990) und des amerikanischen Physikers David Bohm (1917–1992) wurde die Nichtlokalität jedoch belegt. Sie richteten ihr Augenmerk auf die Korrelation zwischen den Spinwerten der Teilchen auf mehr als eine Achse und fanden dadurch eine Methode, den EPR-Effekt bei verschränkten Teilchen zu beweisen.
»Wenn man die Einheit hinter der Verschiedenheit entdeckt, stößt man generell auf Gesetze, die mehr enthalten als die ursprünglichen Fakten. Zur wissenschaftlichen Arbeit gehört, dass keine Theorie endgültig ist. Mindestens als Arbeitshypothese nimmt die Wissenschaft die Natur als unendlich an; und diese Annahme passt viel besser zu den Fakten als jede andere bekannte Auffassung«, sagt David Bohm in »Causality and Chance in Modern Physics«.
Der 1919 in Wien geborene Neurochirurg Karl H. Pribram hat gemeinsam mit David Bohm ein quantenmechanisches holografisches Weltmodell entwickelt: Das Gehirn ist ein Holo-

gramm, das ein holografisches Universum wahrnimmt und an ihm teilhat. Im entfalteten oder manifesten Bereich von Raum und Zeit erscheinen die Dinge getrennt und verschieden. Unter der Oberfläche jedoch, im »eingefalteten« Frequenzbereich, sind alle Dinge und Geschehnisse raumlos, zeitlos, immanent, eins und ungeteilt. Daher könnte die mystische Erfahrung, auch aus naturwissenschaftlicher Sicht, eine echte und legitime Erfahrung dieses verflochtenen, universalen Urgrundes sein. Vielleicht sind die neuralen Interferenzmuster des Gehirns mit dem Urgrund des Universums identisch.

6 Denkende Elektronen

Ort: Institut für experimentelle Physik. Zeit: 2009

Gestatten, hier bin ich. Du hast mich beobachtet, gerufen, und nun bin ich hier, und zwar so, wie du mich haben willst, verehrter Professor Quantlinger:«

»Ich kann dich nicht sehen.« Professor Quantlinger schüttelt überrascht den Kopf. »Ich kann dich nur registrieren. Du bist schließlich nur ein Elektron, und dass du mit mir sprichst, beruht wohl auf meiner Einbildung.«

»Na, na, na! Was heißt hier nur ein Elektron, Professor! Ich darf doch du sagen? Schließlich bestehst du ja auch aus Elektronen. Wir sind verwandt, sogar verschränkt miteinander«, sagt das Elektron verschmitzt.

»Ich wüsste zu gerne, was und wie du wirklich bist.«

»Das weißt du doch. Ich bin ein Quantenobjekt mit Orts- und Impulsunschärfe. Ich besitze eine negative elektrische Ladung, habe einen Spin 1/2, also eine Rotationsbewegung um eine beliebige Achse.«

»Ja, ja, das weiß ich ja alles«, unterbricht Quantlinger die Ausführungen des Elektrons.

»Und doch habt ihr uns nie ganz verstanden. Ihr könnt zwar etwas mit Größe, Masse, Ladung, Drehimpuls und Achsen anfangen, aber wenn es um überlagerte Wahrscheinlichkeitswellen geht, um Orts- und Zeitphänomene, wie zum Beispiel die Nichtlokalität, gerät eure Wissenschaft in die Unschärfe.«

6 Denkende Elektronen

»Das stimmt in der Tat. Begriffe wie Raum, Zeit und auch Gravitation sind nach wie vor ein Rätsel für uns.«
»Dabei ist das Ganze so einfach. Materie, also auch Quantenteilchen, sind verdichtete RaumZeit. Materie entsteht, wenn sich ein großes Volumen von RaumZeit und Gravitation zu einem kleineren Volumen verdichtet. Ist die RaumZeit weniger verdichtet, ist die Gravitation entsprechend schwach, denn Gravitation ist ein Effekt der RaumZeit-Energie. Mit der Verdichtung wächst die Stärke der Gravitation. Raum, Zeit und Gravitation gehören zusammen. Sie sind eine Dreiheit.
»Halt, halt! Das ist ein sehr interessanter Ansatz. Wie ist das nun aber mit der Zeit?«
»Zeit ist Bewegung. Nicht mehr und nicht weniger«, sagt das Elektron bestimmt. »Und der Raum ist Energie. Leerer Raum existiert nicht. Gravitation ist Eigenschaft der RaumZeit-Energie.«
»Nun gut, lass uns doch einmal kurz über Unbestimmtheit und Unvorhersehbarkeit von Quantenprozessen diskutieren.« Quantlinger nimmt seine Brille ab, haucht sie an und putzt sie bedächtig mit seinem Taschentuch. Dann fährt er fort: «Wenn zum Beispiel ein Atom zerfällt und zwei Photonen werden in unterschiedliche Richtungen gesendet, dann haben diese Photonen einen gegensätzlichen Spin, das heißt, das eine dreht sich links herum und das andere rechts herum. Erst durch meine Beobachtung kann ich feststellen, welches Teilchen sich in welche Richtung dreht. Bevor ich aber hinschaue, besitzt keines der Photonen einen definierten Spin. Erst durch meine Messung lege ich seinen Spin fest, und ich kann nun sagen, in welche Richtung sich das Photon dreht. Das Wahnsinnige, das Paradoxe für uns ist, dass das zweite Photon, das vielleicht schon Lichtjahre entfernt ist, augenblicklich die gleiche Spinrichtung einnimmt, auch wenn es vorher entgegensetzt war. Die Frage hier ist, woher weiß dieses Photon, dass sein Zwilling gemessen

6 Denkende Elektronen

wurde und welche Drehrichtung es nun einnehmen muss, obwohl sich kein Informationssignal zwischen den beiden Photonen mit Überlichtgeschwindigkeit ausbreiten kann.
Es ist doch praktisch so, als wisse jedes Teilchen zu jedem Zeitpunkt, was das andere macht und wir mit unserer bewussten Beobachtung, also unserem Geist, greifen dadurch in das Quantensystem ein und erschaffen eine neue Realität.«
»Genauso ist es«, bestätigt das Elektron, und der Grund ist ganz einfach: Bewusstsein, Geist, besteht aus RaumZeit, oder anders gesagt: Das Gehirn ist verdichtete RaumZeit. Und RaumZeit ist Energie. Und Energie ist Information. Und Information bringt Dinge in Form.«
»Damit hast du aber immer noch nicht beantwortet, woher das eine Photon weiß, wie es die Verhaltensweise des anderen Photons annehmen muss ...«
»... Weil du alles als ein zusammenhängendes System betrachten musst, in dem Ort und Zeit keine Rolle spielen und Signalübertragung nicht notwendig ist. Alles hängt von jedem ab, und alles ist miteinander verbunden. Der Geist, das sogenannte Bewusstsein, und das schließt das Unterbewusstsein mit ein, steht in Wechselwirkung mit allem. Ein bewusster Gedanke oder eine bewusste Absicht bedeutet eine Manifestation der kollabierten, überlagerten Wahrscheinlichkeitswelle des Geistes.«
»Das heißt in anderen Worten«, Quantlinger schaut nachdenklich auf die Messinstrumente mit dem Photonenzähler, »unser Bewusstsein ist nicht lokal und es lässt die Welle eines von uns beobachteten Photons oder Elektrons zusammenbrechen, um sich das Resultat herauszusuchen. Allerdings ist die Nichtlokalität dieses Zusammenbruchs und die Wahl normalerweise uns nicht bewusst.«
»Richtig! Die Aktion des nichtlokalen Bewusstseins löst den Zusammenbruch der Wahrscheinlichkeitswelle eines Quantensystems aus.«

6 Denkende Elektronen

»Das ist einleuchtend, und die Konsequenz für uns muss sein, dass wir davon abkommen, das Gehirn als Hardware zu betrachten und den Geist als Software. Im Grunde genommen ist es die Interaktion unseres Quanten-Gehirn-Geists. Ideen, Gedanken und Objekte befinden sich in einem überlagerten Möglichkeitsbereich, bis sie das nichtlokale Bewusstsein ihre Wellenfunktion einbüßen lässt und sie damit sich durch den Kollaps als Gedankenobjekt manifestieren.«

»Damit bin ich einverstanden«, sagt das Elektron. »Das Gehirn ist das Messgerät und ist dafür verantwortlich, dass die überlagerte Möglichkeitswolke zum Kollaps gebracht wird. Eine Messung ohne Bewusstsein ist nicht möglich, aber ohne Messung gibt es auch kein Bewusstsein.«

»Somit ist unser Gehirn-Geist sowohl Messapparat als auch Quantensystem«, stellt Quantlinger zufrieden fest.

Als sich die Labortür öffnet und einer seiner Studenten den Raum betritt, sagt Quantlinger schnell: »Wir müssen unser Gespräch ein anderes Mal fortführen. Du musst mich jetzt entschuldigen.«

»Aber gerne, kein Problem! Du weißt ja: Ich bin überall und nirgendwo, und als überlagerte Wahrscheinlichkeitswelle bin ich unter unendlich vielen Möglichkeiten jederzeit erreichbar.«

Kehren wir hier noch einmal zu dem Neurochirurgen Karl H. Pribram zurück. Bereits in den Siebzigerjahren befasste er sich mit der Frage, wie unser Gehirn Informationen wahrnimmt. Erkennt das Gehirn Daten durch die Bildung von Hologrammen und durch die Berechnung eintreffender Frequenzen? Wenn dies der Fall ist, wer oder was interpretiert dann diese Hologramme im Gehirn? Was ist dieses Ich, dieses Etwas, das sich des Gehirns bedient? Während einer Tagung in Minnesota fand Pribram für sich eine Antwort. Könnte es nicht sein, dass die Welt selbst ein Hologramm ist? Eine Feststellung, die ihn im gleichen Augenblick schockierte. Waren alle um ihn, die Teil-

6 Denkende Elektronen

nehmer an der Tagung, die Menschen etwa Hologramme? Darstellungen und Frequenzen, von seinem eigenen Gehirn und dem der anderen interpretiert? War die Wirklichkeit selbst von Natur aus holografisch? Und funktionierte das Gehirn holografisch? Aber dann wäre unsere Welt mit ihren Erscheinungen nichts weiter als eine Illusion.

Unsere Tendenz zum Objektivieren verändert das, was wir zu sehen hoffen. Wir wollen die Umrisse eines Objektes sehen, wollen, dass die scheinbare Realität für einen Augenblick stillhält, während doch seine wahre Natur zu einer anderen Ordnung der Wirklichkeit gehört, zu einer anderen Dimension, in der es keine »Dinge« gibt. Es ist, als ob wir das zu Beobachtende scharf einstellen, obwohl das Verschwommene die genauere Darstellung ist.

Pribram kam zur Ansicht, dass auch der Berechnungsapparat des Gehirns wie eine Linse wirken könnte. Seine Fokussierung macht aus verschwommenen Wahrscheinlichkeitswellen und Frequenzen Objekte, verwandelt sie in Klänge und Farben, Gerüche und Geschmack.

Kann es sein, dass die Wirklichkeit gar nicht das ist, was wir durch unsere Augen sehen und mit unseren Ohren hören – dass unsere Sinnesorgane und die von unserem Gehirn vorgenommenen Berechnungen auch nur Linsen sind, die uns allein eine im Frequenzbereich organisierte Welt erkennen lassen? Ist das, was wir als »Welt« erkennen, ein magisches Trugbild? »Maya«, wie die Philosophen des Ostens lehren, nichts weiter als eine Illusion? Suchen wir uns die Realität aus? Ist also Geist eine Eigenschaft, die durch die Wechselwirkung des Organismus entsteht, oder reflektiert Geist die grundlegende Struktur beziehungsweise Ordnung des Universums, zu dem das Gehirn, der Geist gehört?

Damit wären Wahrnehmungen mentale Konstruktionen. Sie ergeben sich aus Prozessen, an denen das Gehirn als ein Objekt

6 Denkende Elektronen

und die Sinne als Objekte in ihren Wechselbeziehungen mit der Umwelt beteiligt sind.

Pribram ist der Ansicht, dass uns Zustände jenseits des strukturierenden Denkens Zugang zu andern Bereichen unseres holografischen Universums verschaffen. Denn sollte das Gehirn wirklich wie ein Hologramm funktionieren, dann könnte es Zugang zu einem größeren Ganzen haben, einem Feld oder »holistischen Frequenzbereich«, der die Grenzen von Raum und Zeit transzendiert. Das Gehirn ist ein Hologramm, das ein holografisches Universum wahrnimmt und an ihm teilhat.

Unter der Oberfläche sind alle Dinge und Geschehnisse raumlos, zeitlos, immanent, eins und ungeteilt. Damit wäre die wirkliche Natur des Universums immateriell.

Unser Gehirn konstruiert die harte Wirklichkeit durch die Interpretation von Frequenzen, Schwingungen, die Raum und Zeit transzendieren. Das Gehirn ist ein Hologramm, das ein holografisches Universum interpretiert.

Vielleicht sollten wir an dieser Stelle einmal kurz auf den Begriff »Hologramm« eingehen. Er stammt aus dem Griechischen: »holos« für »vollständig« beziehungsweise »ganz« und »gramma« für »Botschaft« beziehungsweise auch »Information«. Der Begriff »Hologramm« wurde 1947 von dem ungarischen Forscher Dennis Gábor geprägt, der damals einen Weg suchte, um das Auflösungsvermögen von Elektronenmikroskopen zu verbessern. Dazu entwickelte er eine neue Technik, um die fotografische Speicherung zu optimieren.

Zu diesem Zweck wurde von ihm nicht die Intensität des reflektierenden oder übertragenen Lichts auf Film festgehalten, sondern das Quadrat der Intensität und das Intensitätsverhältnis zwischen einem bestimmten Lichtstrahl und den benachbarten Strahlen.

Wir können diese Technik am besten mit folgendem Beispiel erklären. Wir schneiden von einer fotografischen Platte mit der

6 Denkende Elektronen

holografischen Aufnahme eines Eisbären den obersten Teil ab. Dann projizieren wir diesen Abschnitt, um das daraus erhaltene Bild zu betrachten. Aber jetzt sehen wir nicht etwa nur den Kopf des Bären, also den obersten Teil des ursprünglichen Bildes, sondern den auf der ursprünglichen Platte abgebildeten ganzen Bären, da jeder Ausschnitt des Hologramms das gesamte Bild in verdichteter Form enthält.

Bei der Herstellung eines Hologramms werden die Lichtwellen zunächst kodiert. Durch das daraufhin projizierte Hologramm wird das Bild wieder dekodiert beziehungsweise geordnet. Holografien sind fixierte Abbilder von stehenden Lichtwellen. Bei der Erstaufnahme werden in der Regel fotochemische Glasplatten verwendet. Für die Aufnahme eines Hologramms wird ein kohärenter Lichtstrahl, ein Laserstrahl, genutzt, der mithilfe eines Strahlteilers in einen Referenz- und einen Gegenstandsstrahl aufgeteilt wird. Jeder Punkt des aufgenommenen Objektes hinterlässt seine Spuren im Wellenmuster des Bildträgers. Wenn wir also ein Hologramm in Einzelabschnitte zerteilen, erscheint bei der Rekonstruktion immer das gesamte Bild. Kanadische Forscher haben inzwischen das kleinste Hologramm der Welt erstellt. Es zeigt ein Wasserstoffatom in Gesellschaft von mehreren Sauerstoffatomen.

Wäre es möglich, dass auch unser Gehirn gespeicherte Gedächtnisspuren auf ähnliche Weise entschlüsselt? Und ebenso, wie das Hologramm auf winzigem Raum Milliarden von Informationseinheiten – Bits – speichern kann? Das komplette Bild ist an jedem Punkt auf der Platte gespeichert, wie offenbar die Information als überlagerte Wahrscheinlichkeitswellen an jedem Punkt im Gehirn-Geist vorhanden ist.

Der mexikanische Neurophysiologe Jacobo Grinberg-Zylberbaum hat vor einiger Zeit ein faszinierendes Experiment über die Nichtlokalität des menschlichen Geistes durchgeführt. Zwei Versuchspersonen wurden aufgefordert, eine gute halbe Stun-

6 Denkende Elektronen

de lang geistig miteinander Kontakt aufzunehmen, bis beide das Gefühl hatten, dass eine Verbindung entstanden war. Danach wurden die beiden in separate Faraday'sche Käfige gesperrt, sodass eine elektromagnetische Signalübertragung nicht möglich war.

Nun wurde Versuchsperson I ein aufflackerndes Licht gezeigt, ohne dass Versuchsperson II davon wusste. Dieser Lichtreiz verursachte bei dem Probanden I eine elektrophysiologische Reaktion in seinem Gehirn. Überraschenderweise zeigte auch das nicht stimulierte Gehirn der Versuchsperson II ebenfalls eine elektrophysiologische Reaktion.

Amit Goswami kommentierte dieses Resultat folgendermaßen: »Es handelt sich um ein sogenanntes Transferpotential, das der Stärke und Form nach dem im stimulierten Gehirn hervorgerufenen Potential ähnlich ist. Dies lässt sich mit der Quanten-Nichtlokalität ganz einfach erklären: Beide Gehirn-Geiste agieren aufgrund ihrer Quantennatur als ein nichtlokales, korreliertes System – etabliert und beibehalten wird die Korrelation durch das nichtlokale Bewusstsein.«

Bei meinem Gespräch in Oxford mit dem bedeutenden englischen Mathematiker Roger Penrose (geb. 1931), der mit seinem ehemaligen Schüler Stephen Hawking den Wolfpreis für den Beitrag »Zu unserem Verständnis des Universums« erhielt, stellte dieser fest: »Bewusstsein ist ein so bedeutendes Phänomen, dass ich einfach nicht glauben kann, es sei nur zufällig durch komplizierte Datenverarbeitungsvorgänge entstanden. Es ist das Phänomen des Bewusstseins, das uns das Universum überhaupt wahrnehmen lässt. Man kann sogar darüber argumentieren, dass ein durch Gesetze regiertes Universum, das ein Bewusstsein ausschließt, kein Universum ist. Ich würde sogar so weit gehen, zu behaupten, dass alle bisherigen mathematischen Beschreibungen des Universums in dieser Hinsicht versagt haben.«

6 Denkende Elektronen

Unsere Betrachtungsweise der »kosmischen Wirklichkeit« ist seit dem 17. Jahrhundert ständig subtiler geworden, und diese Entwicklung setzt sich vor allem durch die Erkenntnisse in der Quantenmechanik fort. Das mechanische Universum – die von Gott erschaffene, durch seine Gesetze regierte und in Gang gehaltene »Weltmaschine« – wurde zunächst einmal zu einem deterministisch funktionierenden Perpetuum Mobile verfeinert, jedoch immer noch von einer allwissenden transzendentalen Autorität überwacht. Diese Vorstellung ist mittlerweile durch das Konzept eines kosmischen Systems von Feldern und Energien abgelöst worden. Die ewige kosmische Maschine, das zuverlässige Räderwerk, existiert nicht mehr. Das Universum stellt sich eher als eine Vernetzung von Wechselwirkungen dar, die nur noch durch Wahrscheinlichkeitsberechnungen erfasst werden können. Bewusstheit und bewusste Wahrnehmung spielen hier wohl die Schlüsselrolle.

Quantenobjekte, wie das Elektron, sind hier von überragender Bedeutung. Allem Anschein nach können Elektronen nicht nur Information speichern, sondern durch ihre Boten, die Photonen, auch übermitteln. Elektronen kommunizieren raum- und zeitlos untereinander.

Der österreichische Nobelpreisträger für Physik Wolfgang Pauli (1900–1958) hatte bereits 1924 erkannt, dass alle Fermionen, wie das Elektron, mit halbzahligem Spin, niemals den gleichen Quantenzustand in einem physikalischen System einnehmen können.

Jeder Quantenzustand kann nur durch ein Elektron besetzt werden. Das Prinzip, nach dem sich zwei Elektronen in mindestens einer Quantenzahl unterscheiden müssen, wird als Ausschließungsprinzip beziehungsweise Pauli-Prinzip bezeichnet. Die Frage, die uns hier beschäftigen sollte, ist: woher weiß das eine Elektron, in welchen Quantenzustand es sich begeben muss, um nicht in Konflikt mit dem anderen Elektron zu kommen, weil dieser Zustand schon belegt ist. Das Pauli-Prinzip demonstriert die phänomenale Kommunikationsfähigkeit unter den Fermionen beziehungsweise Quantenteilchen.

Die Gewissheit, dass alles mit allem in Verbindung steht, führt zu dem, was der amerikanische Philosoph Ken Wilber (geb. 1949) als das »holografische Weltbild« bezeichnet. Der gesamte Kosmos ist ein Hologramm, dessen einzelne Bausteine jeweils das Gesamtbild des Universums widerspiegeln, in dem das menschliche Gehirn ein holografisches Abbild der Welt darstellt, das als Mikrokosmos die Information des gesamten Makrokosmos enthält. Um es mit Ken Wilbers Worten in seinem Buch »Ganzheitlich handeln« zu sagen: »Die Griechen besaßen ein schönes Wort: Kosmos. Es bezeichnete die strukturierte Gesamtheit allen Seins, einschließlich des materiellen, emotionalen, mentalen und spirituellen Bereichs. Die absolute Wirklichkeit – das war nicht nur das, was wir heute den ›Kosmos‹ oder das materielle Universum nennen, sondern die materiellen, emotionalen, mentalen und spirituellen Dimensionen zusammengenommen. Nicht bloß leblose und gefühllose Materie, sondern die lebendige Totalität von Materie, Körper, Verstand, Seele und Geist. Der Kosmos! – Damit gibt es eine Theorie, die wirklich alles umfasst. Doch wir armseligen Modernen haben Materie, Körper, Verstand, Seele und Geist allein auf die Materie reduziert, und in dieser eintönigen und trostlosen Welt des wissenschaftlichen Materialismus will man uns mit der Vorstellung einlullen, eine Theorie, die die physikalischen Dimensionen vereinigt, sei tatsächlich eine Theorie, die alles zu umfassen vermag.«

7 Teleportation und Zeitreisen

Ort: ITTA (International Time Travel Agency)
in der Grafschaft Wiltshire/England. Zeit: 2108

In einem abgelegenen Tal, gesäumt von den Feldern und sanften Hügeln der Landschaft im Südwesten Englands, erhebt sich ein mittelalterliches Schloss. Mit seinen gewaltigen grauen Sandsteinmauern hat es durch seine Zinnen, Türme und bleiverglasten Fenster etwas Graziles an sich. Es erscheint wie eine Fata Morgana der Tudor-Ära, einer Zeit, als Heinrich VIII. und dann seine Tochter, Elisabeth I., England regierten. Umgeben von Rhododendren, gepflegten Buchshecken und altem Baumbestand scheint es zeit- und dimensionslos im Morgendunst zu schweben. Über das prachtvolle Anwesen wölbt sich ein blassblauer Himmel. Aus der Ferne wirkt das Schloss im Tal wie ein besinnliches Aquarell der Romantik, wären da nicht die vielen dunklen Limousinen auf dem bleichen Kies der Auffahrt und wären da nicht die betont unauffälligen Herren mit ihren Kommunikationsgeräten. Eine breite Freitreppe führt zum Eingangsportal.

Das gesamte Areal mit dem prächtigen Gebäude gehört zum Besitz der International Time Travel Agency mit dem Hauptquartier in Genf. Durch seine Abgelegenheit eignet es sich vorzüglich für die Tagungen und Konferenzen der Ratsmitglieder. Heute findet die Konferenz im großen Saal statt. Hier prallen zwei Welten aufeinander. Die Reminiszenzen vergangener Zeiten, wie Herrscherporträts italienischer Meister und Genreszenen niederländischer Barockmaler, wertvolle flämische Gobelins mit höfischen Szenen und die prachtvolle Kassettendecke aus der Renaissance mit ihrem reichen Intarsienschmuck und den eingelegten Wappen einerseits – und andererseits Holophone, Präsentationsgrafik auf Holoschirmen, Quantencomputersysteme und kryptografische EPR-Nachrichtentransfergeräte, die absolut abhörsicher sind.

Acht Männer und vier Frauen sitzen um den schweren, dunkelgrauen Konferenztisch, in dessen Platte für jeden Teilnehmer ein Bildschirm eingelassen ist. In der Mitte steht eine kleine Fahne mit dem Emblem des ITTA-Rates: ein dunkelrotes, geometrisches RaumZeit-Diagramm, umschlossen von einem blauen Kreis. Es stehen Gläser und Getränkeflaschen bereit. Die Teilnehmer des ITTA-Rates vertreten Politik, Wissenschaft und führende Wirtschaftskonzerne. Die verschiedensten Hautfarben sind vertreten.

»Meine Damen, meine Herren, wir eröffnen nun unsere Sitzung«, sagt Professor Benjamin Tamam, ein kräftiger, untersetzter Mann mit Kraushaar. »Die Notwendigkeit für dieses Treffen hat sich dadurch ergeben, dass wir mit unserer Experimentalanlage in Australien einen geradezu fantastischen Durchbruch erreicht haben.« Tamam macht eine bedeutungsvolle Pause und blickt zu den Teilnehmern über den Rand seiner Brille. Diese starren erwartungsvoll den Vorsitzenden an. Tamam scheint die atemlose Spannung im Raum sichtlich zu genießen und fährt schließlich fort: »Es ist uns zum ersten Mal gelungen, geschlossene Zeitschleifen zu erzeugen.«

Ein fassungsloses Raunen geht durch den Konferenzsaal, das zu einem aufgeregten Stimmengewirr anschwillt. »Ruhe! Ich bitte um Ruhe!« Ein gutaussehender Afroamerikaner im hellgrauen Anzug meldet sich zu Wort: »Soll das heißen, Professor Tamam, dass es tatsächlich gelungen ist, durch die geschlossene Zeitschleife ein Portal zur Vergangenheit zu öffnen, oder auch in die Zukunft?«

7 Teleportation und Zeitreisen

Die attraktive Französin mittleren Alters, Dr. Jeanine Boucher, mischt sich ein. »Das würde bedeuten, wir sind nunmehr in der Lage, Zeitreisen durchzuführen, mit allen Konsequenzen, die sich daraus ergeben?«

»Im Prinzip, ja.« Tamam zögert. »Aber bitte, bedenken Sie, wir sind noch in der Experimentalphase. Wir sind ja heute hier zusammengekommen, um die Konsequenzen zu diskutieren und uns über die weitere Vorgehensweise zu beraten.«

Eugene Harris, der einen großen Energiekonzern vertritt, greift nach einem Glas, schenkt sich Orangensaft ein und sagt mit texanischem Akzent: »Ladies and gentlemen, wir haben Milliarden in dieses Projekt investiert. Nun müssen wir das Ganze auch nutzen. Es eröffnen sich doch fantastische Möglichkeiten. Stellen Sie sich vor, was wir alles erreichen können! All die Korrekturen, die wir zu unserem Nutzen in der Vergangenheit durchführen könnten!«

»Um Gottes Willen! Halt, halt!«, unterbricht der indische Professor Srishant Chandraseka. »Noch sind wir nicht so weit. Auch wenn es uns gelingt, einen Chrononauten in die Vergangenheit zu schicken, wissen wir nicht, ob er die Zeitreise überlebt und welche Paradoxa er im Zeitgefüge verursachen würde.«

»Überleben schon«, stellt der Physiker Professor Gerd Weber fest und drückt auf einen Knopf. Ein Hologramm der Zeitreiseanlage erscheint zwischen den Teilnehmern. Es sind zwei rotierende Kugeln innerhalb riesiger silbernschimmernder Ringe, zwischen denen ein scheibenförmiges Objekt schwebt. »In der Zeitkapsel zwischen den rotierenden Kugeln ist unser Chrononaut sicher aufgehoben. Und durch die geschlossene Zeitschleife kann er auch wieder zum Ausgangspunkt zurückkehren.«

Sir Nigel Callaghan, Präsident der Globalen Union (GU) zupft sanft an seinem gepflegten grauen Schnurrbart und räuspert sich. »Wir sind doch bisher immer davon ausgegangen« – sein

Oxford-Akzent ist makellos –, »dass man nicht weiter zurückreisen kann als zu dem Zeitpunkt der Konstruktion einer Zeitmaschine. Wenn ich das richtig verstanden habe, können wir erst in der Zukunft in die Vergangenheit reisen. Und dann nicht weiter zurück als zum jetzigen Zeitpunkt, also 2108.« Callaghan blickt den Vorsitzenden fragend an.

»Nun ja, das ist normalerweise korrekt. Allerdings«, sagt Tamam und fixiert nachdenklich eine idyllische Schäferszene auf dem Wandgobelin. »Wir haben durch die Versuchsreihen des Large Hadron Collider bei Genf vor hundert Jahren eine neue Situation, die es uns ermöglicht, unter Umständen hundert Jahre in der Zeit zurückzureisen.«

Dr. Astrid Carlson versucht durch Lautstärke, die heftig untereinander diskutierenden Teilnehmer zu übertönen. Die Norwegerin ist in der GU für die globale Klima- und Umweltproblematik zuständig. »Herr Vorsitzender, das bedeutet doch, dass wir die Möglichkeit hätten, Korrekturen vor hundert Jahren durchzuführen, um durch unsere neuen Technologien den verheerenden Klimaveränderungen und der Umweltzerstörung noch rechtzeitig Einhalt zu gebieten. Wie Sie sehr wohl wissen, haben wir heute in Mitteleuropa immer wieder Ozonwerte von über 200 Mikrogramm. In Afrika drängen die Menschen in hellen Scharen in die Städte, um dem Gemetzel der Stammesfehden zu entkommen, verursacht durch Hungersnöte und extreme Witterungsbedingungen.

Wir haben inzwischen mehr als eine Million Soldaten dort stationiert und können doch nicht einmal die großen Städte unter Kontrolle halten. In Südamerika sind die Regenwälder praktisch verschwunden und die Wasserversorgung ist so gut wie zusammengebrochen. In Asien haben wir Massendemonstrationen, weil allein in letzter Zeit 40 Millionen Menschen durch Überschwemmungen und Erdrutsche ums Leben gekommen sind.

7 Teleportation und Zeitreisen

Durch die Klimaveränderung haben wir völlig neue Infektionskrankheiten bekommen, die wir kaum noch beherrschen können. Hungersnöte weltweit. In Nordamerika ruft die Bevölkerung bereits nach der Armee, um sich gegen Zuwanderer aus Mittelamerika abzuschirmen. Vom Mittleren Osten und Asien ganz zu schweigen. Die Konfliktparteien bedrohen sich mit Neutronenwaffen.

Das Polareis ist bereits geschmolzen, und nicht nur Inseln, sondern auch eine ganze Reihe von Küstenregionen sind durch den steigenden Meeresspiegel untergegangen. Wir stehen vor einer beispiellosen Anhäufung von globalen Katastrophen. Ich kämpfe«, sagt Carlson mit verzweifeltem Unterton, »gegen Egoismen, Planlosigkeit in der Verwaltung und Panik unter der Bevölkerung.«

Im großen Saal herrscht betretenes Schweigen, bis schließlich der Japaner Hisami Koshimizu mit leiser Stimme das Wort ergreift. »In der Tat haben wir hier enorme Probleme. Alle Versuche der vergangenen Jahrzehnte, die Überbevölkerung einzudämmen, sind gescheitert. Und trotz der stetig schlechter werdenden Lebensbedingungen hat die Bevölkerungsentwicklung exponentiell zugenommen. Eine Lawine, die wir nicht stoppen konnten. Das Ozonloch erstreckt sich im Sommer über fast ein Drittel der bewohnten Erdoberfläche, und Hautkrebs ist inzwischen so alltäglich wie ein Schnupfen.

Der Sauerstoffgehalt der Luft ist in weiten Teilen der Welt bereits von den normalen 21 Prozent auf unter 15 Prozent abgesunken. Vor allem die Alten, Kranken und Kinder leiden zunehmend unter Atemwegsbeschwerden. Und die grüne Lunge im Amazonasbecken ist dahingeschwunden.«

Der Russe Juri Rudkow, Mitglied des Mars-Terraformingprojekts »Hope«, unterbricht die Ausführungen des Japaners: »Wir sind auf dem Mars noch nicht so weit, um ihn als Ausweichwelt zu nutzen.«

»Das ist ja auch keine Lösung«, fährt Tamam ungeduldig dazwischen. »Die Frage ist doch, ob wir die Möglichkeit der Zeitreise nutzen sollten, um falsche Entwicklungen in der Vergangenheit zu korrigieren und dadurch bessere Bedingungen in der Gegenwart und in der Zukunft zu erhalten.«

Während dieser Debatte hört der Schweizer Kosmologe Professor Marius Hürlimann schweigend zu und ordnet Erdnüsse zu einem geometrischen Muster auf der Tischplatte an. Schließlich sagt er: »Ich muss hier doch einige Einwände vortragen. Auch wenn CERN damals durch ihre Large-Hadron-Collider-Anlage die Möglichkeit eines Wurmloch-Empfangsportals öffnete – und das vor hundert Jahren –, ist ja noch keine Verbindung zu unserer heutigen Versuchsanlage in Australien hergestellt worden. Selbst wenn das gelingen sollte, bleiben die Paradoxa doch bestehen. Was ist zum Beispiel mit dem sogenannten Großvaterparadoxon: Ich reise zurück in die Vergangenheit, töte meinen Großvater, bevor er meinen Vater gezeugt hat, sodass dieser mich nicht zeugen konnte. Damit würde ich nicht existieren, und wie kann ich dann in der Zeit zurückreisen, um meinen Großvater zu töten?« Hürlimann blickt ironisch in die Runde.

»Ich könnte ja auch in der Zeit zurückreisen«, bemerkt Chandraseka süffisant. »Sagen wir mal zehn Jahre zurück, und erschieße sie, Hürlimann. Dann könnten sie heute ihre Erdnüsse nicht sortieren.«

»Nachdem sie das nun angekündigt haben«, kontert Hürlimann verbissen, »werde ich mich entsprechend vorbereiten, oder?«

»Aber das vor zehn Jahren«, grinst Rudkow.

»Ich möchte doch bitten«, übernimmt der Vorsitzende die Diskussion. »Es geht hier um eine ernste Angelegenheit, obwohl die Paradoxa-Problematik bis heute nicht richtig geklärt wurde.«

»Zu diesem Thema gibt es ein interessantes Beispiel.« Die Historikerin Dr. Khadiga Sherif aus Dubai beugt sich vor. »Ein

7 Teleportation und Zeitreisen

Zeitreisender aus dem Jahr 2108 macht sich auf den Weg in das Jahr 2130 und hört dort von einer großartigen Erfindung über einen interstellaren Raumschiffantrieb. Die Einzelheiten liest er in einer Fachzeitschrift, verfasst von einem unbekannten Wissenschaftler mit Namen Melvin Weinberger. Ausgerüstet mit einer Kopie des Artikels, kehrt der Zeitreisende in seine eigene Zeit, also 2108, zurück und forscht nach dem Wissenschaftler. Schließlich findet er ihn als Student der Physik im ersten Semester an der Universität seines Wohnorts. Der Zeitreisende händigt dem Physikstudenten die von ihm aus dem Jahr 2130 mitgebrachte Facharbeit aus, die der Physiker Melvin Weinberger dann im Jahr 2130 ordnungsgemäß unter seinem Namen veröffentlicht. Das Paradoxon dieses skurrilen Vorfalls ist das Rätsel der Urheberschaft der brillanten Arbeit über den neuartigen Antrieb.«

»Da haben wir's!« Hürlimann schüttelt den Kopf. »Wer ist nun der Verfasser? Wer hat den Antrieb erfunden? Melvin Weinberger war es offensichtlich nicht. Ebenso wenig der Zeitreisende, der ihm die Arbeit übermittelte.«

»Diese Widersprüche beziehungsweise Paradoxa lassen sich unter Umständen durch unsere neuesten Erkenntnisse auflösen«, mischt sich der amerikanische Kosmologe Carl Friedman ein. »Vor hundert Jahren betrachtete man ja noch die Vielweltentheorie als Lösung, um die Verletzung der Kausalität aus dem Weg zu räumen. Danach würde nämlich ein Zeitreisender zwar in die Vergangenheit reisen können, diese wäre aber in einer Parallelwelt angesiedelt. Korrekturen der Geschichte wären dann nur in dieser möglich. Die Ursprungswelt des Zeitreisenden, also seine Weltlinie, wäre davon nicht berührt.«

»Sie spielen also auf die sogenannte Everett'sche Vielweltentheorie an.« Tamam reißt das Wort an sich.

»Genau«, sagt Friedman. »Dieses Konzept stützte sich auf quantenmechanische Überlegungen.«

»Inzwischen«, kontert der Vorsitzende, »haben wir aber andere Erkenntnisse gewonnen, die Korrekturen unserer Vergangenheit ermöglichen könnten. Allerdings ganz behutsam, nur indirekt und versteckt, um keine Zeitkonflikte zu verursachen.« Der israelische Quantenphysiker Efraim Ori lässt seinen Stift verspielt durch die Finger kreisen und sagt: »Schließlich wissen wir heute, dass es damals einem Forschungsteam gelang, mit Hilfe von exotischer Materie und negativer Energiedichte Wurmlöcher nicht nur zu stabilisieren, sondern auch zu vergrößern, um Zeittunnel zu bilden. Zusätzlich wurde damals der Casimireffekt genutzt.«

»Ja, das war schon vor hundert Jahren eine tolle Pionierzeit«, stellt Professor Weber fest. »Eine Aufbruchstimmung in der Elementarphysik. Der österreichische Quantenphysiker Anton Zeilinger führte seine Teleportationsexperimente mit verschränkten Teilchen durch. Er nutzte damals Reflexionsanlagen auf dem Mond«, sinniert Weber. »Mein Gott, sind wir inzwischen weit gekommen!«

»Schauen wir uns doch noch einmal unsere ITTA-Anlage in Australien an«, unterbricht Tamam ungeduldig. Wieder erscheint das Hologramm mit dem gleißenden Ringsystem, in dessen Mitte riesige Kugeln rasend rotieren, und zwischen ihnen die schwebende Zeitkapsel. »Unsere Anlage nutzt beides, Konsequenzen der Relativitätstheorie und der Quantenphysik.« Ein gewisser Stolz in der Stimme des Vorsitzenden ist nicht zu überhören.

»Die rotierenden Kugeln aus exotischer Materie verursachen einen enormen Masse-Energie-Effekt, sodass sich die RaumZeit in der Anlage zu einer geschlossenen RaumZeit-Schleife krümmt.«

»Unglaublich beeindruckend«, sagt Khadiga Sherif. »Interessanterweise hat der österreichische Mathematiker Kurt Gödel bereits vor rund 160 Jahren diese Möglichkeit erkannt.«

7 Teleportation und Zeitreisen

Der Vorsitzende steht auf: »Ich schlage vor, dass wir jetzt eine Mittagspause machen und unsere Konsultation nach dem Essen fortsetzen.«

Kurt Friedrich Gödel, 1906 in Brünn geboren und 1978 in Princeton, New Jersey, gestorben, war einer der bedeutendsten Mathematiker und Logiker des 20. Jahrhunderts. Er stammte aus einer großbürgerlichen Familie im mährischen Brünn. Der Vater war ein erfolgreicher Textilunternehmer. Kurt Gödel litt in seiner Kindheit unter seiner labilen Gesundheit. Trotzdem war er ein erstklassiger Schüler. Er studierte an der Wiener Universität Mathematik und promovierte 1930. Bereits ein Jahr später veröffentlichte er eine herausragende Arbeit auf dem Gebiet der Mathematik. Er bewies darin, dass die Arithmetik unvollständig ist. Die Arbeit trug den Titel: »Über formal unentscheidbare Sätze der Principia Mathematika und verwandter Systeme«, in der er den ersten Gödel'schen Unvollständigkeitssatz formulierte.

Er stellt hier fest: Wenn zum Beispiel ein beliebiges System von Regeln zur Beschreibung einfacher Rechnungen aufgestellt wird, muss es arithmetische Aussagen geben, die mit den Regeln des Systems weder bewiesen noch widerlegt werden können. Die Essenz der Gödel'schen Unvollständigkeitssätze basiert im Grunde auf Widersprüchen in der Logik. Zum Beispiel: »Dieser Fakt ist falsch.« Oder: »Ich spreche jetzt nicht die Wahrheit.« Oder: »Alle Kritiker sind Lügner«, sagt ein führender Kritiker. Es ist hier offensichtlich ein Paradoxon, ein Widerspruch vorhanden. Denn wenn ein Kritiker feststellt, dass alle Kritiker Lügner sind, ist offensichtlich, dass der Kritiker lügt.

Beim Gödel'schen Unvollständigkeitssatz ergibt sich eine bedeutende Feststellung, und zwar, dass auf sich selbst bezogene Schleifen zu logischen Widersprüchen führen können.

Der zweite Gödel'sche Unvollständigkeitssatz wird als Gödels Korollar (Korollar = Satz, der selbstverständlich aus einem bewiesenen Satz folgt) bezeichnet. Danach ist die Widerspruchsfreiheit eines solchen Axiomensystems nicht aus dem Axiomensystem ableitbar (Axiom = keines Beweises bedürfender Grundsatz).
Für uns ist hier interessant, dass Kurt Gödel 1949 der Gedanke kam, dass die Schwerkraft das Universum kollabieren lassen würde, es sei denn, eine Zentrifugalkraft würde es verhindern. Das würde bedeuten, dass das Universum rotieren muss.
Ein rotierendes Universum müsste nicht einmal ein eindeutiges Rotationszentrum aufweisen, wie auch ein expandierendes Universum kein Zentrum aufweist, von dem es sich ausdehnt.
Gödel folgerte, dass massereiche Objekte die RaumZeit in ihrem Strudel mit sich ziehen und auf diese Weise geschlossene Zeitschleifen beziehungsweise zeitartige, in sich zurückkehrende Weltlinien entstehen. Jeder Beobachter, wie auch jedes Teilchen, durchläuft im Laufe der RaumZeit eine große Anzahl von Ereignissen. Diese Ereignislinie ist eine Weltlinie.
Nach Gödels Modell stünden Zeitreisen theoretisch nicht im Widerspruch zur Relativitätstheorie, und die Zeitreisen müssten nicht einmal die Lichtgeschwindigkeit überschreiten. Im Gödel'schen Universum kann der Zeitreisende prinzipiell von einem Punkt der RaumZeit aufbrechen und innerhalb der geschlossenen Zeitschleife das ganze Universum umkreisen, um schließlich wieder am Ausgangspunkt zur Ausgangszeit anzukommen. Voraussetzung sei ein rotierendes Universum mit seinen ebenfalls rotierenden Massen. Diesem Modell zufolge werden die in einem Bereich zeitartiger Kurven begrenzenden Lichtkegel vom rotierenden Universum in Richtung Rotation gekippt. Sie sind dadurch in einer Weise verformt, durch die es zu einer Überschneidung von Teilen des zukünftigen Lichtkegels einer bestimmten Region mit Teilen des vergangenen Lichtkegels einer Nachbarregion kommt.

7 Teleportation und Zeitreisen

Ist der Abstand von der Rotationsachse groß genug, kann es beim Kippen der Lichtkegel zu Wechselwirkungen zwischen Zukunfts- und Vergangenheitskegeln von jeweils zwei benachbarten Lichtkegeln kommen. Durch die Wahl seiner Weltlinie könnte ein Gödel'scher Zeitreisender Ereignisse seiner Vergangenheit durch eine Raumreise miterleben. Nach dieser Vorstellung vollzöge sich diese Reise an der zeitartig geschlossenen Weltlinie entlang um das ganze Universum.

1940 verließ Kurt Gödel mit seiner Frau auf abenteuerlichem Weg über Sibirien und Japan das Dritte Reich, um in die USA einzureisen. Am Institute for Advanced Studies in Princeton befasste sich Gödel mit philosophischen Problemen und entwickelte eine enge Freundschaft mit Albert Einstein. Durch eine fortschreitende psychische Krankheit vereinsamte er jedoch immer mehr und starb am 14. Januar 1978 in Princeton.

Eine ganze Reihe von Mathematikern und Physikern hat sich mit den physikalischen Möglichkeiten der Zeitreisen intellektuell auseinandergesetzt. In diesem Zusammenhang tauchten immer wieder die theoretischen, sogenannten »Wurmlöcher« auf. Ein »Wurmloch« wäre ein Tunnel, der die Oberflächen verschiedener RaumZeit-Regionen verbindet. Ein klassisches Beispiel wäre hier ein Apfel, durch den sich ein Wurm gefressen hat. Zurückzuführen ist das Modell der Wurmlöcher auf eine Gemeinschaftsarbeit von Albert Einstein und Nathan Rosen, die 1935 unter dem Titel »The Particle Problem in the General Theory of Relativity« im »Physical Review« erschienen ist.

Hier vergleichen die beiden Wissenschaftler separate Teile der RaumZeit mit Gummilaken, die durch zeitlose Passagen verbunden sind, und nennen sie »Brücken«. Diese zeitlosen Tunnelverbindungen wurden in Fachkreisen unter dem Begriff »Einstein-Rosen-Brücke« bekannt.

Ich habe bereits 1982 ein Buch unter dem Titel »Die Einstein-Rosen-Brücke« veröffentlicht. Einige Autoren haben die

7 Teleportation und Zeitreisen

Wurmlöcher enthusiastisch als Zeitreisepassagen begrüßt. Allerdings wird dabei oft übersehen, dass diese sogenannten Wurmlöcher höchst instabil und winzig klein sind, im Gegensatz zu den großen schwarzen Löchern. Wurmlöcher öffnen sich nur für eine unendlich kurze Zeit, um sich dann sofort wieder zu schließen. Der Vorgang vollzieht sich blitzschnell, sodass nicht einmal ein Partikel genügend Zeit zum Durchschlüpfen fände.

Daher dürfte es auch nicht überraschen, dass einige Physiker sich mit theoretischen Techniken befassen, um Wurmlöcher von ihrer natürlichen Tendenz des Sich-Verschließens abzuhalten. Herausragend ist hier der Quanten-Kosmologe Kip Thorne (geb. 1940), Professor für Theoretische Physik am Caltech (California Institute of Technology). Er war einer der ersten Wissenschaftler, die sich mit der Möglichkeit von Zeitreisen durch Wurmlöcher befassten.

Mit seinen Kollegen Mike Morris und Ulvi Yurtsever zeigte er, dass passierbare Wurmlöcher nur dann existieren könnten, wenn sie im Zusammenhang mit Quantenfeldern negativer Energie stünden.

Um die Öffnung eines Wurmlochs stabil zu halten, käme für Kip Thorne die Antigravitation in Frage. Kann Antigravitation künstlich generiert werden? Sie entsteht manchmal, weil sich die Energie des Quantenfeldes hin und wieder negativ verhalten kann. Da Energie Masse voraussetzt, ist negative Energie also gleichbedeutend mit negativer Masse, mit der Konsequenz – zumindest theoretisch – der Quanten-Antigravitation. Unter Einbeziehung dieser Möglichkeiten analysierten Thorne und seine Mitarbeiter eine Anzahl von Wurmloch-Lösungen, bei denen es gelungen war, die Einstein-Rosen-Brücke durch die Quanten-Antigravitation offen zu halten, ohne die bekannten physikalischen Gesetzte zu verletzen. Durch die Materie zusammenziehende und damit Singularität erzeugende Schwer-

7 Teleportation und Zeitreisen

kraft wird der Eingang des Wurmlochs verschlossen. Soll also dieser Zugang offen bleiben, muss ein negatives, Druck ausübendes Feld, gleichbedeutend mit Anti-Gravitation, vorhanden sein. Die mit dem Unterdruck verbundene Anti-Gravitation hebt die Wirkung der Schwerkraft innerhalb des Wurmlochs auf und hält damit seinen Eingang offen.

Hier kommt der niederländische Physiker Hendrik Casimir (1909–2000) ins Spiel, der bereits 1948 einen Weg zur Erzeugung von Quanten-Antigravitation, den sogenannten Casimir-Effekt, entdeckte. Dieses Phänomen lässt sich auf Quantenfeld-Fluktuation zurückführen. Bevor die Quantenphysik unser Weltbild revolutionierte, war man noch der Ansicht, der Raum sei völlig leer, wenn keine Teilchen mehr in ihm vorhanden wären und der Wert aller Felder Null sei. Durch Erkenntnisse der Quantenphysik jedoch, dass der angeblich leere Raum von brodelnden Vakuumfluktuationen durchzogen ist, musste diese Anschauung gründlich revidiert werden. Hendrik Casimir suchte nach einem Weg, diese Vakuumfluktuationen des elektromagnetischen Feldes im angeblich leeren Raum nachzuweisen.

Durch seinen brillanten Einfall, zwei gewöhnliche Metallplatten parallel ganz nah beieinander, nur wenige Atome voneinander getrennt, im »leeren« Raum, also im Vakuum, aufzustellen, konnte er Folgendes nachweisen: In der Region zwischen den Metallplatten kommt es zu weniger Fluktuation als außerhalb, das heißt, zwischen zwei parallel aufgestellten Metallplatten, die nur ein winziger Zwischenraum trennt, kommt es durch eine Fülle elektromagnetischer Wellen aller Längen zu Störungen im sogenannten Quantenvakuum, das zu einer minimalen Anziehungskraft führt.

Nachdem nur bestimmte Strahlungs-Wellenlängen zwischen den Metallplatten Platz finden, sausen weniger virtuelle Teilchen zwischen den Platten umher als außerhalb. Daher wirkt

eine äußere Kraft auf die Platten ein und drückt sie zusammen. Mit anderen Worten, es entsteht ein Antigravitationseffekt. Virtuelle Teilchen entstehen und vergehen in weniger als 10^{-44} einer Sekunde. Das heißt, sie kommen und gehen in einem unglaublich kurzen Zeitraum, sodass sie praktisch nur virtuell vorhanden sind. Und doch wirken sie sich physikalisch aus.
Es besteht die Überlegung, den Casimireffekt zu verwenden, um die Ein- und Ausgänge künstlich erzeugter Wurmlöcher zu stabilisieren und somit als Zeitreisepassagen zu nutzen.
Der populäre Professor für theoretische Physik in New York, Michio Kaku, beschreibt eine mögliche Zeitmaschine in seinem Buch »Im Hyperraum« folgendermaßen: »Gäbe es tatsächlich exotische Materie und ließe sie sich wie Metall formen, dann wäre die Idealform wahrscheinlich ein Zylinder. In der Mitte dieses Zylinders steht ein Mensch. Die exotische Materie verwirft den Raum und die Zeit in der Umgebung und schafft auf diese Weise ein Wurmloch, das zwei ferne Teile des Universums mit verschiedenen Zeiten verbindet. Im Mittelpunkt des Wirbels befindet sich der Mensch, der keine größere Gravitationsbelastung als 1 G erfährt, wenn er in das Wurmloch gesogen wird und sich am anderen Ende des Universums wiederfindet.«
Ein Wurmloch würde zwei Raumregionen mit unterschiedlichen Zeiten verbinden, das heißt, die Zeit würde im jeweiligen Ende des Wurmlochs unterschiedlich ablaufen.
Das Konzept der Wurmlöcher geht auf den großartigen, 1911 geborenen Physiker John Archibald Wheeler zurück, der sich mit einer langen Liste herausragender Leistungen auf dem Gebiet der theoretischen Physik und Kosmologie einen Namen gemacht hat. In den Dreißigerjahren arbeitete er in Kopenhagen mit Niels Bohr zusammen, und 1940 war er Leiter einer Forschungsgruppe, der auch Richard Feynman angehörte. Schon während dieser Zeit entstand das Konzept der sogenannten Quantenelektrodynamik, abgekürzt QED, in dem er einen

7 Teleportation und Zeitreisen

wichtigen Beitrag auf dem Weg zur Verschmelzung der Relativitätstheorie mit der Quantenmechanik leistete.

1962 verfasste der Princeton-Physiker Wheeler eine Gemeinschaftsarbeit mit Robert W. Fuller unter dem Titel »Causality and Multiply Connected Space-time« (»Kausalität und vielfach verbundene RaumZeit«).

Mit dieser Arbeit wollten sie die Kluft zwischen der allgemeinen Relativitätstheorie und der Quantenphysik überbrücken. Wheeler war von der Existenz »Schwarzer Löcher«, wie er sie getauft hatte, absolut überzeugt. Er sah sie als Treffpunkt zwischen der allgemeinen Relativitätstheorie und der Quantenphysik. Aber gerade daraus ergab sich für ihn, dass das Wesen der RaumZeit-Struktur nur durch beide Theorien verstanden werden könne. Der Gegensatz zwischen der Relativitätstheorie und der Quantenphysik sei dafür verantwortlich, dass die Kosmologie das Universum als relativistische Szene darstellt, während Energie und Materie von der Quantenphysik und nicht durch die Relativitätstheorie bestimmt werden.

Durch eine Quantisierung des Raums hat Wheeler nun versucht, die RaumZeit mit beiden Theorien zu vereinen. Theoretisch hat Wheeler die Quantenmechanik insgesamt auf Raum, Zeit, Materie und Energie ausgedehnt. Nach seinem Konzept wird die Raumgeometrie als Summe der Unschärfen aller Raumquanten bestimmt.

Wheeler sah in der Krümmung der RaumZeit-Struktur einen Beweis für die Existenz der Raumteilchen beziehungsweise Raumquanten. Er nahm an, dass die Raumstruktur durchsetzt ist von winzigen Löchern, die er als »Wurmlöcher« bezeichnete. Ein Problem für Zeitreisen könnte allerdings die Größe der Wurmlöcher sein, denn die »Eingangsstruktur« zu ihnen wäre kleiner als ein Atomkern und offensichtlich für Zeitkapseln dadurch nicht geeignet. Aber auch hier sehen einige Wissenschaftler, wie zum Beispiel der Physiker Matt Visser von der

7 Teleportation und Zeitreisen

Washington University, St. Louis, durch die Raumquantenfluktuation die Möglichkeit der Entstehung großformatiger Wurmlöcher. Sie könnten sich unter Umständen zur Durchführung von Zeitreisen eignen.

Es darf nicht übersehen werden, dass eine Reise durch Raum und Zeit aus zwei Bewegungsarten besteht, denn Zeitreisen ohne Raumreisen wären unsinnig. Würden wir uns nur in der Zeit fortbewegen, aber nicht im Raum, würden wir uns irgendwo im Weltall wiederfinden, denn die Erde dreht sich ja um die Sonne und diese innerhalb der Milchstraße, während sich unser Sternensystem innerhalb unseres Galaxienhaufens fortbewegt.

Auch der an der Tulane University in New Orleans tätige Mathematiker und Physiker Frank J. Tipler hat sich mit Konstruktionsplänen für eine Zeitmaschine befasst. Unter dem Titel »Rotierende Zylinder und die Möglichkeit einer globalen Kausalitätsverletzung« veröffentlichte er seine Ideen in der »Physical Review«. Kausalitätsverletzung bezeichnet hier im Grunde genommen die Zeitreise. Sein mathematischer Konstruktionsplan analysiert nicht nur die theoretische Möglichkeit der Zeitreise, sondern auch die Voraussetzung für den Chrononauten, wieder an seinen Ausgangspunkt zurückzukehren, nachdem er in die Vergangenheit gereist ist.

Auch bei Tipler spielt die Rotation bei einer Zeitmaschine eine entscheidende Rolle. Theoretisch würde ein rasend schnell rotierender Zylinder, am besten einige hundert Kilometer lang, der über eine enorme Masse und Dichte verfügen müsste, Zeitschleifen bilden, vorausgesetzt im Zentrum des Zylinders befände sich eine nackte Singularität. Würde ein Zeitreisender einen schraubenförmigen Kurs um den Zylinder einschlagen, könnte er sich vorwärts und rückwärts in der Zeit bewegen. Nach Tipler würde er am Ausgangspunkt ankommen, bevor er abgereist ist. Umkreist der Zeitreisende den Zylinder in einer engen, spiralförmigen Bahn, reist er in die Vergangenheit, weil dort die

7 Teleportation und Zeitreisen

RaumZeit durch die starke Feldeinwirkung schleifenförmig gekrümmt ist. Jedoch bewegt er sich bei einem größeren Abstand vom Zylinder, wo die RaumZeit weniger gekrümmt ist, in die Zukunft.

Es existieren bereits Überlegungen, wie Wurmlöcher manipuliert werden können: Der Öffnung eines großen Wurmlochs würde eine bestimmte elektrische Ladung zugeführt, dann die Öffnung mit Hilfe eines elektrischen Feldes ins Schlepptau genommen, um es schließlich neben dem anderen Ende des Wurmloches zu parken. Wichtig wäre dabei, dass die Zeitdifferenz auch dann bestehen bleibt, nachdem die ins Schlepptau genommene Öffnung des Wurmlochs wieder zum Stillstand kommt. Man kann sich das vielleicht am besten mit dem Beispiel eines Gartenschlauches vorstellen. Der Schlauch wird einfach U-förmig gebogen, bis beide Öffnungen Seite an Seite liegen.

Der englische Physiker und Wissenschaftsautor John Gribbin ist der Ansicht, »dass die Art der Verbindung zwischen RaumZeit und Wurmlochgeometrie für die Funktion der Zeitmaschine garantiert. Ein Zeitreisender, der in die sich fortbewegende Öffnung gleitet, würde also die bewegungslos am andern Ende verharrende Öffnung zu dem Zeitpunkt verlassen, der dem entspricht, der auf den Uhren der sich fortbewegenden Öffnung angezeigt wird.«

Bricht also ein Zeitreisender an der stationären Wurmlochöffnung um zehn Uhr Ortszeit auf, benötigt dann etwa zehn Minuten, um die sich fortbewegende Öffnung zu erreichen, trifft er dort seiner Armbanduhr und der Uhr der stationären Öffnung zufolge um zehn Uhr zehn ein. Hier gleitet der Reisende in die sich fortbewegende Öffnung, um fast sofort wieder an der stationären Öffnung anzukommen. Jedenfalls nach der eigenen Armbanduhr. Aber dort stehen die Uhrzeiger erst auf neun Uhr zehn.

Rasch begibt sich der Zeitreisende zur sich fortbewegenden Öffnung, wo er um neun Uhr zwanzig ankommt. Von dort geht es, wie gehabt, wieder zur stationären Öffnung, wo er um acht Uhr zwanzig ankommt. Dieser Vorgang lässt sich beliebig oft wiederholen, sodass sich der Zeitreisende immer weiter in die Vergangenheit bewegt. Eine Reise in die Vergangenheit ist jedoch auch bei der Wurmloch-Zeitmaschine nur bis zur Zeit ihrer Entstehung möglich.

Was die Zukunft angeht, wären die Zeitreisen unbegrenzt. Wir sollten hier nicht übersehen, dass diese Zeitreiseszenarien hypothetisch und eher intellektuelle Planspiele sind. Theoretisch wäre es allerdings möglich, die physikalischen Voraussetzungen zu schaffen, um die Geometrie eines begrenzten RaumZeit-Abschnittes dynamisch so zu verändern, dass in diesem Bereich geschlossene Zeitschleifen entstehen.

Der bedeutende amerikanische Kosmologe Lee Smolin arbeitet mit der Vorstellung, dass die Tunnel beziehungsweise Einstein-Rosen-Brücken der Schwarzen Löcher zu anderen Universen mit anderen RaumZeit-Strukturen führen. Schwarze Löcher sind im Grunde Kulminationspunkte, wo die Relativitätstheorie und die Quantenphysik nicht nur zusammentreffen, sondern wo auch unser physikalisches Weltbild in einem unheimlichen rotierenden RaumZeit-Schacht verschwindet.

Was ist ein Schwarzes Loch? Ein bis zur unendlichen Dichte kollabiertes Himmelsobjekt, also ein sehr großer Stern, der aus unserem beobachtbaren Universum verschwindet, aber einen rotierenden Gravitationsstrudel hinterlässt. In dieser Region ist die RaumZeit-Struktur entartet.

Mit großer Wahrscheinlichkeit taucht die in dem Schwarzen Loch verschwundene, kollabierte Materie in einem andern Teil unseres Universums durch sein Pendant, ein Weißes Loch, wieder auf.

7 Teleportation und Zeitreisen

Das Konzept der Schwarzen Löcher geht auf den 1873 geborenen deutschen Astronomen Karl Schwarzschild zurück, der bis zu seinem Tod am 11. Mai 1916 Direktor des Astrophysikalischen Observatoriums in Potsdam war. Schwarzschild hatte schon vor Einstein erkannt, dass sich das Universum nicht nach euklidischer Geometrie beurteilen lässt. Kurz nach Einsteins Veröffentlichung der allgemeinen Relativitätstheorie begann er, die Geometrie der RaumZeit-Struktur in unmittelbarer Nähe massereicher Sterne zu untersuchen.

Nach seinen Berechnungen musste es für jeden Stern von über dreifacher Sonnenmasse einen kritischen Radius geben, der zu einem unheimlich anmutenden Geschehen führen musste. Sobald nämlich ein solcher massereicher Stern durch seine ungeheure Gravitation auf ein bestimmtes Maß zusammenschrumpft, das diesen sogenannten »Schwarzschild-Radius« unterschreitet, kollabiert er unaufhörlich, bis er sich als Singularität aus der uns bekannten RaumZeit stiehlt.

Bei diesem Vorgang beult die kollabierte Masse des Sterns die RaumZeit-Struktur in seiner Umgebung derartig aus, dass ein rotierender Tunnel, also die Einstein-Rosen-Brücke, entsteht.

Sterne, wie auch unsere Sonne, werden geboren, haben eine unterschiedliche Lebensspanne, altern und sterben. Sie entstehen aus einer rotierenden Gaswolke, die sich durch die Einwirkung von Gravitation verdichtet. Im Verlauf der Verdichtung erhitzt sich die Gasmasse. Sobald im Zentrum des neuen Sterns die Temperatur hoch genug ist, setzen Kernreaktionen ein, durch die Atomkerne verschmelzen und damit weitere Energie freigesetzt wird.

Einerseits bringt diese den Stern zum Leuchten, verursacht aber andererseits so viel Gegendruck, dass ein weiterer Verdichtungsprozess im Zentrum aufgehalten wird. Der Kernfusionsprozess des Sterns dauert allerdings nur so lange, bis sein Wasserstoffvorrat aufgebraucht ist und nur noch schwerere

7 Teleportation und Zeitreisen

Elemente übrigbleiben. Sozusagen die solare Asche des Sterns. Wenn die Masse eines Sterns nicht so groß ist, wenn er also eher bescheiden ist, kann sich ein solcher Fusionsprozess über viele Milliarden Jahre hinziehen. Seine Schwerkraft bleibt währenddessen unverändert in einer Art Ruhezustand.

So hat unsere Sonne zum Beispiel eine Lebenserwartung von rund zwölf Milliarden Jahren. Wenn der Treibstoff allerdings aufgebraucht ist, das bedeutet, die Wasserstoffkerne sich alle zu Helium fusionierten, erleidet er, seiner Masse entsprechend, eine von drei möglichen Todesarten. Denn mit dem Ende seines Brennvorrats erlischt auch der Widerstand gegen die eigene Schwerkraft, und seiner zunehmenden Verdichtung steht nun nichts mehr im Wege. Einige Sterne, wie unsere Sonne, werden am Ende ihrer Laufbahn zu sogenannten »Weißen Zwergen«. Sie sind heiß, weißglühend, wenn auch viel kleiner als sie einst waren.

Der Verdichtungsprozess hat sie derart zusammengequetscht, dass sich ihre Elektronen sogar untereinander berühren. Sie werden über einen langen Zeitraum abkühlen, bis sie schließlich als schwarze, kalte Klumpen – »Schwarze Zwerge« – ihr einst leuchtendes Leben ausgehaucht haben.

Andere Sterne werden ihr Leben in gewaltigen Explosionen beenden, indem sie ihre Hülle in einer Supernova-Explosion absprengen. Ihr Kern verdichtet sich dann in vielen Fällen zu einem sogenannten Neutronenstern. Sie haben sich derartig verdichtet, dass ihre Neutronen miteinander verschweißt sind und ihr Gewicht ungeheuerlich ist. Ein Teelöffel ihrer Masse würde Tausende von Tonnen wiegen.

Dramatisch wird es allerdings, wenn die Masse eines Sterns über dem Fünf-, Zehn- oder Hundertfachen unserer Sonne liegt. Nichts kann dann mehr den katastrophalen Zusammenbruch, den Verdichtungsprozess zu einem Schwarzen Loch aufhalten.

7 Teleportation und Zeitreisen

Das hat der bekannte amerikanische Atomphysiker Jacob Robert Oppenheimer (1904–1967) bereits 1939 erkannt, als er seine Theorie über Neutronensterne ausarbeitete. Oppenheimer, der bei Max Born in Göttingen promoviert hatte, wurde 1943 Direktor der Forschungslaboratorien in Los Alamos und damit auch Vater der Atombombe.

Er kam zur Ansicht, dass die Verdichtung eines Sterns entsprechend großer Masse derartig katastrophale Folgen hat, dass dieser auch als Neutronenstern keine Überlebenschance mehr hat. Denn in einem solchen Prozess werden die verschweißten Neutronen vernichtet. Er erkannte, dass ein kollabierender Stern, wenn er dieses Stadium erreicht hat, zu unendlicher Dichte zusammenschrumpfen muss, weil der Gravitation bei einem Versagen der Kernkraft keine Grenzen mehr gesetzt sind. Der Stern stürzt weiter und weiter in sich zusammen, bis ein Punkt unendlicher Dichte erreicht ist, den Mathematiker als Singularität bezeichnen. Ein Punkt, wo Raum und Zeit aufhören zu existieren und das Gravitationsfeld unendlich stark wird.

Bevor der Kollaps überhaupt so weit fortgeschritten ist, hat die Verdichtung bereits ein Stadium erreicht, wo die Entweichungsgeschwindigkeit die Lichtgeschwindigkeit überschreiten würde.

Der Bereich der kollabierten Masse wird auch Ereignishorizont beziehungsweise Schwarzschild-Radius genannt, weil alle Vorgänge, die sich dort abspielen, für einen Beobachter, der sich außerhalb dieses Bereichs befindet, unsichtbar sind, also verborgen bleiben.

Kein Signal dringt mehr nach außen. Lichtstrahlen scheitern an dem immensen Gravitationsfeld, das sie unabhängig von ihrer Energie festhält. So wird der Schwarzschild-Radius zum Schwarzen Loch, zu einem Black Hole, das als kosmischer Staubsauger alles aufnimmt, aber nicht mehr entweichen lässt. Schwarze Löcher sind kosmische Einbahnstraßen.

7 Teleportation und Zeitreisen

Nach den ersten, von Schwarzschild durchgeführten Berechnungen Schwarzer Löcher ging man davon aus, dass Materie, die in ein Schwarzes Loch gerät, zur Singularität zermalmt wird. Sollte also jemand mutig genug sein, sich mit einem Raumschiff in ein Schwarzes Loch zu begeben, würde er nach dieser Theorie durch die ungeheure Schwerkraft und die mörderischen Röntgenstrahlen vernichtet werden. Diese Vermutung hat der an der Universität Texas in Austin arbeitende neuseeländische Physiker Roy P. Kerr widerlegt. Er wies in seiner Studie eindeutig nach, dass Schwarze Löcher rotieren. Und eine rotierende Masse, wie ein Schwarzes Loch, würde dabei Raum und Zeit mitschleppen.

Nach Kerr sind die Eigenschaften eines rotierendes Schwarzen Lochs außerhalb des Ereignishorizontes denen von Schwarzschild ähnlich. Denn nach Schwarzschild geht beispielsweise ein Objekt, das in ein Schwarzes Loch stürzt, in der Singularität unter. Doch Kerr zufolge kann ein solches Objekt die Singularität vermeiden, wenn es das rotierende Schwarze Loch, die Einstein-Rosen-Brücke, durchquert, um in einem andern Teil des Universums durch den Ausgang des Schwarzen Lochs wieder zum Vorschein zu kommen. Folgen wir Kerr, dann sind rotierende Schwarze Löcher Transitschleusen zu anderen Welten und anderen Zeiten. Rotierende Schwarze Löcher, wie auch rotierende Weiße Löcher, verfügen über je zwei Ereignishorizonte, einen äußeren und einen inneren. Dabei ist der innere Ereignishorizont das Gegenstück des äußeren, in dessen Bereich die RaumZeit entartet ist.

Für Kerr existiert in einem rotierenden Schwarzen Loch eine Ringsingularität, durch die eine Zeitkapsel vorwärts im Raum und rückwärts in der Zeit hindurchtauchen könnte.

Im Grunde genommen ist ein rotierendes Schwarzes Loch mit einem Wasserstrudel vergleichbar, dessen riesige Öffnung durchquert werden kann. Wenn ein Raumschiff, beziehungs-

7 Teleportation und Zeitreisen

weise eine Zeitkapsel, mit seiner Besatzung in ein Schwarzes Loch taucht und die Ringsingularität durchquert, stößt es in die skurrile Welt der negativen RaumZeit vor, in der sich die Schwerkraft zur abstoßenden Kraft umkehrt. Denn die Ringsingularität ist von einem inneren Ereignishorizont umgeben, den der äußere Ereignishorizont umschließt. Umhüllt wird das Ganze von der mitgeschleppten RaumZeit-Schale, der sogenannten Ergosphäre.

Hier ergibt sich eine weitere Möglichkeit der Zeitreise durch die Passage zwischen den Horizonten. Wem das noch nicht kompliziert genug ist, präsentieren Berechnungen eine weitere faszinierende Konsequenz. Würde unser Chrononaut durch die Ringsingularität tauchen, jedoch dann in seiner Nähe bleiben und in einer entsprechenden Bahn um den Mittelpunkt des Schwarzen Lochs kreisen, befände er sich auf einer Reise in die Vergangenheit. Er könnte den Ankunftsort erreichen, bevor er abgereist ist.

In meinem 1982 erschienenen Buch »Die Einstein-Rosen-Brücke« habe ich bereits mit dem Gedanken gespielt, ob Schwarze Löcher mit ihrem inneren Ereignishorizont einer hochentwickelten Raumfahrtzivilisation die Möglichkeit böten, über die Einstein-Rosen-Brücke ohne Zeitverlust interstellare oder auch intergalaktische Reisen durchzuführen.

»Voraussetzung dazu wäre allerdings, dass sich ein in der Kreisbahn um den Schwarzschildradius befindliches Raumschiff auf die Rotationsgeschwindigkeit des Schwarzen Lochs ausrichtet, um dann unbeschädigt in seine Öffnung eintauchen zu können.«

Bei einem Schwarzen Loch von zehn Sonnenmassen wäre die Rotationsgeschwindigkeit enorm. Möglicherweise 180 000 Kilometer pro Sekunde. Die Raumschifftechnologie müsste geradezu fantastisch weit entwickelt sein, um diese Bedingungen zu bewältigen. Würde ein Raumschiff mit dieser Situation fer-

7 Teleportation und Zeitreisen

tig werden, würde es dann über die Einstein-Rosen-Brücke durch einen RaumZeit-Sprung an einer anderen Stelle im Universum aus dem Ausgangstor, dem Weißen Loch, in der normalen RaumZeit zum Vorschein kommen.

Allerdings ist bisher nicht geklärt, ob diese rotierenden Zeitreisetunnel zu anderen Paralleluniversen beziehungsweise »Baby-Universen« führen, oder ob sie in einer U-förmigen, durch die enorme Schwerkraft verursachten Biegung tatsächlich wieder zu andern Regionen unseres Heimatuniversums leiten.

Selbstverständlich würde die Navigation durch diese Transitwege eine entscheidende Herausforderung bedeuten. Schon in den Sechzigerjahren hat sich der Plasmaphysiker Martin Kruskal, ein Kollege von John Wheeler, in Princeton mit dieser Problematik auseinandergesetzt. In einer Reihe von Gleichungen erarbeitete Kruskal ein Koordinatensystem, mit dem er die Struktur eines Schwarzen Lochs beschreiben konnte. Zumindest entstand somit eine theoretische Basis zur Nutzung der Einstein-Rosen-Brücke.

Die Kruskal'sche Metrik beziehungsweise seine Diagramme haben zum besseren Verständnis Schwarzer Löcher beigetragen. Der bedeutende Oxford-Mathematiker Roger Penrose hat inzwischen die Kruskal'schen RaumZeit-Diagramme durch geometrische Darstellungen noch verbessert, und diese sind inzwischen als Penrose-Diagramme bekannt.

Aber um eine Zeitreise durchzuführen, wäre es nicht einmal nötig, in ein Schwarzes Loch einzutauchen. Es würde schon reichen, wenn sich unser Raumschiff in der Nähe des Ereignishorizonts aufhalten würde. Bei einem geeigneten Orbit am Rande des Ereignishorizontes würde die Reisedauer für die Besatzung nur einige Stunden dauern, während draußen im Universum der ebenen RaumZeit Tausende von Jahren vergangen sind.

Für unsere Chrononauten käme das einem gigantischen Zeitsprung in die Zukunft in nur wenigen Stunden gleich.

7 Teleportation und Zeitreisen

Der 1942 in Oxford geborene Cambridge-Theoretiker und Kosmologe Stephen William Hawking, der breiten Öffentlichkeit bekannt geworden durch sein Buch »Eine kurze Geschichte der Zeit«, verbindet in seinen Überlegungen Gravitation, Quantenmechanik und Thermodynamik.
An einem trüben Novemberabend, kurz vor dem Zubettgehen, was bei ihm kein einfacher Prozess ist, da er durch seine neuromuskuläre Erkrankung schon sehr früh an den Rollstuhl gefesselt wurde, kam er zu der verblüffenden Überzeugung, dass bestimmte Schwarze Löcher Partikel abstrahlen und sogar verdampfen können. Diese Strahlung wird inzwischen als »Hawking-Strahlung« bezeichnet.
Schwarze Minilöcher stellen für ihn ein Bindeglied zwischen den Gesetzmäßigkeiten dar, die Makro- und Mikrokosmos bestimmen. Damit unterläge die Gravitation auch den Gesetzen der Quantenmechanik. Die Quantengravitation ließe sich demzufolge als Wechselwirkung der Wellikel einordnen.
Die RaumZeit spielt für Hawking bei Entstehungsprozessen eine entscheidende Rolle. Elementarteilchen, wie zum Beispiel Elektronen und ihre Spiegelbilder, die positiv geladenen Positronen, bilden sich ständig als Komplementärpaare aus »geborgter« Energie, die sie wahrscheinlich starken Gravitationsfeldern entnehmen. Die »geschuldete« Energie fände dann ihren Ausgleich in der gegenseitigen Zerstrahlung. Sollte eines der beiden kurzlebigen Elementarteilchen in den Wirkungskreis eines Schwarzen Loches geraten, könnte sich sein hinterbliebener Partner ungehindert vom Schwarzen Loch absetzen.
Nach Hawkings Berechnungen würden Schwarze Minilöcher an ihrem Rand ständig Strahlungsenergie abgeben und aufgrund des dann eintretenden Energieverlusts mit der Zeit evaporieren. Je kleiner Schwarze Löcher sind, desto heißer werden sie, und ihre Lebensdauer nimmt entsprechend ab. Irgendwann käme es dann zu einer Explosion von der Stärke einer 100-

Millionen-Megatonnenbombe, begleitet von einer Flut von Gammastrahlen und hochenergetischen Partikeln.
Bei normalen, großen Schwarzen Löchern hätte dieser sogenannte Hawking'sche Strahlungsprozess praktisch keine Auswirkungen. Urzeitliche Schwarze Minilöcher, die mit dem Universum entstanden sind, hätten, wenn wir sie wiegen könnten, ein Gewicht von Milliarden Tonnen, obwohl sie enorm heiß und kleiner als Atomkerne wären.
Größere Schwarze Löcher haben dagegen relativ niedrige Temperaturen und haben deshalb eine lange Lebensdauer.
Nach Hawkings Schlussfolgerungen verbinden die winzigen Wurmlöcher unser Universum mit Milliarden von Paralleluniversen. »Winzig« bedeutet hier, dass ihre Größe der sogenannten Planck'schen Länge entspräche, also unendlich viel kleiner als ein Atomkern wäre.
Das Hauptinteresse von Stephen Hawking konzentriert sich inzwischen auf die Fragen der Kosmologie, die er mithilfe der Quantenphysik beantworten will. Er hat aus diesem Grund eine neue Disziplin der Quantenkosmologie begründet. Dabei behandelt er das gesamte Universum so, als wäre es ein Quantenteilchen.
Geht Hawking von unendlich vielen Paralleluniversen aus, so war der amerikanische Physiker Hugh Everett (1930–1982) von der Idee überzeugt, dass das Universum aus quantenmechanischen Gründen in unendlich viele Möglichkeitswelten aufgespalten wurde, wie eine Straße, die unendlich viele Abzweigungen aufweist. Jeder Quantenübergang spaltet auch unsere Erdenwelt in unzählige Kopien ihrer selbst auf. In der einen Quantenwelt existieren wir Menschen als dominierende Art, auf der andern Quantenwelt sind Affen die dominierende Art. Eine Kommunikation zwischen Everetts vielen Welten wäre nicht möglich.
Der Physiker Bryce De Witt ist ein überzeugter Vertreter der Viele-Welten-Theorie: »Jeder Quantenübergang auf jedem

Stern, in jeder Galaxie, in jedem fernen Winkel des Universums teilt unsere Welt auf der Erde in unzählige Kopien auf.«
Das Universum besteht danach in jedem Moment aus einer unermesslichen Anzahl von Kopien-Welten mit alternativen Optionen.
»Für viele ist es schwierig zu verstehen, dass nach der Quantenmechanik ein Objekt nicht nur eine einzige Geschichte hat, sondern alle möglichen Geschichten. In den meisten Fällen wird die Wahrscheinlichkeit, eine etwas andere Geschichte zu haben, von der Wahrscheinlichkeit, eine bestimmte Geschichte zu haben, aufgehoben. Doch in einigen Fällen verstärken sich die Wahrscheinlichkeiten benachbarter Geschichten gegenseitig, und es ist eine dieser verstärkten Geschichten, die wir dann als die Geschichte des Objektes beobachten«, stellt Stephen Hawking fest.
Der Oxford-Physiker David Deutsch ist zwar ein Befürworter der Viele-Welten-Idee, hat sie aber etwas modifiziert. Nach ihm kommt es im Moment der Quantenprozesse nicht zur Abspaltung, sondern zwei vorher völlig identische Welten trennen sich vielmehr in zwei geringfügig voneinander abweichende. Erinnern wir uns an die arme Schrödinger-Katze. In der einen Welt lebt sie, in der andern ist sie tot.
Wenn wir theoretisch eine Zeitreise in unsere eigene Vergangenheit unternehmen würden, um ein Ereignis zu revidieren, könnte es nach der Viele-Welten-Theorie passieren, dass wir nicht in unserer ursprünglichen Welt enden würden, sondern in einer beinahe identischen parallelen Quantenwelt.
Hier würden wir zwar das Geschehen verändern, aber damit nicht in die Vergangenheit unserer Originalwelt eingreifen. Dennoch bleiben gewisse Paradoxa für uns bestehen.
Ein Selbstmordkandidat entschließt sich, ein paar Jahre in die Vergangenheit zurückzureisen, um sein früheres Ich zu erschießen, was ihm auch gelingt. Die Frage ist, wie konnte er zurück-

reisen, nachdem sein früheres Ich von ihm ein paar Jahre vorher erschossen wurde?
Nach der Viele-Welten-Theorie ist dieser Mord an seinem früheren Ich lediglich in der Parallelwelt und nicht in der Ursprungswelt passiert.
Auch der israelische Physiker Amos Ori, Professor am Technion Israel Institute of Technology in Haifa, ist von der Möglichkeit der Zeitreisen überzeugt. Aber er benötigt für sein Modell eine ganz spezielle Raumstruktur, damit seine Zeitreisen auch in der Vergangenheit funktionieren.
Eine RaumZeit-Struktur, die nach allen Erkenntnissen in unserem Universum nicht vorhanden ist. Wie wir gesehen haben, sind all diese Modellvorstellungen faszinierende intellektuelle Planspiele, die sich vielleicht eines Tages realisieren lassen.
Völlig anders verhält es sich mit den aufsehenerregenden EPR-Experimenten des österreichischen Quantenphysikers und Professors der Universität Wien, Anton Zeilinger. Er wurde am 20. Mai 1945 in Ried im Innkreis geboren und ist unter seinem Spitznamen Mr. Beam zum Medienstar aufgestiegen. Ich habe auch die erste Versuchsreihe im Institut für Experimentalphysik an der Universität Innsbruck beobachten können. Auch hier war ja Anton Zeilinger mit Harald Weinfurter und Dik Bouwmeester Mitbegründer dieses revolutionierenden Forschungsprojekts. Enthusiastisch hat die internationale Presse diese »Teleportationsversuche« medienwirksam für ihre Leser aufgegriffen. Mittels einer komplexen Laseranlage nutzte das Team für diese Experimente den EPR-Effekt, um Informationen ohne Zeitverlust zwischen komplementären Teilchen von einen Ort zum andern zu beamen.
Von den ersten Anfängen dieser Experimente ist auch die Entfernung zwischen den verschränkten Teilchen entsprechend gewachsen. Anton Zeilinger, inzwischen in Wien, hatte anfänglich

7 Teleportation und Zeitreisen

noch seine Quantenkommunikation mit ihrer »spukhaften« Fernwirkung über kurze Distanzen von der Donauinsel durchgeführt. Nach erfolgreicher Informationsübertragung durch die Wiener Nachtluft im Jahr 2005 wagte er einen Vorstoß, um die Entfernung von 140 Kilometern zwischen La Palma und Teneriffa zu überwinden.

Aber »die Welt ist nicht genug« für Zeilinger. Um zu überprüfen, ob der Effekt der Verschränkung im luftleeren Raum funktioniert und auch bei beliebigen Distanzen aufrechterhalten bleibt, ist nun auch das Weltall sein Labor.

Bei seinen neuesten, geglückten Versuchen wurden vom Matera Laser Ranging Observatory in Süditalien einzelne Photonen eines Lasers zu dem japanischen Satelliten Ajisai in eine Höhe von etwa 1500 Kilometern auf den Weg gebracht, dort reflektiert und wieder im Observatorium aufgefangen.

»Insgesamt gibt es vier wichtige Messwerte. Diese Werte werden dann in die sogenannte Bell'sche Ungleichung eingesetzt. Die Bell'sche Ungleichung ist so etwas wie die mathematische Bedingung für die Verschränkung von Lichtteilchen. Wenn diese Ungleichung verletzt wird, ist die Sensation perfekt. Für dieses Experiment wäre das eine Bestätigung, dass alles mit quantenmechanischen Dingen zugegangenen ist – für die Fachwelt der Beweis«, schreibt die wissenschaftliche Mitarbeiterin von Anton Zeilinger, Julia Petschinka über diesen sensationell gelungenen Versuch.

Am Institut für Experimentalphysik in Wien arbeitet sie zurzeit an einem Prototypen für Quantenkryptografie.

Die Versuchsreihen von Anton Zeilinger eröffnen völlig neue Wege in der Kommunikationstechnologie, da hier der Zeitfaktor überwunden wird, und möglicherweise sind es in der Tat die ersten Schritte auf dem Weg zur Teleportation, auch wenn das Beamen von Menschen vorläufig dem Science-Fiction-Bereich vorbehalten bleibt.

8 Strings im Quantenschaum

Ort: Manchester, Großbritannien, University Institute of Science and Technology. Zeit: 1909

Drei Physiker stehen vor einem kastenartigen Aufbau im Experimental-Laboratorium des Physikalischen Instituts. Der in Neuseeland geborene Ernest Rutherford (1871–1937), der Engländer Ernest Marsden (1889–1970) und der Deutsche Hans Geiger (1882–1945).
Sie blicken fasziniert auf den mit einem Schlitz versehenen Bleikasten und die Goldfolie mit dem Alpha-Detektor, der von einem breiten Ring umschlossen ist. Im Bleikasten wartet die Radiumprobe auf das Experiment. Hinter der Goldfolie ist der Zinksulfidschirm angebracht.
»Nun, wir werden sehen, ob das Plumpudding-Modell von Thomson zutreffend ist oder nicht«, dröhnt die Stimme von Rutherford in die spannungsgeladene Stille, sodass Marsden und Geiger leicht zusammenzucken.
»Wenn Thomson recht hat, setzt sich ja jedes Atom aus negativen Teilchen zusammen, die wie Rosinen, gleichmäßig verteilt, im Puddingteig eingebettet sind«, sagt Marsden.
»Wobei in einem schweren Goldatom«, mischt Geiger sich ein, »viele negative Teilchen in einer größeren Menge positiven Teigs stecken müssten.«
»Wir haben mit unserem Versuch hier die Chance«, übernimmt Rutherford, »festzustellen, ob Atome nicht doch im Inneren eine bestimmte Struktur besitzen, indem wir die dünne Goldfolie mit Alpha-Teilchen beschießen.«

8 Strings im Quantenschaum

»Wenn die Flugbahn der Alpha-Teilchen abgelenkt wird, erfahren wir etwas über die Materie-Verteilung im Inneren der Goldatome«, Geiger berührt sanft die Ringstruktur des Aufbaus.

»Hier ist natürlich wichtig, dass die Alpha-Teilchen in die Goldatome eindringen, um dann möglicherweise durch die innere Materie abgelenkt zu werden«, ergänzt Rutherford. »Denn nur so erhalten wir einen Hinweis auf den inneren Aufbau des Atoms. Alle Wissenschaft ist entweder Physik oder Briefmarkensammeln. Auf geht's!« Der Nobelpreisträger für Chemie lacht polternd und gibt Geiger einen auffordernden Klaps, das Experiment durchzuführen. »Nur wenn wir in das Innere eines Atoms blicken können, enthüllen wir sein Geheimnis!«

»Wir werden also ein geeignetes Geschoss in das Atom schießen, um zu sehen, wie der verdammte Plumpudding reagiert«, sagt Marsden und justiert mit Geiger die Messgeräte. »Na ja, die Rosinen werden uns schon nicht um die Ohren fliegen!«

»Entweder die Alpha-Teilchen sausen durch die Goldfolie hindurch, oder sie werden wie Tennisbälle reflektiert«, Rutherford geht mit großen Schritten zu dem Tisch am Fenster und holt seine marmorierte Kladde und überprüft zum wiederholten Male seine Aufzeichnungen. Er verfolgt mit Spannung den Beginn des Experiments, das für Außenstehende wenig spektakulär erscheint. Und doch wird hier ein neues Kapitel in der Geschichte der Atomphysik aufgeschlagen.

Aus dem Schlitz des Bleikastens lenken Geiger und Marsden einen geraden Strahl von Alpha-Teilchen – Heliumkerne aus zwei Protonen und zwei Neutronen – auf die Goldfolie, während Rutherford den Alpha-Detektor, der die Ablenkung der Teilchen registriert, beobachtet. Eine große Anzahl der Alpha-Teilchen dringt ohne oder nur mit geringer Ablenkung durch die Folie, um dann auf den Detektor A zu treffen. Einige Teilchen jedoch prallen überraschenderweise ab, werden abgelenkt, um von Detektor B aufgefangen zu werden.

8 Strings im Quantenschaum

Die Sensation ist komplett! Das Plumpudding-Konzept von J. J. Thomson kann nicht zutreffen.
»Das Ganze ist ja unglaublich!«, ruft Rutherford aus. »Das ist ja so, als ob wir eine 15-Zoll-Granate auf ein Stück Seidenpapier schießen würden, und das Geschoss käme geradewegs zurück und würde den Schützen treffen. Ich kann mir das nur so erklären, dass die gesamte Materie der Atome in einem winzigen Volumen als Atomkern konzentriert ist, dessen Radius etwa tausendmal kleiner als der Atomradius ist. Im Grunde genommen ist das Atom leer, bis auf diesen winzigen Atomkern! – Wir machen jetzt eine Pause, und dann wiederholen wir das Experiment noch einmal ...«

»Ich erinnere mich, als sei es gestern gewesen, mit welcher Begeisterung die Entdeckung des Atomkerns von der physikalischen und chemischen Wissenschaft aufgenommen wurde, als Rutherford mit seinen Schülern den Durchbruch bekanntgab«, stellte der dänische Physiknobelpreisträger Niels Bohr fest. Es war die Arbeit von J. J. Thomson, Ernest Rutherford, Niels Bohr und James Chadwick, die das dem Sonnensystem ähnliche Atommodell vorstellbar werden ließ. Nun waren Atome nicht mehr fundamentale Bausteine der Materie, sondern Objekte mit einem winzigen Kern, der sich wiederum aus Protonen und Neutronen zusammensetzt, umgeben von einer kreisenden Elektronenwolke. Um die Größenordnung eines Atoms mit seinem Kern zu verbildlichen, stellen wir uns einmal Folgendes vor: Das Atom hätte einen Durchmesser von 30 Kilometern, dann wäre der Kern in seinem Zentrum nicht größer als ein Golfball. Also besteht der größte Teil des Atoms aus »leerem« Raum.
Die Elektronen um den Atomkern tragen weniger als ein Promille zur Masse bei.
Anfang der Zwanzigerjahre kam Rutherford zu der Überzeugung, dass es für das positiv geladene Proton des Atomkerns ein

8 Strings im Quantenschaum

neutrales Gegenstück geben müsse. Es würde dieselbe Masse wie das Proton haben, allerdings keine elektrische Ladung aufweisen. Er taufte das Gegenstück Neutron.

Die Existenz dieser neutralen Teilchen, also der Neutronen, wurde von dem britischen Nobelpreisträger James Chadwick (1891–1974) in einer Versuchsreihe 1932 nachgewiesen. So erkannte man in den Dreißigerjahren schließlich, dass Atomkerne aus zwei Arten von Teilchen mit annähernd der gleichen Masse bestehen: Protonen, deren positive elektrische Ladung gleich groß ist wie die negative Ladung der Elektronen – und Neutronen, die keinerlei Ladung besitzen. Neutronen und Protonen haben annähernd das gleiche Gewicht, wobei Elektronen wesentlich weniger wiegen.

Die Anzahl der Protonen muss der Anzahl der Elektronen entsprechen, damit das Atom elektrisch neutral bleibt, und Neutronen sind wiederum erforderlich, um durch die starke Anziehung zwischen ihnen und den Protonen den Atomkern zusammenzuhalten.

Verglichen mit einem Sandkörnchen ist ein Atom bis zu hunderttausendmal kleiner. Aber der Atomkern ist noch um das Zehntausendfache winziger als das Atom. Der Vorstoß von Rutherford in diesen Mikrokosmos der atomaren Struktur sorgte deshalb für großes Aufsehen, als er 1911, mittlerweile im Cavendish Laboratory in Cambridge, seine Entdeckung bekannt gab.

Die subatomare Welt erschien in jener Zeit noch geordnet und einfach. Physiker unterlagen noch der Illusion, dass sie sich lediglich mit vier Arten von Elementarteilchen auseinanderzusetzen hatten: Neutronen, Protonen, Elektronen und Photonen. Doch wie sollten sie die Stabilität und die Kraft, die den Atomkern zusammenhalten, erklären?

Der japanische Physiker Hideki Yukawa (1907–1981) kam bereits 1935 zu der Ansicht, dass außer der elektromagnetischen

8 Strings im Quantenschaum

Kraft noch eine andere Kraft existieren müsse, die den Atomkern zusammenhält, selbst wenn die elektrische Abstoßung ihn auseinanderzubrechen versucht. Es müsse eine sehr starke Kraft sein, die nur auf sehr kurze Entfernungen wirksam wäre und dafür sorgen würde, dass Protonen und Neutronen im Kern zusammengehalten werden. Jedoch außerhalb der kurzen Reichweite dieser Kraft könnten sich andere Teilchen frei bewegen.
Die Kraft des elektromagnetischen Feldes kommt durch den Austausch von Teilchen, den virtuellen Photonen, zustande. Danach kann ein mit einem Elektron verbundenes, virtuelles Photon mit wenig Energie mit einem anderen Elektron, auch wenn es weit entfernt ist, in Wechselwirkung treten. Photonen sind demnach eine Art Boten beziehungsweise Nachrichtenträger. Aus dieser Modellvorstellung schloss Yukawa, dass es ein anderes, dem elektromagnetischen Feld vergleichbares Feld geben musste, das mit Protonen und Neutronen zusammenhing. Dieses Feld würde Quanten bilden, die im Gegensatz zu Photonen Masse aufwiesen. Die Reichweite dieser Teilchen dürfte die Größe eines Atomkerns nicht überschreiten.
Bereits 1932 stellte der deutsche Physiker Werner Heisenberg Überlegungen an, ob wirklich mit der Entdeckung der Protonen und Neutronen des Atomkerns die letzten, nicht mehr teilbaren elementaren Bausteine gefunden worden waren. Er zweifelte an der gängigen Annahme, dass die aus kleineren Einheiten bestehende, erfassbare Materie nur bis zu den damals bekannten, kleinsten Bausteinen, den Elementarteilchen, geteilt werden könne.
Wäre es möglich, dass die bisher postulierten, nicht mehr teilbaren Kleinstbauteile in Wahrheit vielleicht gar nicht existierten, Materie dagegen so lange geteilt werden könne, bis zum Schluss gar nicht mehr von Teilung zu sprechen sei, sondern von einer Umwandlung von Materie in Energie, wo Teile und Geteiltes gleich groß seien?

8 Strings im Quantenschaum

Bei ihrer Suche nach fundamentalen Bausteinen von Materie und Feldkräften tasten sich Elementarphysiker immer näher an den »Urstoff« heran. Seit der ersten, uns bekannten Atomtheorie von Leukippos von Milet (5. Jh. v. Chr.) und seinem Schüler Demokrit von Abdera (460 v. Chr.), die die Ansicht vertraten, Materie bestünde aus nicht teilbaren Einheiten, aus Atomen. Diese Ansicht wurde erst revidiert, als Physiker im 20. und jetzt im 21. Jahrhundert immer mehr Elementarteilchen und Antiteilchen identifizierten.

Zudem erkannten sie, dass zwischen Neutronen und Protonen sehr starke Kräfte wirken, die Kernkräfte, die dafür verantwortlich sind, dass die Atomkerne überhaupt zusammenhalten. Die Elektronen der Atomhülle werden durch die elektrischen Anziehungskräfte bestimmt. Die starken Kernkräfte, die zwischen Neutronen und Protonen wirken, waren anfänglich für die Physiker noch ein Rätsel. Durch Untersuchungen und Experimente entdeckten sie, dass die Kernteilchen, ebenso wie die Elektronen, sich wie kleine Magnete verhalten, das heißt, sie besitzen magnetische Eigenschaften.

Die Messungen ergaben, dass das Neutron von einem Magnetfeld umgeben ist, das in seiner Stärke dem des Protons entspricht, jedoch umgekehrt gepolt ist. Überraschend für sie war, dass das Magnetfeld des Protons praktisch dreimal so groß war, wie sie erwartet hatten. Wobei das Dreifache eine besondere Bedeutung haben sollte.

»Three quarks for Muster Mark!
Sure he has not got much of a bark
And sure any he has it's all beside the mark.«

»Drei Quarks für Meister Mark!
Der sicher nicht viel zu melden hat
Und das, was er hat, sicher am Ziel vorbeigeht.«

(James Joyce, »Finnegan's Wake«)

8 Strings im Quantenschaum

Der amerikanische Nobelpreisträger Murray Gell-Mann (geb. 1929) war 1961 auf dem richtigen Weg, als er das Quark-Konzept mit seinem Kollegen Kazuhiko Nishijima entwickelte und den Begriff »Quark« aus »Finnegan's Wake« von James Joyce übernahm.

In den vergangenen 30 Jahren entstand das sogenannte Standardmodell der Elementarteilchen und -kräfte. Zu dieser Entwicklung trugen vor allem Gell-Mann, George Zweig und Richard Feynman bei. Das Standardmodell geht von sogenannten Quantenfeldern – Spannung im Raum – aus. Jede Art von Elementarteilchen hat ihr eigenes Feld, wobei die Teilchen beziehungsweise Quanten als Manifestation dieser Felder erscheinen. So verkörpern beispielsweise die Quanten des elektromagnetischen Feldes die Lichtteilchen, die Photonen. Durch die Experimente mit Beschleunigern beziehungsweise Collidern wie zum Beispiel dem Elektron-Positron-Beschleuniger von CERN, wo Protonen mit enormer Energie beschleunigt werden, entstand ein ganzer Zoo exotischer Teilchen. Viele dieser Teilchen sind so kurzlebig, dass sie nur den trillionsten Teil einer Trillionstelsekunde überleben, bevor sie sich wieder verwandeln. Aber sie haben immerhin genügend Substanz, dass man ihnen Masse, Ladung und Spin zuordnen kann.

Die etwas länger überlebenden Teilchen, wobei »länger« in diesem Zusammenhang eine Billionstelsekunde bedeutet, stufte Murray Gell-Mann unter dem Begriff »Strangeness« ein. Es gelang ihm, viele dieser neuen Teilchen je nach Masse, Ladung und Strangeness in geometrische Muster achtfacher Anordnung einzuteilen. Gleichzeitig waren diese Muster aber auch ein Hinweis darauf, dass diese Teilchen nicht wirklich elementar waren, sondern sich auch noch aus kleineren Fundamentalteilchen zusammensetzten.

Gell-Mann und Zweig nannten diese subnuklearen Fundamentalteilchen »Quarks«. Gell-Mann gelang es, durch die richtige

8 Strings im Quantenschaum

Kombination von drei Quarks, die in zwei unterschiedlichen Varianten existieren, praktisch sämtliche, in den Laboratorien gefundenen Teilchen zu beschreiben.

Für seine Beiträge zur Physik der starken Wechselwirkungen wurde Gell-Mann 1969 mit dem Nobelpreis ausgezeichnet.

Nach dem Standardmodell der Teilchenphysik existieren sechs unterschiedliche Quarks, denen bestimmte Unterscheidungsmerkmale zugeordnet wurden: Up, Down, Charm, Strange, Top, Bottom. Diese Begriffe wurden lediglich zur Unterscheidung eingeführt. Sie bezeichnen nicht die Eigenschaften der Quarks. Nach dieser Vorstellung sind Quarks die Elementar-Bausteine der Materie.

So setzt sich zum Beispiel das Proton aus zwei Up- und einem Down-Quark und das Neutron aus einem Up- und zwei Down-Quarks zusammen. Die Welt besteht danach aus zwei Quarks, »Up« und »Down«. Rein symbolisch wurden den Quarks Farben zugeteilt. Meist Weiß, Rot, Blau und Grün. Was ihre Kräfte anbelangt, weisen sie eine genaue Symmetrie auf. So entspricht beispielsweise die Kraft zwischen zwei »roten« Quarks derjenigen von zwei »blauen« Quarks. Innerhalb der Protonen werden die Quarks durch sogenannte Gluonenfelder (engl. »glue« = Klebstoff) miteinander »verklebt«.

Die Theorie dieser Kräfte und »Farben« wird »Quantenchromodynamik« genannt.

So wie Photonen die Vermittler-Boten des elektromagnetischen Feldes sind, vermitteln Gluonen die starke Wechselwirkung, und letztere bestimmt wiederum das Verhalten von Quarks. Die Gluonen sind auch in der Lage, die Ladung beziehungsweise die »Farbe« der Quarks zu verändern. So können die mit drei Eigenschaften ausgestatteten Quarks blau, rot oder grün werden.

Das Standardmodell stellt die grundlegende Theorie über die Elementarbausteine der Materie dar. Diesem Modell zufolge

8 Strings im Quantenschaum

bestehen alle Atomkerne aus Quarks. Außerdem existieren sogenannte Leptonen, die leichten Teilchen, zu denen auch das Elektron gehört. Und dann sind da noch die Wechselwirkungen, das heißt, die Naturkräfte. Sie werden von Bosonen übertragen. Dieses Standardmodell ist bereits in den Sechziger- und Siebzigerjahren des letzten Jahrhunderts entstanden. Und nach wie vor existieren offene Fragen, die durch den neuen gigantischen Teilchenbeschleuniger in Genf, den Large Hadron Collider (LHC), beantwortet werden sollen.

Wie, zum Beispiel, kommen die Elementarteilchen zu ihrer Masse? Bereits 1964 hat der englische Physiker Peter Ward Higgs (geb. 1929) vorausgesagt, dass spezielle Teilchen für die Masseübertragung verantwortlich seien. Zu Ehren von Peter Higgs werden diese noch theoretischen Teilchen als »Higgs-Teilchen« bezeichnet.

Falls diese wirklich existieren, hofft man, sie nicht nur am CERN, im 26,66 Kilometer großen Ring, in dem Protonen mit über 99,9 Prozent der Lichtgeschwindigkeit aufeinanderprallen, sondern auch im amerikanischen Fermilab zu entdecken. Der Physiker Paul Dirac stellte schon 1938 die Behauptung auf, dass zu jedem Elementarteilchen ein Antiteilchen existiert, sozusagen ein Spiegelbild der Materie. Kurz nach Diracs Voraussage wurde dann in der kosmischen Strahlung tatsächlich das erste Antielektron, Positron genannt, entdeckt.

Wie schon aus dem Namen hervorgeht, ist das Positron, im Gegensatz zum Elektron, positiv geladen und dreht sich in seinem Spin auch in entgegengesetzter Richtung. In den großen Beschleunigern ist es bereits gelungen, Antimaterie zu erzeugen. Partikel und Antipartikel haben zwar eine identische Masse, aber eine gegensätzliche Ladung. Die Quarks im Inneren der Kernteilchen bewegen sich rasend schnell und verhalten sich wie punktförmige Objekte. Sie sind noch nie einzeln nachgewiesen worden. Auch bei enormen Kollisionen von Kernteilchen im Stanford-Beschleuniger werden sie nicht herausgeschleudert. Man kann sie zwar beobachten, aber voneinander trennen kann man sie nicht. Egal, wie groß der Energieaufwand auch sein mag, die Quark-Partner klammern sich im Kern aneinander. Je mehr man versucht, die Quarks auseinanderzuziehen, desto stärker halten sie aneinander fest.

Die »Farbladungen« (mit wirklicher Farbe hat das nichts zu tun!) sind verantwortlich für diese starken Quark-Kräfte. Sie entstehen durch den Austausch der Gluonen.

Wenn Physiker in ihren riesigen Teilchenbeschleunigern Elektronen- und Protonenstrahlen gegeneinander und auf stationäre Ziele lenken, werden ganze Schauer kurzlebiger Teilchen erzeugt. Sie entstehen aus der kinetischen Energie der kollidierenden Teilchen. Diese Teilchen sind nicht etwa Bruchstücke, die durch den Aufprall abgespalten wurden, sondern gänzlich neue energetische Teilchen.

In Experimenten rasen zum Beispiel ein Proton und ein Antiproton mit annähernder Lichtgeschwindigkeit aufeinander zu. Bei der Kollision vernichten sich Protonen und Antiprotonen gegenseitig. Zurück bleibt ein Feuerball aus Energie, verursacht durch die Zusammenstöße der Quarks.

Aus dem Energieblitz entsteht dann eventuell ein Übermittlerteilchen der Farbkraft, ein Gluon, das dann unter Umständen in ein T-Quark und ein Anti-T-Quark zerfallen kann. Die auseinanderrasenden Quarks wiederum in ein W^+-Boson und B-Quark. Das Anti-T-Quark zerfällt in ein W^--Boson und Anti-B-Quark. Die vier Teilchen zerfallen weiter in stabile Teilchen oder in gebündelte Teilchenschauer. Aus diesen Zerfallsprodukten können Physiker wichtige Rückschlüsse auf Energie und Masse ziehen.

Nach den Gesetzen der Physik zerstrahlen sich Teilchen und Antiteilchen gegenseitig. Heute werden die Teilchen folgendermaßen eingestuft:

8 Strings im Quantenschaum

Alles was die starke Kraft fühlt, heißt Hadron.
Alles was die starke Kraft nicht fühlt, heißt Lepton.
Alle Leptonen sind Fermionen (Materie) und haben einen halbzahligen Spin.
Das Elektron und das Myon sind Leptonen.
Die Hadronen, die auch Fermionen sind, heißen Baryonen.
Protonen und Neutronen sind Baryonen.
Die Kräfte zwischen den Teilchen werden durch Bosonen übertragen.
Die Teilchen wurden je nach ihrer Abhängigkeit von der starken oder schwachen Wechselwirkung eingeordnet. Die sogenannte Familie der Leptonen wird der schwachen Wechselwirkung zugeordnet. Zu dieser Familie gehören Elektronen, Myonen, Tauonen und Neutrinos.
Auf Grund von Untersuchungen der sogenannten Betastrahlung dachte der österreichische Physiker Wolfgang Pauli, bekannt geworden durch sein Ausschließungsprinzip, als Erster an die Möglichkeit der Existenz von Neutrinos. In Bezug auf elektromagnetische Kräfte sind Neutrinos neutral und reagieren nicht auf die starke Wechselwirkung. Anfänglich wurden sie als Gespensterpartikel bezeichnet, weil man fälschlicherweise glaubte, dass sie keinerlei Masse besäßen. Inzwischen wissen wir, dass sie doch eine geringe Masse haben.
Auch die starke Wechselwirkung erfreut sich einer Familie. Unter den sogenannten Hadronen sind neben den Neutronen und Protonen mit ihren Quarks noch weit über 200 andere Teilchen vorhanden. Die uns umgebende Materie besteht zu 99,9 Prozent aus Hadronen. 1954 führten Chen Ning Yang und Robert Mills ihre sogenannten Eichtheorien als Basis des Standardmodells ein. Nach Yang und Mills sorgen bestimmte Arten von Kraftfeldern für einen Ausgleich der Verschiebungen der Kraftladungen. Damit bewirken sie, dass die physikalischen Wechselwirkungen gleich bleiben. Ihre Eichsymmetrie ist mit

8 Strings im Quantenschaum

den Verschiebungen der Quark-Farbladungen verbunden. Wobei es sich bei der erforderlichen Kraft um die starke Kraft selbst handelt.

So sind auch die schwache und die elektromagnetische Kraft an bestimmte Eichsymmetrien gebunden. Eichsymmetrie bedeutet, dass der quantenmechanischen Beschreibung der elektromagnetischen, der starken und der schwachen Kernkraft ein Symmetrieprinzip zugrunde liegt, das sich in der Invarianz eines physikalischen Systems bei verschiedenen Veränderungen der Werte der Ladungen – Veränderungen, die von Ort zu Ort und Augenblick zu Augenblick ausfallen können – ausdrückt.

In der Physik spielt die Symmetrie eine bedeutende Rolle. Die Natur beinhaltet die verschiedensten Formen der Symmetrie, zum Beispiel die Gesetze, die die Wechselwirkungen zwischen Teilchen bestimmen. Bei grundlegenden Prozessen wären diese Gesetze in einem Spiegeluniversum, in dem Links- und Rechtshändigkeit vertauscht wären, unverändert, also invariant. Sie bleiben sogar gleich, auch wenn Vergangenheit und Zukunft vertauscht werden. Generell sind die Gesetze der Physik spiegel- und zeitumkehrsymmetrisch.

Die Supersymmetrie zeigte einen mathematischen Weg auf, Teilchen mit unterschiedlichem Spin in einer einzigen Beschreibung zusammenzufassen. Die Symmetrie fordert, dass jeder Teilchentyp einen Partner mit entsprechend anderem Spin in der Familie der Feldquanten hat. In der Supersymmetrie muss jedes bekannte Materieteilchen und jeder Kraftfeldträgertyp einen Gegenspieler mit einem anderen Spin haben. So müsste zum Beispiel das Graviton einen Schwerkraft übermittelnden Boten haben, das Gravitino. Bis heute sind das Graviton und sein Gravitino jedoch noch nicht entdeckt worden.

Anfang der Siebzigerjahre versuchten Physiker den Teilchen-Wirrwarr und die vier bekannten Naturkräfte, also die elektromagnetische Kraft, die schwache und starke Wechselwirkung und die Gravitation zu ordnen. Sie bemühten sich, was auch Einstein schon vergeblich versucht hatte, das Ganze unter einen Hut beziehungsweise auf einen Nenner zu bringen. Es ging darum, eine große, einheitliche Theorie mathematisch zu formulieren.

Zwei Physiker, der Inder Jogesh Pati und der Pakistani Abus Salam, stellten 1973 den ersten Versuch einer Weltformel auf. Ein Jahr später waren die beiden Amerikaner Howard Georgi und Sheldon Glashow mit einer vereinfachten Fassung der Theorie an der Reihe. Nach ihrer Schlussfolgerung pflegen Quarks und Leptonen sozusagen verwandtschaftliche Beziehungen, das heißt, sie können sich in Teilchen der jeweiligen anderen Kategorie umwandeln.

Wenn sich drei Quarks innerhalb des Protons in ein Positron, also ein Lepton, und in ein Teilchen namens Pion umwandeln würden, zerfiele das Proton. Bei der schwachen Wechselwirkung gelang ein erfolgversprechender Anfang mit der einheitlichen Eichfeldtheorie, mit lokaler Eich-Invarianz (Invarianz = Unveränderlichkeit) für alle schwachen und elektromagnetischen Prozesse.

Die schwache Wechselwirkung und die elektromagnetische Kraft verlieren in dieser vereinheitlichten Theorie der elektroschwachen Wechselwirkung nicht die eigene Identität, sondern bleiben als unterschiedliche Erscheinungen eines verallgemeinerten Eichfelds fest miteinander verbunden.

1967 gelang dem amerikanischen Elementarphysiker Steven Weinberg ein Durchbruch auf dem Weg zur Weltformel. Gemeinsam mit Abus Salam und Sheldon Glashow gelang es, die elektromagnetische Kraft mit der schwachen Wechselwirkung zu vereinen. Das Trio wurde dafür mit dem Nobelpreis ausgezeichnet. In einem Gespräch, das ich mit Steven Weinberg in der Universität Texas in Austin führte, erklärte er mir, dass die elektromagnetische Kraft und die schwache Wechselwirkung

8 Strings im Quantenschaum

lediglich unterschiedliche Aspekte der elektroschwachen Kraft seien. Dass das Photon mit den Austauschteilchen W und Z der schwachen Wechselwirkung eng verwandt ist und diese daher zusammen als elektroschwache Kraft auf einen Nenner gebracht werden können.

Aber wie ist das nun mit den Quarks? Wollen wir darauf wetten, dass sie wirklich die Kleinsten unter den Winzlingen sind? Sind sie wirklich die fundamentalsten Elementarbausteine des Universums? Lassen sie sich tatsächlich nicht mehr weiter aufspalten? Denn im Grunde genommen repräsentieren Quarks ja nach wie vor ein mechanistisches Weltbild. Zugegebenermaßen komplex und dennoch eine Art Baukastensystem.

Zum Ende des 20. Jahrhunderts standen die Physiker vor der enormen Herausforderung, Modellvorstellungen und Experimentaldaten in ein System einzuordnen. Da ist zum Einen die Relativitätstheorie, die sich mit dem großräumigen Aufbau des Universums auseinandersetzt, und zum anderen die Quantenphysik, die sich vor allem mit den Elementarteilchen befasst. Aber zusätzlich ist da ja noch das irritierende Phänomen der Gravitation.

Es galt, den Zoo von über 200 bekannten Elementarteilchen in die Vorstellung einer Theorie von Allem (TOE – Theory of Everything) mit der Relativitätstheorie und der Quantenphysik zu vereinen. Aber genau hier existierten große Schwierigkeiten. Die Gravitation wollte sich in ein großes einheitliches Modell nicht einpassen lassen.

Zudem sorgte 1984 eine neue Theorie über die subatomare Welt für Furore, die bis heute unter vielen Physikern und Kosmologen heftige Diskussionen auslöst. Befürworter und Kritiker streiten sich um Objekte, die so winzig sind, dass wir sie weder beobachten noch registrieren können. Träfe diese Theorie allerdings zu, könnte sie möglicherweise der Schlüssel zur TOE, der Theorie von Allem, sein.

8 Strings im Quantenschaum

Die grundlegende Idee dieser neuen Theorie ist, dass Teilchen nicht einen einzigen Punkt im Raum einnehmen, sondern dass sie eine bestimmte Länge haben und als »unendlich« kleine, rotierende und schwingende Saiten beziehungsweise Strings existieren. Sie wären eindimensional, unendlich dünn und bedeckten eine zweidimensionale Fläche, die als Weltfläche bezeichnet wird. Die Größenordnung der Strings wäre unvorstellbar klein und läge bei einem Millionstel Milliardstel Milliardstel Milliardstel Zentimeter, wobei sie im Bereich der sogenannten Planck-Länge läge, also der kleinstmöglichen Ausdehnung im Universum. Die Strings können an ihren Enden offen oder als Ring geschlossen sein.

Unser ganzes Universum besteht in seinem Fundament aus schwingenden Strings, sagen die Stringphysiker.

Strings und kein Ende

Bereits Ende der Sechzigerjahre entstanden die ersten Ansätze zur Stringtheorie im Zusammenhang mit der starken Kraft. 1974 veröffentlichten die Physiker Joel Scherk (1946–1979) und John Schwarz (geb. 1941) eine Arbeit, in der sie die Gravitation durch die Stringtheorie beschrieben. Allerdings müsste die Stringspannung eine enorme Stärke aufweisen, und zwar eine Eins mit 39 Nullen! Diese Arbeit erregte zuerst wenig Aufsehen, bis dann 1984 ein regelrechtes »Stringfieber« ausbrach.

Die Physiker John Schwarz vom California Institute of Technology und Michael Green (geb. 1946) vom Queen Mary College befassten sich mit einer Arbeit über die Stringtheorie, die von dem japanischen Physiker Yoichiro Nambu (geb. 1921) verfasst war, der 2008 den Nobelpreis erhielt. Nambu hatte sich 1970 zunächst nur mit Bosonenteilchen mit ganzzahligem Spin befasst und in diesem Zusammenhang eine Interpretation in Form von

8 Strings im Quantenschaum

eindimensionalen Strings gewählt. Schwarz und Green dagegen kamen zu der Ansicht, dass die Stringtheorie alle Elementarteilchen und alle Naturkräfte erfassen würde. Das heißt, dass die Massen der Teilchen, ihre Kraftentladung und auch die relative Stärke der Kräfte in diese neue Theorie mit einbezogen sein würden. Aber damit nicht genug. Auch die Gravitation und sogar die Entstehung unseres Universums würden in der Stringtheorie ihre Heimat finden.

Nach der Stringtheorie entstehen Elementarteilchen aus einer Art vibrierender beziehungsweise schwingender, ultrawinziger Saiten. So wie die Saite einer Harfe in unterschiedlicher Weise schwingen kann und dadurch auch unterschiedliche Töne erzeugt, vibrieren auch die Strings unterschiedlich und produzieren unterschiedliche Teilchen. Die verschiedenen Schwingungen eines Strings, das heißt unterschiedliche Amplitude und unterschiedliche Frequenz, verursachen damit ein unterschiedliches Teilchen.

Die verschiedenen Schwingungen der Strings lassen alles in unserem Universum entstehen. Die Strings sind so klein – 10^{-33} cm –, dass sie kein Mikroskop oder Teilchenbeschleuniger sichtbar machen kann.

Könnten wir einen Ausschnitt der RaumZeit mit den Elementarteilchen immer weiter mit einem hypothetischen Supermikroskop vergrößern, würden wir schließlich die vibrierenden Strings in einem brodelnden, fluktuierenden Quantenschaum erblicken. Hier entstehen Teilchen, vergehen wieder, andere lassen Quarks entstehen, um Protonen und Neutronen zu bilden. Die »Landschaft« des ständig bewegten Quantenvakuumschaums verursacht unentwegt sich wandelnde Täler und Gipfel. Die RaumZeit, die für unser Instrumentarium so glatt und bewegungslos erscheint, ist in Wahrheit auf ultramikroskopischer Ebene, das heißt unterhalb der Plank'schen Länge, durchzogen von »violenten Vulkanen«, einem wilden Ozean energetischer Phänomene. Nach der Stringtheorie wird unser

8 Strings im Quantenschaum

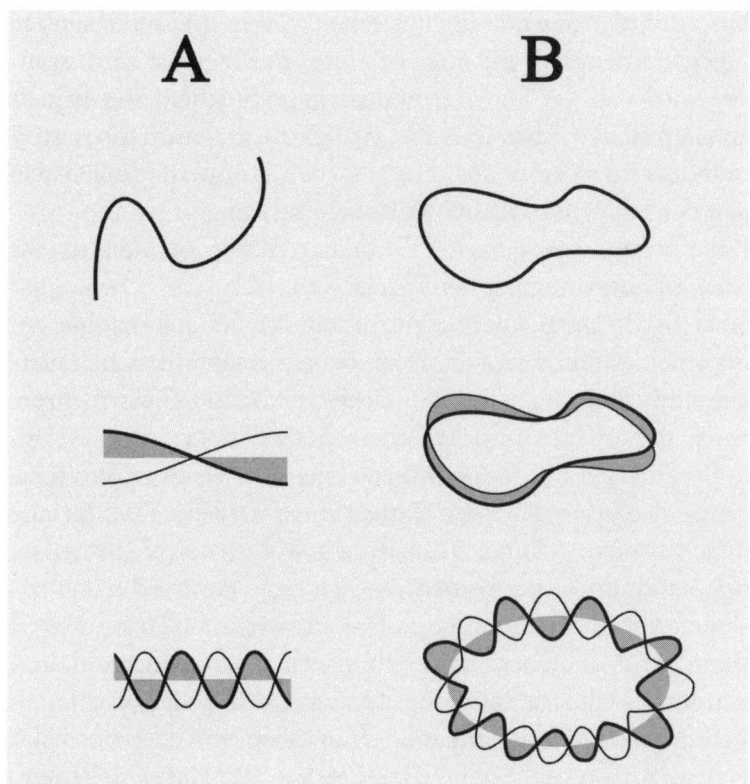

Abb. 5: Stringtheorie: A = offener String, B = geschlossener String. Strings in unterschiedlichen Schwingungszuständen.

Universum – uns mit einbezogen – von vibrierenden, kreisenden Strings beherrscht, deren Größe so gering ist, dass Elementarphysiker, wenn überhaupt, nur punktförmige Teilchenspuren registrieren können.

Wir haben schon anfänglich festgestellt, dass nach dieser Modellvorstellung Strings entweder offene Enden haben oder auch geschlossen sein können, wobei davon ausgegangen wird, dass die geschlossenen, vibrierenden Strings das Phänomen der Gravitation verursachen.

8 Strings im Quantenschaum

Die eindimensionalen Strings erhalten ihre dreidimensionale Eigenschaft, weil sie mit einer bestimmten Frequenz schwingen. Oft wird von der Superstringtheorie gesprochen. Der Begriff entstammt der Idee, dass die Strings supersymmetrisch sind und dass sie zu einer der verschiedenen symmetrischen Gruppen der Elementarteilchen in Beziehung stehen.

Das Konzept, dass einzelne Elementarteilchen ein Resultat der Schwingungsanregung der Strings sind, wobei die Schwingung einer bestimmten Energie entspricht, scheint im Grunde genommen attraktiv zu sein. Doch bei der mathematischen Ausarbeitung entstanden erst einmal erschreckende Konsequenzen, denn die quantenphysikalischen Auswirkungen der Strings funktionierten nur in 26 Dimensionen. Bei weiterer Ausarbeitung reduzierten sich diese Dimensionen auf zehn. Das war eine ungeheure Vorstellung, zu unseren gewohnten drei Dimensionen Raum und einer Dimension Zeit sechs zusätzliche Dimensionen einbeziehen zu müssen. Diese zusätzlichen Dimensionen wären kompaktifiziert, das heißt in sich zusammengerollt, und würden als winzige Raumobjekte versteckt überall existieren.

Zu Ehren der Mathematiker Eugenio Calabi von der Universität Pennsylvanien und Shing-Tung-Yau von der Harvard-Universität wurden diese verborgenen, zusammengerollten Raumobjekte Calabi-Yau-Räume beziehungsweise Calabi-Yau-Mannigfaltigkeit getauft. Die Beschreibung dieser Calabi-Yau-Räume ist sehr kompliziert, und das ist auch gar nicht erstaunlich, handelt es sich doch hier um sechs beziehungsweise sieben zusätzliche Dimensionen, wie wir noch sehen werden.

Die Calabi-Yau-Räume beeinflussen natürlich das energetische Verhalten der Strings. Neben unserer gewohnten RaumZeit der vier Dimensionen existieren also zusätzlich verborgene, kompakt verschachtelte, winzige sechsdimensionale Raumobjekte, die durch ihre besonderen mathematischen Eigenschaften definiert werden und eigentlich Bestandteil der Stringtheorie sind.

Bereits 1919 stellte der polnische Mathematiker Theodor Kaluza von der Universität Königsberg die These auf, dass das Universum möglicherweise mehr als drei räumliche Dimensionen aufweisen könnte. Er kam zu dieser Überlegung, weil er die Möglichkeit sah, Einsteins allgemeine Relativitätstheorie und Maxwells magnetische Theorie zusammenzuführen.
Der schwedische Mathematiker Oskar Klein war von Kaluzas Theorie so angetan, dass er diese Vorstellung weiter vertiefte, mit dem Resultat, dass die Raumstruktur unseres Universums neben den uns bekannten, ausgedehnten Dimensionen auch aufgewickelte RaumZeit-Dimensionen enthalten würde: vierdimensionale Teilchen mit Ursprung in höheren Dimensionen.
Die Stringtheorie eröffnet die Aussicht, Quantenmechanik und allgemeine Relativitätstheorie zu vereinen. Könnte sie der heilige Gral, die TOE sein? Es darf nicht überraschen, dass sich eine Reihe von Physikern mit den Strings befasst, um endlich einen Durchbruch auf dem Weg zur großen einheitlichen Weltformel zu erreichen. So entstanden auch unterschiedliche Konzepte der Stringtheorie, genauer gesagt, fünf an der Zahl. Kein Wunder, dass Kritiker zu Recht ironisch feststellen: Was nun? Nur eine kann ja wohl stimmen! Zudem tauchten auch Widersprüche in den mathematischen Formulierungen auf.
Damit wäre die Stringtheorie erst einmal gestorben, wenn nicht ein brillanter Princeton-Mathematiker und -Physiker, Edward Witten (geb. 1951), während der Stringkonferenz an der University of Southern California 1995 einen aufsehenerregenden Vortrag gehalten hätte. Er sollte eine Revolution für die Stringtheorie bedeuten. Er bewies nämlich mit seiner mathematischen Analyse, dass die fünf unterschiedlichen Stringkonzepte im Grunde auf ein einziges zurückzuführen seien. Diese fünf verschiedenen Konzepte seien deshalb zustande gekommen, weil sie lediglich aus unterschiedlichen Blickwinkeln bearbeitet worden sind. Sozusagen verschiedene Seiten einer Medaille. Er

8 Strings im Quantenschaum

präsentierte eine einzige große Stringtheorie, die er als M-Theorie bezeichnete. Für viele ist dieses »M« nach wie vor ein Rätsel. Einige vermuten, dass es für »magisch« steht.

Witten beendete seinen sensationellen Vortrag mit der Feststellung: »Die Stringtheorie ist ein Teil der Physik des 21. Jahrhunderts, den es zufällig ins 20. Jahrhundert verschlagen hat.«

Die M-Theorie umfasst alle bekannten Versionen der zehndimensionalen Stringtheorie und führt eine elfte Dimension für die Supergravitation ein. Der Begriff »Supergravitation« hängt mit der Supersymmetrie zusammen, nach der sich Bosonen und Fermionen als Partner gegeneinander austauschen können.

Die Supersymmetrie ist eine Erweiterung des Standardmodells der Elementarteilchen, in dem allen bekannten Partikeln ein bislang noch nicht nachgewiesener, massereicher Partner zugeordnet wird.

Die elfdimensionale Supergravitation hat hier eine ganz besondere Stellung in der Stringtheorie, da sie in elf Dimensionen formuliert ist.

Der Mathematiker und Physiker Peter Woit von der renommierten Columbia-Universität stellt über die Stringtheorie allerdings kritisch fest:

»Als die Stringtheorie aufkam, schien sie mir eine spekulative Idee zu sein, die es durchaus wert war, weiter verfolgt zu werden. Doch dann vergingen die Jahre, und mit der Zeit wurde immer klarer, dass diese Theorie nicht funktioniert. Dennoch erhielten die Strings immer mehr Aufmerksamkeit, und mehr und mehr Leute fingen an, auf dem Gebiet zu arbeiten – und das, obwohl die Erfolge ausblieben. In den letzten Jahren ist es sogar noch schlimmer geworden. Mittlerweile ist mir nicht einmal mehr klar, ob das, was die Leute da betreiben, überhaupt noch Wissenschaft ist.«

Die Stringtheorie würde nicht dem strengen Reglement der Naturwissenschaften entsprechen, sagen Kritiker. Denn nach die-

8 Strings im Quantenschaum

ser Regel müssen überprüfbare Voraussagen möglich sein, anhand derer sie sich bestätigen oder falsifizieren lassen.
Die Stringverfechter hoffen dagegen, dass der neue LHC in Genf supersymmetrische Teilchen nachweisen kann, was zumindest ein indirektes Indiz für die Superstrings sein könnte.
Der Physiker Lee Smolin (geb. 1955) vom Perimeter-Institut für theoretische Physik in Kanada erklärte schon vorab die Stringtheorie für gescheitert. Dagegen ist der Mitbegründer der Stringtheorie Leonard Susskind (geb. 1940) der Ansicht, dass die Strings eine Theorie der Vielfalt und Einheit seien und perfekt zu der Idee passen, dass es viele Universen, also ein Multiversum gäbe. Auch der deutsche Direktor am Albert-Einstein-Institut in Golm bei Potsdam, Hermann Nicolai, sieht in den Strings nach wie vor den aussichtsreichsten Kandidaten für die Weltformel – schwingende Saiten, die sämtliche Kräfte und Teilchen vereinheitlichen und die allgemeine Relativitäts- und Quantenphysik zusammenführen.
»Wenn die Stringtheorie unsere Welt akkurat beschreibt, haben Physiker keine andere Wahl, auch die Existenz von Branen anzuerkennen. Die Welt der Branen ist eine aufregende, neue Landschaft, die unser Verständnis der Gravitation, der Teilchenphysik und der Kosmologie revolutioniert hat. Es könnte im Kosmos tatsächlich Branen geben, und es gibt keinen Grund, warum wir nicht auf einer solchen leben sollten. Branen könnten sogar einen wichtigen Beitrag dazu liefern, die physikalischen Eigenschaften unseres Universums zu bestimmen und letztlich beobachtbare Phänomene zu erklären. Wenn das gelingt, werden Branen und zusätzliche Dimensionen nicht mehr wegzudenken sein«, stellt die theoretische Physikerin Lisa Randall (geb. 1962) vom MIT in ihrem Buch »Verborgene Universen« fest.
Das Modell der Branen sorgt seit 1995 bei Kosmologen für Furore. Der Physiker Joe Polchinski vom Kavli Institute for Theoreti-

8 Strings im Quantenschaum

cal Physics in Santa Barbara belegt in seiner Arbeit, dass die sogenannten Branen für die Stringtheorie von entscheidender Bedeutung sind. Inzwischen spielen die Branen, abgeleitet von dem Wort »Membrane«, nicht nur in der Stringtheorie, sondern auch in den kosmologischen Vorstellungen eine immer größere Rolle. Demnach ist unser Universum eine von vielen Branen, die in einer höherdimensionalen RaumZeit schweben. Seite an Seite mit unserem Branen-Universum gäbe es andere Branen-Universen, die aber für uns unerreichbar sind, da wir in unserer dreidimensionalen Brane gefangen sind. Wie ein Toastbrotlaib würde jede Scheibe ein Branen-Universum verkörpern.

Die eindimensionalen Strings wären mit ihren Enden an der Brane verhaftet und könnten nicht beliebig Dimensionen wechseln. Diese Strings bilden demnach die uns bekannten Elementarteilchen, mit einer entscheidenden Ausnahme, dem Gravitationsstring – dem Graviton. Denn dieser String ist ringförmig geschlossen und daher nicht an unsere Brane gebunden wie die offenen. Damit könnte auch erklärt werden, warum die Gravitation so viel schwächer ist als die anderen Naturkräfte, da sich die Kraft des Stringgraviton nicht nur auf drei Dimensionen, sondern auf mehrere Dimensionen verteilen würde. Wie jede Brane besitzt auch unsere D-Brane zusätzlich eine Ausrichtung in der Zeit.

Wie Frisbee-Scheiben bewegen sich die Branen-Universen im höherdimensionalen Raum und würden sogar manchmal kollidieren. Dabei würde enorme Energie freigesetzt werden, die dem Urknall gleich käme. Aus diesem Grund kamen einige Kosmologen zu der Ansicht, dass auch unser Universum durch eine solche Kollision entstanden ist. Die Branen-Universen könnten sich sehr stark voneinander unterscheiden. In unserer Nachbar-Brane herrschen möglicherweise andere Naturkräfte mit weniger oder mehr Dimensionen als bei uns. Vielleicht auch ohne Leben.

Aber nachdem dieses Multi-Branen-Universum wahrscheinlich

unendlich viele Branen aufweist, spricht die Wahrscheinlichkeit dafür, dass hier auch unter anderem ähnliche Universen wie das unsere existieren.
»Zweifellos werden die kosmologischen Konsequenzen der String/M-Theorie bis weit ins 21. Jahrhundert hinein ein wichtiges Forschungsgebiet bleiben. Ohne Beschleuniger, die in der Lage sind, Energien im Bereich der Planck-Skala zu erzeugen, werden wir uns in der empirischen Forschung immer mehr auf den Urknall als den kosmischen Beschleuniger und seine im ganzen Universum verteilten Relikte verlassen müssen. Mit Glück und Ausdauer werden wir vielleicht eines Tages die Antworten auf unsere Fragen finden: Wie das Universum angefangen hat, warum es sich zu der Form entwickelt hat, die wir am Himmel und auf der Erde wahrnehmen, und vieles andere … Doch da es gelungen ist, mithilfe der Superstringtheorie eine Quantentheorie der Gravitation zu entwickeln, besteht begründeter Anlass zu der Hoffnung, dass wir heute über die theoretischen Werkzeuge verfügen, die wir brauchen, um in die weiten Gebiete des Unbekannten vorzustoßen …«, schreibt der Superstring-Physiker Brian Greene von der Columbia-Universität New York in »Das elegante Universum«.
Wir wollen aber nun das Wagnis eingehen, zu den Dimensionen des Unfassbaren vorzustoßen.

9 Anatomie der RaumZeit

Ort: Abbott-City, Flachland. Zeit: 124

Im Flachland-Parlament findet eine Dringlichkeitssitzung statt. Die Uhr, eine eindimensionale Linie, in der ein zweidimensionaler, roter Punkt in regelmäßigen Intervallen entlang gleitet, zeigt elf Uhr an. Der Plenarsaal ist natürlich flach. Keine Wände, keine Decke, keine Stühle. Flachländer benötigen keine Stühle, sie sind flach, und die Schwerkraft spielt für sie eigentlich keine Rolle. Sie können nicht aufstehen, sie brauchen sich nicht zu bücken, sie können nichts tragen oder heben. Flachland mit seinen Flachländern ist zweidimensional. Die Flachländer kennen keine Höhe und keine Tiefe. Nur Breite und Länge haben für sie eine Bedeutung. Zumindest war das so bisher.

Bis es eines Tages zu sonderbaren Vorkommnissen kam, die die zweidimensionale Ruhe und Beschaulichkeit des Volkes ins Wanken brachten. Zumal es keine Erklärung für diese mysteriösen Ereignisse gab. Aus diesem Grund war die Sitzung einberufen worden.

Das Parlament hat sich vollzählig versammelt. Eine gewisse Unruhe ist deutlich zu spüren. »Ruhe, ich bitte um Ruhe«, ruft der Parlamentspräsident. »Wie sie wissen, ist in unserer Nationalbank etwas passiert, wofür wir vorläufig noch keine Antwort haben. Aber seien sie versichert, dass wir alles nur denkbar Mögliche unternehmen, um den Vorgang aufzuklären. Ich erteile jetzt unserem Innenminister das Wort.«

9 Anatomie der RaumZeit

Der schwarze, flache Dreieckskörper des Innenministers gleitet nach vorne. »Ähem«, beginnt der Minister und räuspert sich. »Im Großtresor der Nationalbank befinden sich nicht nur unser Volksvermögen, sondern auch geheime Forschungsunterlagen über die neuesten Erkenntnisse unseres 2D-Universums.« Der Minister macht eine Pause und mustert die Abgeordneten mit seinen 2D-Augen an der Spitze seines Dreiecks, lauernd, um dann mit heiserem Tonfall fortzufahren: »Der gesamte Inhalt ist aus unserem Nationaltresor auf unerklärliche Weise verschwunden.« Die einsetzenden Zwischenrufe und Beschimpfungen der Opposition versucht er mit lauter Stimme zu übertönen: »Die Sicherheitsmaßnahmen waren perfekt und mit ihnen, meine Damen und Herren der Opposition, gemeinsam abgestimmt. Wir haben für sie hier 2D-Bildmaterial von der Bank und dem Tresor vorbereitet.« Die Nationalbank als zusammenhängendes Rechteck erscheint zweidimensional. Die Augen der Flachländer haben sich mit der Zeit so entwickelt, dass sie grafische Abbildungen dieser Art wahrnehmen können.
Nun weist ein Pfeil auf den riesigen Tresor, ein geschlossenes, rotes Viereck. »Wie sie sehen«, sagt der Minister, »die vier Linien sind auf keine Weise unterbrochen beziehungsweise verletzt worden. Kein Flächenländer, wirklich niemand, hat Zugang zum Tresor ohne Begleitung der Mitglieder des Nationalrates.« »Ruhe! Jetzt hören sie doch erst einmal zu!« Die Stimme des Präsidenten, der als violettes Dreieck imposante Würde ausstrahlt, klingt ungeduldig. »Bitte, fahren sie fort, Herr Innenminister.« »Nun«, sagt dieser, »als ob das nicht schon schlimm genug wäre.« Er zögert. »Der Tresor war zwar leergeräumt – aber, und das ist nun wirklich merkwürdig, anstelle des Nationalschatzes lag ein Dokument an dessen Stelle.« Der Minister wischt den Schweiß von der Spitze seines Dreiecks. »Das Dokument unbekannter Herkunft enthält nur einen einzigen Satz.« Das Zittern in seiner Stimme ist nicht zu überhören.

9 Anatomie der RaumZeit

»Was steht da geschrieben?«, schreien die Abgeordneten. »Ausflüchte«, rufen Mitglieder der Opposition sarkastisch. »Die Geister waren es!«, ruft ein anderer ironisch. »Paranormales Geschwätz«, brummt ein Hardliner. »Nur ein einziger Satz!«, brüllt der Präsident. Endlich, als wieder Ruhe einkehrt, sagt der Minister bebend. »Bedenke die Dritte Dimension!« Er wiederholt: »Ich zitiere: Bedenke die Dritte Dimension!« Und beinahe wie im Chor wiederholen die Abgeordneten fragend: »Bedenke die Dritte Dimension! Was soll das bedeuten?«

»Ich danke dem Innenminister und erteile nun dem Minister für Forschung und Wissenschaft das Wort«, versucht der Präsident wieder Ordnung in das Chaos zu bringen.

»Wir forschen seit Jahren«, beginnt der Minister seine Rede, »um den Ursprung unseres zweidimensionalen Universums zu ergründen, und haben zu diesem Zweck nicht unerhebliche Summen in vielversprechende Projekte investiert. Ja, oft genug gegen den Widerstand und die Einwände der Opposition. Gerade in den letzten Jahren«, fährt er fort, »sind wir erfreulicherweise ein ganzes Stück weitergekommen. Ich möchte hier nicht den Vortrag unseres herausragenden Theoretikers, Professor Zweistein, vorwegnehmen, kann aber soviel hier schon feststellen, dass nach den neuesten wissenschaftlichen Erkenntnissen möglicherweise eine verborgene, dritte Raumdimension existiert, die wir natürlich nicht wahrnehmen können. Sollte tatsächlich eine dritte Raumdimension existieren, wäre es nicht abwegig anzunehmen, dass dreidimensionale, intelligente Lebewesen für den Verlust unseres Nationalschatzes verantwortlich sind.«

Ein aufgeregtes Stimmengewirr pflanzt sich durch den zweidimensionalen Plenarsaal fort. »Ich weiß«, brüllt der Forschungsminister dagegen an, wobei das Grün seines Dreiecks sich dunkel verfärbt, »das Ganze klingt natürlich abwegig, und wir haben auch nicht die geringste Vorstellung, ob dreidimensiona-

9 Anatomie der RaumZeit

le Intelligenzen wirklich existieren können und wie sie aussehen würden. Aber unsere Wissenschaftler sind inzwischen fest davon überzeugt, dass außer unseren zwei Raumdimensionen und der Dimension Zeit noch andere Dimensionen möglich sind. Stellen Sie sich doch einmal vor, meine Damen und Herren, es gäbe so etwas Unvorstellbares wie die Höhe, dann könnte ein dreidimensionales Wesen einfach von diesem unaussprechlichen Oben totalen Zugang zu unserer Welt haben und alles aus der Nationalbank herausholen.
Wir haben zurzeit keine bessere Erklärung für den mysteriösen Vorfall. Sollte die These von Professor Zweistein zutreffen, dann sind wir mit einem gigantischen Sicherheitsproblem konfrontiert. Die Einzelheiten des mehrdimensionalen Konzepts kann ihnen nun Professor Zweistein vortragen.«
Das blaue Dreieck Professor Zweisteins gleitet umständlich zum 2D-Rednerpult. Die Ränder des Professors sind unordentlich ausgefranst. Er wirkt unkonventionell und sticht aus der Menge der geschniegelten Politiker heraus.
»Es besteht für mich überhaupt kein Zweifel«, beginnt er mit sanfter Stimme, »dass der Vorfall, um den es hier geht, mit einer Dimension der Höhe und Tiefe, also einer zusätzlichen dritten Dimension zusammenhängt. Auch unsere elementarphysikalischen Erkenntnisse machen nur Sinn, wenn wir zusätzliche Dimensionen einbeziehen. Wir haben das Problem, dass unsere Existenz nur mit Länge und Breite zusammenhängt. Das ist unsere Flachlanderfahrung.
Unser Koordinatensystem kann die Position in unserem Raum mit nur zwei Angaben eindeutig bestimmen. Ich bin dafür ausgezeichnet worden, dass ich auch die Zeit als Dimension mit den zwei Dimensionen Raum verknüpft habe zu einer dreidimensionalen RaumZeit.
Unter Dimension verstehe ich den Freiheitsgrad einer räumlichen und zeitlichen Bewegung. Eine Dimension ist im Grun-

9 Anatomie der RaumZeit

de genommen ein Messbereich oder, in andern Worten, die Ausdehnung einer mathematisch bestimmbaren Größe.

Aber in Wirklichkeit existiert der Begriff Dimension nur in unseren Köpfen, im Zusammenhang mit rechnenden und messenden Vorgängen. Der Begriff Dimension dient zur präzisen Orientierung. Ohne Messvorgänge hat der Raum überhaupt keine Dimensionen.

Gehen wir einmal hier davon aus, dass der Raum auch drei Dimensionen haben kann, also Länge, Höhe und Breite, dann würden auch die Lebewesen in diesem Raum, im Gegensatz zu uns, Länge, Höhe und Breite besitzen. Für diese Wesen reichen drei senkrechte, aufeinander stehende Dimensionen aus, um jeden Punkt im Raum genau zu lokalisieren.

Diese Wesen brauchen ja nur von oben in den Tresor zu greifen, holen den zweidimensionalen Schatz heraus, der in ihrer vierdimensionalen Welt eigentlich keinen Wert haben kann, und legen aus lauter Schabernack eine zweidimensionale Botschaft in den Safe mit dem Wortlaut: ›Bedenke die Dritte Dimension!‹

Für mich gibt es überhaupt keinen Zweifel: Seite an Seite mit unserem Universum existiert eine Welt mit drei Dimensionen Raum und einer Dimension Zeit. Ich arbeite gegenwärtig an einer Möglichkeit, mit den dreidimensionalen Lebewesen in ihrer uns fremden Welt Kontakt aufzunehmen.

Ich möchte in diesem Zusammenhang an unseren großen Visionär und Schriftsteller Edwin Abbott erinnern, der nicht nur unsere Flachlandzivilisation treffend charakterisiert hat, sondern bereits damals die Möglichkeit der dreidimensionalen Raumexistenz prophetisch vorweggenommen hat. In seinem Roman ›Flächenland‹, wie viele von Ihnen vielleicht wissen, taucht plötzlich eine dreidimensionale Kugel auf. Als reine Science-Fiction, als absurden Nonsens, haben die Kritiker das Werk abgekanzelt. Nun, jetzt wissen wir es besser. Wir müssen die Begriffe RaumZeit und Dimension völlig neu definieren.«

9 Anatomie der RaumZeit

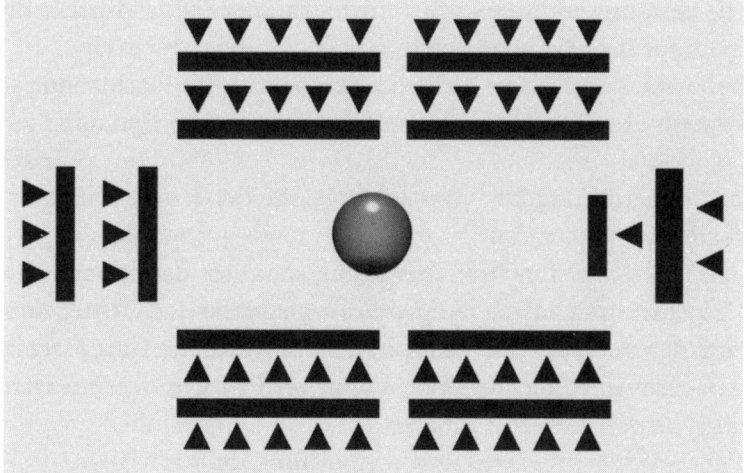

Abb. 6: Das zweidimensionale Flachland-Parlament diskutiert die anstößige, aufgetauchte dreidimensionale Kugel.

»Ist eine Zwischenfrage gestattet?«, meldet sich ein Abgeordneter der Opposition.
»Selbstverständlich!« Professor Zweistein versucht mit seinen kurzsichtigen Augen den Abgeordneten auszumachen.
»Müsste es nach ihrer Theorie, Professor, nicht auch einen eindimensionalen Kosmos geben? Und wenn ja, wie sähe dieser aus?«
»Nun«, Zweistein zögert kurz, »möglich wäre es schon. Nennen wir doch dieses Land ›Linienland‹. ›Linienland‹ bestünde nur aus einer Dimension, vorwärts und rückwärts. Nicht mehr. Die ›Linienländer‹ kennen nur die Länge. Ihre Körper würden aussehen wie hauchdünne Fäden, denn sie besäßen ja nur Länge. An jedem Ende wäre ein punktförmiges Auge, wobei das eine nur starr nach vorne blicken kann, das andere nur rückwärts. Von ihren Mitbewohnern würden sie immer nur das Auge wahrnehmen. Sie kämen nie aneinander vorbei. Im Linienland sind alle Bewohner als eindimensionale Kette gruppiert.

9 Anatomie der RaumZeit

Ich möchte nun meine Ausführungen beenden und bedanke mich für Ihre Aufmerksamkeit.«

Verlassen wir nun die Dringlichkeitssitzung im Flachlandparlament, um uns näher mit den Dimensionen der RaumZeit zu befassen.

In der Bemühung, bestimmte Gegebenheiten zu verstehen, versuchen wir meist, den Ursprung – den Ausgangspunkt – zu finden. Das aber ist nicht immer leicht, vor allem dann, wenn der Ursprung weit in die Vergangenheit zurückreicht. Über den Anfang von Raum und Zeit haben sich Philosophen und Naturwissenschaftler nicht nur den Kopf zerbrochen, sondern sich auch hitzige Debatten geliefert.

Für die Kirche war und ist die Schöpfung freilich weniger problematisch, denn hier ist der Schöpfergott der Verursacher. Er hat das Universum mit all seinen Facetten durch seine Allmacht erschaffen. Für die kirchlichen Gelehrten war deshalb die einzige und wichtigste Frage, wann Gott das Universum entstehen ließ. So analysierten Theologen einschlägige Bibelstellen der Genesis, addierten Zahlen und Zeitabschnitte, angefangen bei Adam, über die Propheten und die Zeit der Könige, bis sie schließlich zum Anfang der Schöpfung vorgestoßen waren. Danach entstand das Universum 6904 v. Chr. Der Erzbischof von Armagh, James Ussher (1624), war da wesentlich präziser. Nach seinen sehr komplizierten Berechnungen datierte er den ersten Tag der Schöpfung auf den Samstag, 22. Oktober 4004 v. Chr. Dass diese Datierungen Astrophysiker und Kosmologen nicht überzeugen konnten, ist einleuchtend.

Die Datierung sieht inzwischen ganz anders aus. Die meisten Kosmologen vertreten die Ansicht, dass unser Universum in der Tat einen Anfang hatte, mit dem Beginn einer dynamischen Entwicklung, die sich auch heute noch fortsetzt. Die Theorie geht heute davon aus, dass das gesamte Universum – Raum, Zeit, Materie, Energie – vor 13,7 Milliarden Jahren aus einem

winzigen Punkt hervorgegangen ist, dem sogenannten »Big Bang«, dem Urknall.
Die Entstehung aus dem Urknall bedeutet zunächst einmal nicht das Erscheinen von Materie und Energie, sondern von Raum und Zeit. Nach dieser Vorstellung gab es kein Vorher vor dem Urknall. Das Universum wäre damit nicht in der Zeit, sondern mit der Zeit erschaffen worden. Wobei der Begriff »mit der Zeit« nicht »nach und nach« bedeutet, sondern durch die Entstehung der RaumZeit manifestierte sich Energie, das Quantenvakuum mit wechselwirkenden Feldenergien und schließlich Materie.
So könnte man sagen: Im Anfang war die RaumZeit, und damit auch die Entstehung der sogenannten Dimensionen.
Dimensionen: Rauf – runter, links – rechts, rückwärts – vorwärts. Eine Linie ist eindimensional, ein Blatt Papier zweidimensional, ein Würfel dreidimensional. Ein solides Objekt besteht aus drei Dimensionen, Höhe, Breite, Tiefe. Das klingt einfach und einleuchtend. Aber trifft das wirklich zu? Entfernen wir zum Beispiel die Dimension der Höhe vom Würfel, würden die meisten von uns feststellen, dass dann eine Fläche übrig bleibt. In Wirklichkeit ist es so, dass, wenn wir die Dimension Höhe entfernen, gar nichts übrig bleibt. Denn eine Fläche ohne Höhe, zum Beispiel ein Blatt Papier, ist nicht möglich.
Wenn von drei Dimensionen eine entfernt wird, verschwinden die übrigen. So könnten wir im Prinzip auch argumentieren, dass alles in Wirklichkeit nur eine Dimension ist, die RaumZeit, in der wir uns als Wesen mit einer bestimmten Ausdehnung in verschiedene Richtungen bewegen können. Somit ist der Begriff »Dimensionen« ein Konstrukt unseres Geistes, um Koordinaten festlegen zu können.
Es trifft schon zu, dass durch ein Koordinatensystem die Position eines Objektes im Raum bestimmt werden kann, aber immer nur in Relation zu einem anderen Objekt.
Ich muss gestehen, dass mich besonders der Begriff »leerer

9 Anatomie der RaumZeit

Raum« irritiert. Zum Beispiel der »leere Raum« zwischen den Sternen und den Galaxien. Der Raum als eine Art Behälter, in dem Sternensysteme, Planeten, Atome, Elementarteilchen vorhanden sind. Was würde also passieren, wenn wir alles, alle Materie, aus dem Raum entfernen? Was bleibt? Ein leerer Behälter? Nichts? – Wenn nichts mehr existiert, dann kann auch das Nichts nicht existieren.

Auch der Begriff »Behälter« ist problematisch. Ein Behälter hätte ja Wände, einen Deckel, einen Boden oder zum Beispiel eine Kugelhülle. Stellen wir noch einmal fest: Wenn etwas nicht vorhanden ist, kann es auch nicht beschrieben werden. Wir müssen uns also von dem Begriff »Behälter« beziehungsweise »Raumcontainer« trennen. Leere, das Nichts, existiert nicht. Die RaumZeit selbst besteht aus reiner Energie. Und aus dieser RaumZeit-Energie ist alles entstanden. Einen RaumZeit-Behälter gibt es nicht!

Von den kleinsten Teilchen, zum Beispiel Elektronen von ungefähr einem Tausendmilliardstel Millimeter Größe, und noch kleineren Teilchen bis hin zu riesigen Sternen von Millionen von Kilometern Durchmesser einschließlich der uns bekannten Naturkräfte verdanken alle ihre Existenz der RaumZeit.

Dehnt sich die RaumZeit linear unendlich aus? Oder ist sie zu einer geschlossenen Unendlichkeit gekrümmt? Ein Universum, das sich in alle Richtungen für alle Ewigkeit ausdehnt, wäre eine lineare Unendlichkeit. Wenn die RaumZeit sich allerdings in sich krümmen würde, wäre sie endlich und doch unbegrenzt, also eine geschlossene Unendlichkeit. In der nichteuklidischen Geometrie hat eine Kugel eine positive Krümmung. Eine Ebene hätte keine Krümmung. Eine negative Krümmung würde eine Sattelform, ein offenes Universum beschreiben.

Wenn die RaumZeit expandiert, also sich ausdehnt, was nach heutiger Modellvorstellung der Kosmologen ja der Fall ist, war das Universum früher kleiner, als es heute ist, und würde in Zukunft immer größer werden. Das bringt uns nun zum Begriff

»Zeit«, der mit dem Raum ja eng verknüpft ist, zum sogenannten RaumZeit-Kontinuum.
Auch der Zeit hat man eine Dimension, die vierte, zugeordnet. Aber was um Himmels Willen ist die Zeit? Ist sie die kontinuierliche, fortschreitende Ordnung im Auftreten von Ereignissen, die unser Bewusstsein wahrnimmt? Ist sie unser melancholisches Empfinden der Vergänglichkeit, das Fortschreiten der Gegenwart aus der Vergangenheit in Richtung Zukunft? Ist sie die fundamentale, messbare Größe, die gemeinsam mit dem Raum ein Kontinuum bildet, in dem alle materiellen Ereignisse eingebunden sind?
Für Physiker ist die Zeit eine fundamentale Größe, über die sich, zusammen mit dem Raum, die Dauer und Reihenfolge von Ereignissen bestimmen lassen. Allgemein wird die Zeit durch das Zählen von Perioden festgelegt, z. B. die Uhr oder der Kalender. Für uns hängt aber auch der Zeitbegriff eng mit der Kausalität zusammen. So ist es für uns selbstverständlich, dass die Ursache der Wirkung vorausgeht. Die Vergangenheit war, kann nicht mehr verändert werden. Die Zukunft hängt kausal von der Gegenwart ab. Zeit als wachsende Vergangenheit?
Was aber ist Zeit? Zeit ist Bewegung und Raum ist Energie – dunkle Energie. *RaumZeit ist Energie in Bewegung.*
Ob turbulente Fluktuationen im Quantenvakuum, die Schwingungen der Superstrings, Bewegung im Atom, Moleküle, Planeten, Sterne, die Schwingung in Atomuhren, Zeiger auf dem Zifferblatt – es geht immer um Bewegung, um Zeit.
Auch unsere bewusste Wahrnehmung ist das Resultat von Bewegung. Zeit ist keine Dimension, sondern Bewegung.
Gravitation ist eine Eigenschaft der RaumZeit. Durch die Verdichtung eines größeren Volumens der RaumZeit-Energie zu einem kleineren komprimierten Volumen entsteht Materie. Damit verdichtet und verstärkt sich gleichzeitig das Gravitationspotenzial der RaumZeit.

9 Anatomie der RaumZeit

Was passiert, wenn sich die RaumZeit mit ihrer Materie unter die Größenordnung der sogenannten Planck-Skala, also der Planck-Länge (10^{-35} cm), verdichtet? Die Zeit wird in diesem Fall zur Planck-Zeit komprimiert (10^{-43} Sekunden). Die Planck-Länge entspräche hier der Länge eines Strings und die Planck-Zeit der Zeit, die das Licht braucht, um die Länge eines Strings zu durchqueren.

Bei dieser Bedingung versagt nicht nur unser physikalisches Messinstrumentarium, sondern auch unser wissenschaftlicher Erkenntnisstand.

Wenn wir nun theoretisch dieses unendliche, winzige Raum-Zeit-Etwas noch mehr verdichten, also unterhalb der Planck-Skala und Planck-Zeit, würde der Begriff RaumZeit seine Bedeutung verlieren. Bei Abständen, die kleiner als die Planck-Skala sind, können wir uns den Begriff »Bewegung« eigentlich nicht mehr vorstellen. Und doch geht das Urknallmodell davon aus, dass aus diesem unbeschreiblichen, ultramikroskopisch kleinen Punkt unser Universum hervorgegangen ist.

Vorstellbar wäre aber auch, dass die RaumZeit auf extrem kleinen Skalen in ein – uns fremdes – physikalisches System wechselt. Hier wären dann Länge beziehungsweise Größe und Bewegungsdauer irrelevant, denn in diesem Zustand würden uns bisher fremde Gesetzmäßigkeiten herrschen.

10 Autopsie des Urknalls

Ort: Singularität. Zeit: Jenseits der Zeit

»Ich habe tiefer in den Weltraum geschaut als je ein Mensch zuvor«, stellte der berühmte englische Astronom Sir William Herschel (1738–1822) fest. In Hannover unter dem Namen Friedrich Wilhelm Herschel geboren, wanderte der deutsche Musiker 1765 als Organist nach England aus. Die Musiktheorie führte ihn zur Mathematik und Optik.
Bereits 1766 begann er mit solchem Erfolg Teleskopspiegel zu schleifen, dass im Laufe der Zeit nicht weniger als vierhundert seine Werkstatt verließen. Seine Spiegel machten Herschel zu einem der renommiertesten Astronomen seiner Zeit. Herschels Beobachtungen von Doppelsternen und kosmischen »Nebeln« waren für die Astronomie von unschätzbarem Wert. Nebenbei bemerkt, war er es, der den Planeten Uranus 1781 entdeckte.
Was diese »Nebel« anbelangt, so wurde noch im 19. Jahrhundert allgemein angenommen, dass die »Nebel« innerhalb unserer Milchstraße aus Gas oder Staub bestehen.
Der deutsche Philosoph Immanuel Kant (1724–1804) war da allerdings anderer Ansicht. Er hatte nämlich erkannt, dass es sich bei den feinen »Nebeln« um Sternensysteme wie unsere Milchstraße handeln könnte. Während seiner Königsberger Zeit war Kant auf einen Zeitungsartikel gestoßen, der die kosmologischen Ideen des englischen Autodidakten Thomas Wright behandelte. Wright hatte behauptet, die Milchstraße sei entweder kugelförmig oder flach wie ein Mühlstein und setze sich aus Sternen

zusammen. Der Vernunftkritiker Kant entnahm aus dem Artikel, dass die Milchstraße eine flache, aus Sternen bestehende Scheibe sein könne. Nach vierjährigem Studium veröffentlichte er im hohen Alter eine Arbeit unter dem Titel »Allgemeine Naturgeschichte und Theorie des Himmels«. Darin vertrat er die Ansicht, dass sich einige der deutlich mit Sternen in Verbindung stehenden »Nebel« innerhalb unserer Milchstraße befinden, es sich dagegen bei anderen, spiralförmig oder oval geformten »Nebeln« um selbstständige, weit entfernte Sternensysteme handle.

Damit erkannte Kant nicht nur zu Recht die wahre Natur der Spiralnebel, sondern deutete auch als Erster den Andromedanebel als ein Milchstraßensystem. Bedauerlicherweise erregten seine Theorien in Fachkreisen kaum Aufmerksamkeit, wohl nicht zuletzt, weil damals keine Möglichkeit bestand, sie praktisch zu überprüfen.

Bereits 1666 war Isaak Newton darauf gestoßen, dass sich Sonnenstrahlen mittels eines Prismas in ihre Spektralfarben trennen lassen. Doch erst Anfang des 19. Jahrhunderts entdeckte der englische Chemiker und Physiker William H. Wollaston (1766–1828) einige dunkle Linien im Sonnenspektrum. Sobald das Sonnenlicht spektral zerlegt wird, zeigte sich im entstandenen kontinuierlichen Spektrum ein System feiner, schwarzer Linien: die »Fraunhofer'schen Linien«, wie sie nach ihrem Entdecker genannt werden. Joseph Fraunhofer (1787–1826), ein bayrischer Optiker und Physiker, hatte mithilfe eines von ihm gebauten Spektroskops festgestellt, dass das Spektrum der Sonne von Hunderten schwarzer Linien durchzogen ist.

Die von ihm hergestellten und auf Glas geritzten Beugungsgitter versetzten ihn in die Lage, die Wellenlänge der Fraunhofer'schen Linien genau zu vermessen.

Von dem bekannten deutschen Physiker Gustav Robert Kirchhoff (1824–1887) wurden diese Linien als Absorptionsspektren

gekennzeichnet. Negative Spektren dieser Art entstehen, weil jeder Stoff genau den Frequenzbereich einer Strahlung verschluckt oder absorbiert, den er selbst ausstrahlt.
Sir John Herschel (1792–1871) hatte das Erbe seines berühmten Vaters, Sir William Herschel, angetreten und suchte den Himmel weiter nach Doppelsternen und Nebelflecken ab. Zudem hatte er durch die Methode der Spektralanalyse herausgefunden, dass die Glut jedes erhitzten chemischen Elements ein ureigenes Spektrum aufweist.
Einer der bedeutendsten Naturforscher des 19. Jahrhunderts, der in Göttingen geborene Chemiker Robert Bunsen (1811 bis 1899), verglich dann 1859 in Gemeinschaftsarbeit mit Gustav Kirchhoff Laborspektren mit einem Sonnenspektrum. Dabei stießen die Forscher auf Linien, die Eisen, Kalzium, Magnesium, Natrium, Nickel und Wasserstoff in der Sonne anzeigten. Die so lange offene Frage, woraus Sterne denn bestehen, konnte nun mithilfe des Spektroskops endlich beantwortet werden.
Der englische Astrophysiker Sir William Huggins (1824–1910) war einer der Begründer der Sternspektroskopie. Als wohlhabender Mann konnte er sich ein eigenes Observatorium auf dem Dach seines Londoner Hauses leisten. Chemiker von Haus aus, stattete er sein Teleskop mit einem Spektroskop aus, um so den Sternen »zu Leibe zu rücken«. Jeder ferne Stern enthüllte seinem Spektroskop die chemischen Elemente, aus denen er sich zusammensetzt. Und fast in jeder Nacht entdeckte er, begleitet von seiner Frau Margaret und seinem Hund »Kepler«, etwas Neues. Als er schließlich genug hatte, wandte er sich 1864 den ominösen »Nebeln« zu. Er kam zu Ergebnissen, die Kants Hypothese bestätigten.
Er analysierte unterschiedliche Spektren von »Nebeln«: Solche, die offensichtlich aus Gas bestanden, und andere, die dem Spektrum unserer Sonne gleichen, sich also aus Sternen zusammensetzen mussten.

10 Autopsie des Urknalls

Die von Huggins untersuchten Spiralnebel hatten alle sonnenähnliche Spektren. Was die Spiralnebel anbelangt, setzten sich zwei Theorien durch. Während einige unbeirrt den Standpunkt vertraten, es handle sich dabei um selbstständige Sternensysteme außerhalb der Milchstraße, betrachtete die überwiegende Mehrheit der Astronomen diese Spiralnebel als relativ nahe gelegene Gasstrudel, die sich gerade zu Sternen formierten.

Da die Wissenschaftler vorerst diese Frage nicht beantworten konnten, beschränkten sie sich auf das Katalogisieren von Sternen und »Nebeln«. Einen Rekord erzielte dabei der Deutsche Friedrich Wilhelm August Argelander (1799–1875), der Mitte des 19. Jahrhunderts mit seinem Linsenfernrohr in Bonn den Himmel durchmusterte und dabei sage und schreibe 324 189 Sterne für seinen Katalog registrierte. Seitdem wurde das Wort »Durchmusterung« zum internationalen Fachbegriff. Die präzise gezeichneten Argelander'schen Sternkarten werden übrigens auch heute noch von Observatorien in aller Welt benutzt. Sie sind inzwischen durch hervorragende fotografische Sternenkataloge ergänzt worden.

Damals war allerdings nicht bekannt, welche Position unser Sonnensystem im Kosmos einnimmt. Die endgültige Klärung dieser Frage sollte einem amerikanischen Astronomen vorbehalten bleiben, Harlow Shapley (1885–1972). Seine Wiege stand in Missouri. Dort trat er auch als fünfzehnjähriger Zeitungsreporter erstmals an die Öffentlichkeit. Da er schon früh erkannte, dass ihm eine gute Ausbildung bessere Berufschancen sichern würde, entschloss er sich, 1907 an der Universität Missouri Journalistik zu studieren. Doch zu seinem Leidwesen stellte sich heraus, dass diese Fakultät erst ein Jahr später eröffnet werden sollte. Um überhaupt zu studieren, schrieb er sich für Astronomie ein, angeblich, weil dieses Studienfach am Anfang der Einschreibungsliste stand. Zumindest behauptete das Shapley.

Er verbrachte vier Jahre an dieser Universität und gewann dann ein Stipendium, das ihn nach Princeton führte. Der Direktor des dortigen Observatoriums, Henry Norris Russell (1877–1957), mühte sich damals gerade mit der Bedeckungsveränderlichkeit von Doppelsternen ab. Aber diese Doppelstern-Systeme waren zu weit entfernt, um teleskopisch aufgelöst werden zu können. Außerdem ließ sich ihre Existenz nur aufgrund ihrer veränderten Lichtabgabe bei der Bedeckung des einen Sterns durch den anderen während ihres Umlaufs feststellen.

Es galt also, von diesem Licht auf die Lebensgeschichte des Gestirns zu schließen. Auf sein Aussehen, seine Zusammensetzung und sein Verhalten. Das war keine geringe Herausforderung für Shapley, der sich umgehend an die Arbeit machte. Aus seinen Beobachtungen mithilfe von Teleskop, Spektroskop und Fotometer zog er sorgfältig ausgearbeitete Schlussfolgerungen, von denen er schon bald ableiten und eine Reihe von Fragen beantworten konnte.

So zum Beispiel, wie weit die Sterne voneinander entfernt waren, wie schnell ihre gegenseitige Umlaufgeschwindigkeit und nicht zuletzt, wie weit ihre Entfernung von der Erde war.

In Anerkennung seiner Leistung erhielt Shapley 1914 eine Anstellung am kalifornischen Mount-Wilson-Observatorium. Hier untersuchte er die sogenannten Cepheiden mit dem 1,50-m-Teleskop. Das 2,50-m-Teleskop wurde gerade gebaut.

Bei Cepheiden handelt es sich um eine Gruppe veränderlicher Sterne mit besonders intensiver Leuchtkraft, deren Helligkeit sich in regelmäßigen Abständen verändert. Je länger diese Abstände sind, umso größer ist ihre »absolute Helligkeit«. Zur Entfernungsberechnung des Sterns wird dann die »scheinbare Helligkeit« mit der »absoluten« verglichen. Cepheiden werden oft als Meilensteine des Himmels bezeichnet, weil sie auch noch über große Entfernungen zu erfassen sind.

10 Autopsie des Urknalls

Shapley begann seine Suche nach Cepheiden mit dem 1,50-m-Teleskop in Kugelsternhaufen. Er bestimmte die scheinbare Helligkeit der Cepheiden und die Zeitdauer ihrer jeweiligen Veränderung. Dann verglich er seine Ergebnisse mit Informationen von Russell und denen des dänischen Astronomen Einar Hertzsprung (1873–1967) über die absolute Helligkeit von Cepheiden und schätzte danach die Entfernungen verschiedener Kugelsternhaufen. Er pickte in jedem der näher gelegenen Kugelsternhaufen die Sterne heraus und verglich deren scheinbare Helligkeit systematisch mit der von Cepheiden. Auf diese Weise konnte er mit der Zeit die absolute Helligkeit von Riesensternen ermitteln.

Er wandte sich von den relativ matten Cepheiden ab und benutzte nunmehr die Riesen als seine »Leuchtfeuer« oder »Standardkerzen«, um weiter entfernte Kugelsternhaufen dort zu ermitteln, wo sich Cepheiden nicht mehr identifizieren ließen.

Shapley hat die Welt der Kugelsternhaufen in einer dreidimensionalen Himmelskarte festgehalten. Sie veranschaulicht, dass diese selbst in einer Art Superkugelsternhaufen angeordnet sind, mit einem Mittelpunkt, der sich nicht etwa in Sonnennähe befindet, sondern Zehntausende von Lichtjahren entfernt, in Richtung des Sternbildes Sagittarius. Shapley leitete daraus einen gemeinsamen Mittelpunkt der Kugelsternhaufen und unserer Milchstraße ab.

Er erkannte auch, dass unser Sonnensystem keinen bevorzugten Platz im Universum einnimmt, sondern lediglich in einem Vorort der Milchstraße beheimatet ist. Damit hatte Shapley recht. Doch er irrte sich in Bezug auf die Größe der Milchstraße, deren Durchmesser er auf 250 000 Lichtjahre schätzte, und auch auf unser Sonnensystem, das er 50 000 Lichtjahre vom Zentrum entfernt vermutete. Später sollte sich allerdings herausstellen, dass der Durchmesser der Milchstraße bei 100 000 Lichtjahren liegt und dass sich unsere Sonne mit ihren Planeten 30 000 Lichtjahre vom Zentrum der Milchstraße befindet.

Die von Shapley geschätzte Größe der Milchstraße führte schon bald zu Kollegenquerelen. Besonders der amerikanische Astronom Heber Curtis (1872–1942) machte Shapley mit seiner Kritik das Leben schwer. Curtis arbeitete am Lick-Observatorium, während Shapley am Mount-Wilson-Observatorium tätig war. Daher wuchs sich das anfängliche Scharmützel der beiden zu einem erbitterten, langjährigen Krieg aus. Curtis hatte keinen Zweifel darüber aufkommen lassen, dass ihm das Shapley'sche Modell der Milchstraße in seiner übertriebenen Größe geradezu lächerlich erschien.

Er vertrat zu Recht die Ansicht, wonach Spiralnebel andere Sternensysteme, ähnlich unserer Milchstraße, seien. Um den Streithähnen eine Möglichkeit zu geben, ihre Meinungsverschiedenheiten in aller Öffentlichkeit auszutragen, arrangierte die National Academy of Science in Washington eine Diskussion. Die Reise dorthin legten die Kontrahenten gemeinsam zurück. Dabei hielten sie sich unterwegs mühsam an nichtssagendes Geplauder, um ihr Pulver nicht vorzeitig zu verschießen. Die Veranstaltung fand am 26. April 1920 statt, bei der auch Albert Einstein anwesend war.

Curtis packte Shapley gleich bei seiner Behauptung, Spiralnebel befänden sich innerhalb unseres Sternensystems. Dieser konterte sofort mit dem Argument, dass durch die Supernova von 1885 im Andromedanebel bewiesen sei, dass dieser Spiralnebel kein eigenständiges Sternensystem sein könnte. Denn sonst würde das ja bedeuten, dass die Leuchtkraft eines einzigen explodierenden Sterns der von Hunderten von Millionen gewöhnlicher Sterne gleich käme. Und das erschiene ihm völlig abwegig.

Heute wissen wir allerdings, dass die Leuchtkraft einer Supernova tatsächlich so stark sein kann. Zu dieser Auseinandersetzung muss noch nachträglich vermerkt werden, dass Shapley

10 Autopsie des Urknalls

zwar die Größe der Milchstraße überschätzte, dafür aber die Position unseres Sonnensystems in der Milchstraße richtig beurteilte.

Curtis wiederum irrte sich, was die Größenvorstellungen unseres Sonnensystems angeht, doch seine Vorstellung, dass Spiralnebel andere Sternensysteme außerhalb unserer eigenen Galaxis sind, war zutreffend. Nicht lange nach dieser Auseinandersetzung verließ Shapley das Mount-Wilson-Observatorium, um Direktor des Harvard-College-Observatoriums zu werden.

Der wirkliche Durchbruch auf Mount Wilson gelang Edwin P. Hubble (1889–1953), zum Leidwesen von Shapley, der ihn nicht ausstehen konnte. Er fand ihn arrogant und anmaßend. Vor allem wurmte ihn dessen seiner Meinung nach aufgesetzter Oxford-Akzent. Und das, obwohl Hubble doch genau wie er selbst in Missouri geboren war! Shapley machte niemals ein Hehl aus seiner Überzeugung, dass Hubble, wenn er nachts plötzlich geweckt würde, in unverkennbarem Missouri-Amerikanisch antworten würde.

Hubble selbst trug wenig zu seiner Beliebtheit unter Kollegen bei. Der große Mann mit dem ausgeprägten Kinn, den schmalen Lippen und dem eisigen Blick wirkte auf die meisten unnahbar. Nur seine Freunde waren da anderer Meinung.

Edwin Paul Hubble wurde in Marshfield, Missouri, geboren. Er war das fünfte von sieben Kindern, die unter einem strengen Vater heranwuchsen. Ein Stipendium ermöglichte es dem jungen Hubble, die Universität Chicago zu besuchen. Gleichzeitig trieb er Sport. Er zeigte ein solches Boxtalent, dass man ihn dazu überreden wollte, Profi zu werden. Boxveranstalter träumten von ihm gar schon als weiße Hoffnung im Kampf gegen den schwarzen Schwergewichtler Jack Johnson. Aber Hubble schlug diese Chance aus. Er zog es vor, sein Jurastudium an der englischen Universität Oxford abzuschließen.

10 Autopsie des Urknalls

Nach Beendigung seiner Studien kehrte er in seine Heimat zurück und praktizierte in Louisville. Aber schon nach einigen Monaten war Hubble von den Rechtswissenschaften gelangweilt und entschloss sich deshalb, noch einmal von vorne anzufangen. Erneut schrieb er sich an der Universität Chicago ein, um nun Astronomie zu studieren. In Yerkes, dem der Universität Chicago angeschlossenen Observatorium, verfasste er dann seine Doktorarbeit.

Nach dem Ende des Ersten Weltkrieges folgte er 1919 schließlich seiner Berufung zum Mount-Wilson-Observatorium. Als Erstes befasste er sich mit den »Nebeln«, die er im Milchstraßensystem vermutete. Einige, darunter die Plejaden und Orion, waren ihm schon seit seiner Jugend durch die Lektüre von Jules Verne vertraut. Er brauchte fünf Jahre, um die nahe gelegenen oder galaktischen »Nebel« auszuwerten und in Gruppen einzuordnen.

In Hunderten von Beobachtungen erforschte er die zwei größten, von der Erde aus sichtbaren Spiralnebel: M33 im Triangulum und den Andromedanebel. M33 erscheint uns durch ein Teleskop als nahezu flacher Spiralnebel. Hubble fotografierte ihn wiederholt in klaren Nächten mit dem 2,50-m-Teleskop und benutzte dabei eine neuartige, empfindliche Photoemulsion. Endlich gelang es ihm, den »Nebel« zweifelsfrei in Sterne aufzulösen, unter denen er 35 Cepheiden identifizieren konnte. Mit ihrer Hilfe schätze er die Entfernung von M33, aus der sich einwandfrei ergab, dass es ein selbstständiges Sternensystem außerhalb der Milchstraße ist.

Mit Hubbles Arbeit über den Andromedanebel war schließlich eine entscheidende Hürde genommen. Hubbles Veröffentlichungen machten zum ersten Mal deutlich, dass sich das Universum aus Galaxien zusammensetzt. Galaxien mit ihren unendlich vielen Sternen von unterschiedlichem Alter.

Dieser Entdeckung folgte eine andere auf dem Fuß: die Expansion des Universums. Während er nämlich die ungefähre Entfernung, Größe und Helligkeit einer Reihe von Galaxien bestimmt hatte, vermaß er gleichzeitig deren Geschwindigkeit relativ zur Erde. Eigentlich hatte er nur feststellen wollen, wie schnell sich unsere Sonne innerhalb der rotierenden Milchstraße bewegt. Hubble ging davon aus, dass sich die Bewegungsgeschwindigkeit der Sonne feststellen lässt, wenn andere Sternensysteme als Referenzrahmen dienen. Zu seiner großen Überraschung machte er eine erstaunliche Entdeckung. Nur einige nahegelegene Galaxien schwebten anscheinend ohne bestimmte Richtung im All, während alle anderen von uns zu fliehen schienen. Sie entwichen bemerkenswert schnell, und je weiter sie entfernt waren, umso größer war ihre Entweichgeschwindigkeit.

Für diesen Tatbestand hatte Hubble nur zwei mögliche Erklärungen: Entweder befand sich die Milchstraße im Zentrum des Universums und alle anderen Sternensysteme entfernten sich von ihr aus unbekannten Gründen, wobei sie ihre Geschwindigkeit mit zunehmender Entfernung beschleunigten – oder aber, das Universum expandierte.

Auch Einsteins Relativitätstheorie verlangte einen expandierenden Kosmos. Dieses Konzept stand jedoch im Widerspruch mit der allgemein akzeptierten Ansicht, dass das Universum statisch und unveränderlich sei. Deshalb befand sich Einstein in einer Zwickmühle. Um das angeblich statische Universum auf seine Relativitätstheorie abzustimmen, führte er einen neuen Begriff in seine Gleichungen ein, den er »kosmologische Konstante« nannte. Diese Konstante verkörperte eine Art Antischwerkraft über große Entfernungen, deren Auswirkungen ein relativistisches Modell des Universums ermöglichen sollten, das weder expandiert noch durch die Gravitation kollabiert.

Schon bald bereute Einstein jedoch die Veröffentlichung dieses Modells. Denn ausgerechnet diese kosmologische Konstante erwies sich als erheblicher Störfaktor in seiner sonst so makel-

10 Autopsie des Urknalls

losen Theorie. 1930 gab er seine Konstante als »große Eselei« endgültig wieder auf.

Auch William de Sitter (1872–1934) wurde eine Kopie der Einstein'schen Arbeit zugeschickt. De Sitter war seit 1908 Direktor des Observatoriums in Leyden. Die Relativitätstheorie veranlasste den weißbärtigen, stets geistesabwesend wirkenden Astronomen alter Schule umgehend, ein neues kosmisches Modell zu entwerfen. Dabei brachte ihn sein erfinderischer Verstand auf die Idee, seine Berechnungen der Einfachheit halber auf einem hypothetisch absolut leeren Universum aufzubauen. Da seiner Auffassung nach das Universum ohnehin zum größten Teil aus Raum besteht, konnte ein kosmisches Modell, das nur Raum darstellt, kaum falsch sein. Geometrisch gesehen, handelt es sich bei de Sitters Universum um ein expandierendes. Wenn er auch im gleichen Atemzug hinzufügte, es könne auch als statisch betrachtet werden, da es nichts darin gäbe, was expandieren könne.

Der Direktor des Cambridge-Observatoriums, Sir Arthur Eddington (1882–1944), »bestückte« das de Sitter'sche Modell des leeren Kosmos nun mit Materiepartikeln, von denen er befand, dass sie auseinanderfliegen.

Der erste deutliche Hinweis auf ein expandierendes Universum wurde Anfang der Zwanzigerjahre von dem russischen Mathematiker Alexander Friedmann (1888–1925) veröffentlicht. Er hatte damit begonnen, die Einstein'schen Veröffentlichungen streng mathematisch zu überprüfen. Dabei entdeckte er, dass Einstein ein Fehler unterlaufen war. Nach der mathematischen Korrektur war das Einstein'sche Universum nicht mehr statisch, sondern ging in Bewegung über. Friedmann bewies, dass sich das Universum, seinen Startbedingungen entsprechend, entweder ausdehnen, zusammenziehen oder auch pulsieren könne. Im gleichen Jahr, als Friedmann seine ersten Studien über kosmologische Relativität herausgab, stellte der Direktor des Lo-

10 Autopsie des Urknalls

well-Observatoriums, Vesto Melvin Slipher (1875–1969), eine Liste von beinahe 40 Galaxien zusammen, bei denen die Rotverschiebung nachgewiesen werden konnte.

Was bedeutete nun diese Rotverschiebung? Sie kann durch ein ganz einfaches Beispiel erklärt werden. Bei einem auf uns zufahrenden Streifenwagen klingt das Martinshorn höher, als wenn das Fahrzeug sich von uns entfernt. Warum? Weil die Schallschwingungen bei der Annäherung enger zusammengedrängt werden als bei dem sich entfernenden Fahrzeug, bei dem sich die Schallschwingungen ausdehnen.

Dieser sogenannte Dopplereffekt, benannt nach seinem Entdecker, dem österreichischen Mathematiker und Physiker Christian Doppler (1803–1853), gilt auch für das Licht und alle anderen Wellenarten. Die Verschiebung zum Rot mit seinen längeren Wellen entspricht also der Fluchtgeschwindigkeit der Galaxien, wie Hubble gefolgert hatte. Friedmanns Theorie stieß auf wenig Interesse, und nachdem er sich bei einer meteorologischen Ballonfahrt buchstäblich den Tod durch Lungenentzündung geholt hatte, geriet sie völlig in Vergessenheit.

Nur fünf Jahre später arbeitete ein belgischer Kosmologe, der Abbé Georges Lemaître (1894–1966), an demselben Problem. Ohne jedoch auf Friedmanns Arbeit zu stoßen, kam er zu den gleichen Ergebnissen. Lemaître war von einem expandierenden Universum überzeugt und erwartete die Bestätigung dafür durch die Rotverschiebung in den Spektren der Galaxien. Als Hubble 1930 in einer populärwissenschaftlichen Abhandlung über das kosmologische Modell von Lemaître las, fand er seine eigenen Beobachtungen damit bestätigt. Mit seinem gewohnten steinernen Gesichtsausdruck räumte er 1937 bissig ein: »Es kann schon sein, dass Sternensysteme auf so sonderbare Weise entfliehen. Immerhin eine ziemlich überraschende Vorstellung.«

Nachdem nun das Universum als dynamisch und nicht mehr statisch betrachtet werden musste, weil der Kosmos veränderlich, durch das Entweichen der Galaxien in Bewegung ist, stellt sich natürlich die Frage, wann und wie diese Bewegung begonnen hatte. Die Astronomen mussten nun davon ausgehen, dass sich die Abstände zwischen allen Sternensystemen vergrößern, denn alle Galaxiengruppen im Universum streben in alle Richtungen auseinander – wie Farbflecken auf einem Luftballon, der aufgeblasen wird. Für diese gleichmäßige Ausdehnung des Universums hatte Hubble einen Messwert, die Hubble-Konstante, erarbeitet, der allerdings inzwischen immer wieder korrigiert wurde. Um hier Missverständnisse auszuräumen: Galaxien fliehen nicht. Die »Flucht der Galaxien« ist ein falscher Begriff. Die RaumZeit expandiert und trägt die Galaxien fort, wie ein Boot in der Strömung. Musste sich nicht diese Bewegung der RaumZeit auf einen Startpunkt zurückführen lassen? Gab es einen Anfang? Und wenn ja, wie alt ist dann unser Universum? Was war da geschehen? Wie sah dieser Anfang aus?

Der Abbé Lemaître hatte bereits spekuliert, ob das Universum anfangs nicht eine Art Uratom mit dem Durchmesser von rund 300 Kilometern gewesen sein könnte – eine Art kosmisches Ei, das explodierte, dabei seine Materie in alle Richtungen versprengte, sodass die Expansion sozusagen in einem Feuerwerk ihren Anfang nahm.

Diese Expansionsidee, vor allem die kosmische Bombe, ging dem Ästheten Eddington bei aller Hochachtung für Lemaître zu weit. Gewohnt an ein Universum unveränderlicher Sternensysteme, empfand er die Vorstellung einer solchen »Höllenkugel« einfach als geschmacklos. »Da ich nicht umhin komme, die Frage des Beginns zu erwägen, würde mich die Theorie eines weniger unästhetischen, abrupten Anfangs weit eher befriedigen«, bemerkte er kritisch.

Eddington war der Ansicht, dass dieses kosmologische Problem nur durch die Atomphysik geklärt werden könne, und der Physiker George Gamov (1904–1964) stimmte mit ihm darin völ-

10 Autopsie des Urknalls

lig überein. Gamov, der in Leningrad promoviert hatte, wanderte 1933 unter Protest nach Amerika aus, nachdem Stalin aus ideologischen Gründen die Relativitätstheorie und die Mendel'schen Vererbungsgesetze als Lehrstoff verboten hatte. Auf die Frage, was ihn bewogen habe, Naturwissenschaftler zu werden, pflegte er schmunzelnd zu antworten: »Ein kindliches Experiment.« Dann erzählte er, dass ihm bei der Kommunion vom Priester die Hostie gereicht worden sei und er heimlich ein Stückchen im Mund zurückbehalten habe, um es daheim unter dem Mikroskop zu untersuchen. Auf diese Weise habe er entdeckt, dass die Hostie Brot und nicht Fleisch war. In späteren Jahren gab Gamov gerne die Anekdote zum Besten, wie es dem russischen Mathematiker Krylow gelungen sei, die Entfernung zwischen dem Thron Gottes und der Erde zu bestimmen:

Im Japanisch-russischen Krieg 1905 erflehten die Gläubigen in den orthodoxen Kirchen Russlands von Gott einen Sieg über den verhassten Feind – zunächst vergebens. Doch blieben sie auf Dauer nicht ungehört, denn 18 Jahre später, 1923, wurde Japan von einem Erdbeben heimgesucht. Daraus schloss Krylow, dass die Gebete neun Jahre gebraucht hatten, um die göttlichen Ohren mit Lichtgeschwindigkeit zu erreichen. Nach weiteren neun Jahren kam dann Gottes Antwort und die erflehte Strafe – das Erdbeben von 1923. Gottes Thron war demzufolge also 9 Lichtjahre entfernt!

Als Hubble den Zusammenhang von Rotverschiebung und Entfernung entdeckte, war Gamov gerade 26 Jahre alt geworden und beschäftigte sich bereits mit der Überarbeitung der Lemaître'schen Theorie. Er betrachtete Atome als Produkt der Entstehung des Universums. Er kam zu der Überzeugung, dass die Existenz der verschiedensten Elemente auf eine ungeheure Kernexplosion, einen Big Bang, zurückzuführen sei. Wie der Abbé ging auch Gamov von einem anfänglich hoch komprimierten Universum aus.

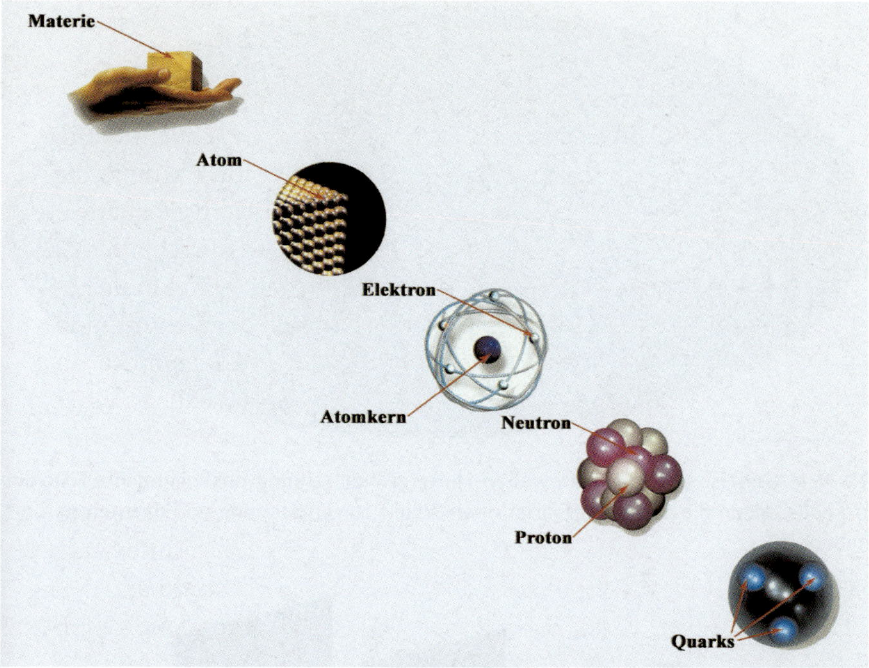

17 Materieaufbau von Quarks zum Makromolekül. Nach der Stringtheorie würden die Quarks aus schwingenden Strings bestehen. Aus meiner Sicht allerdings sind Elementarteilchen verdichtete RaumZeit.

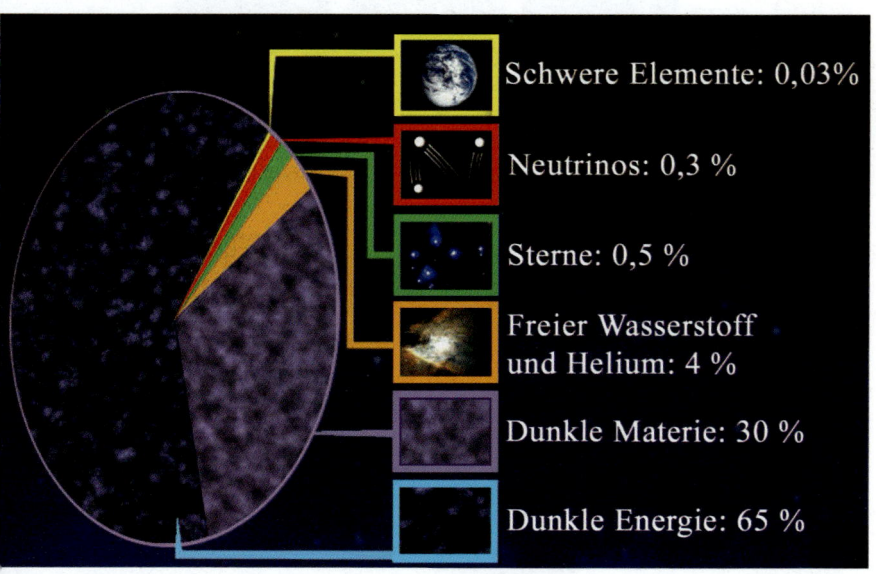

18 Der Stoff, aus dem unser Universum besteht. Nur fünf Prozent sind zurzeit bekannt. Über den großen, unbekannten Rest (95 Prozent) wird spekuliert, ob es sich dabei um dunkle Materie und dunkle Energie handelt.

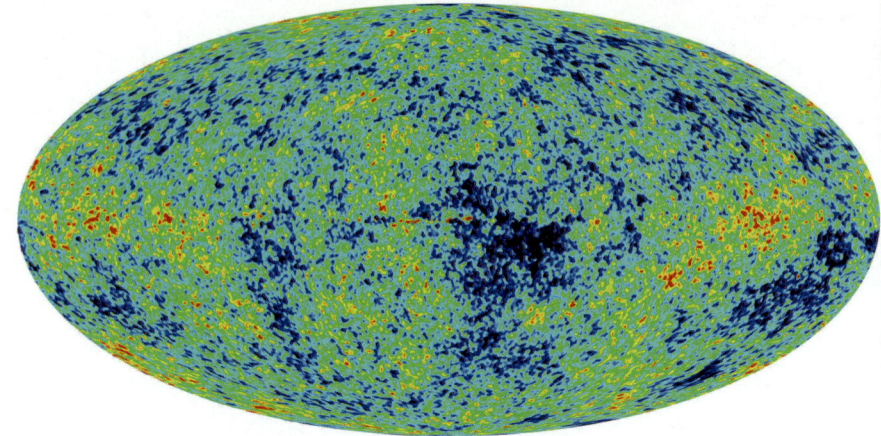

19 WMAP registrierte die Mikrowellen-Hintergrundstrahlung, das sogenannte Echo des Urknalls. Minimale Strahlungsvariationen sollen zur Entstehung von Sternen geführt haben.

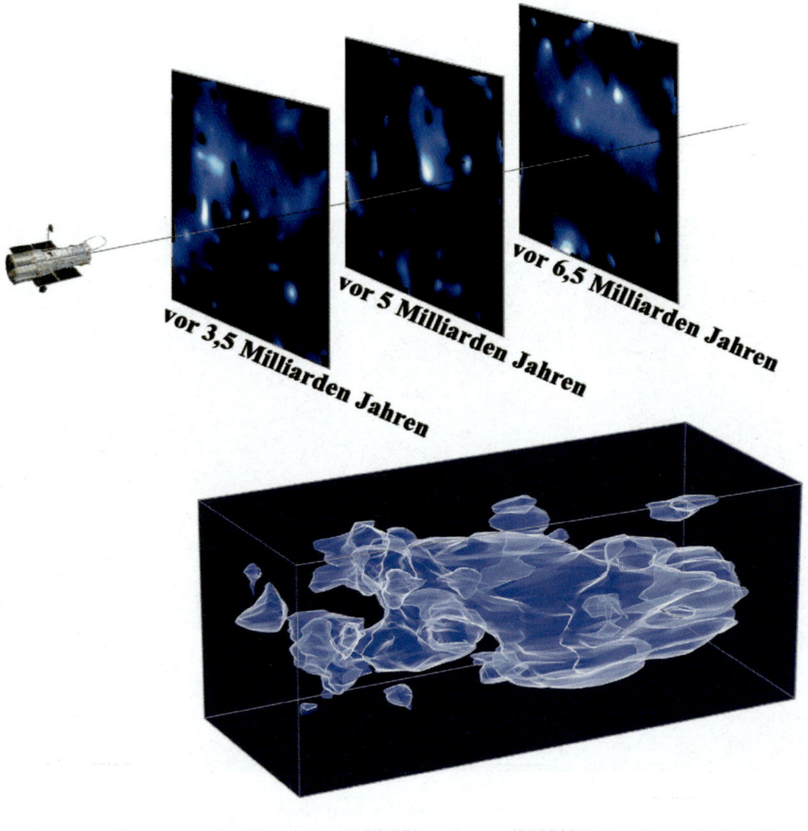

20 Die Verteilung von dunkler Materie während unterschiedlicher kosmischer Epochen.

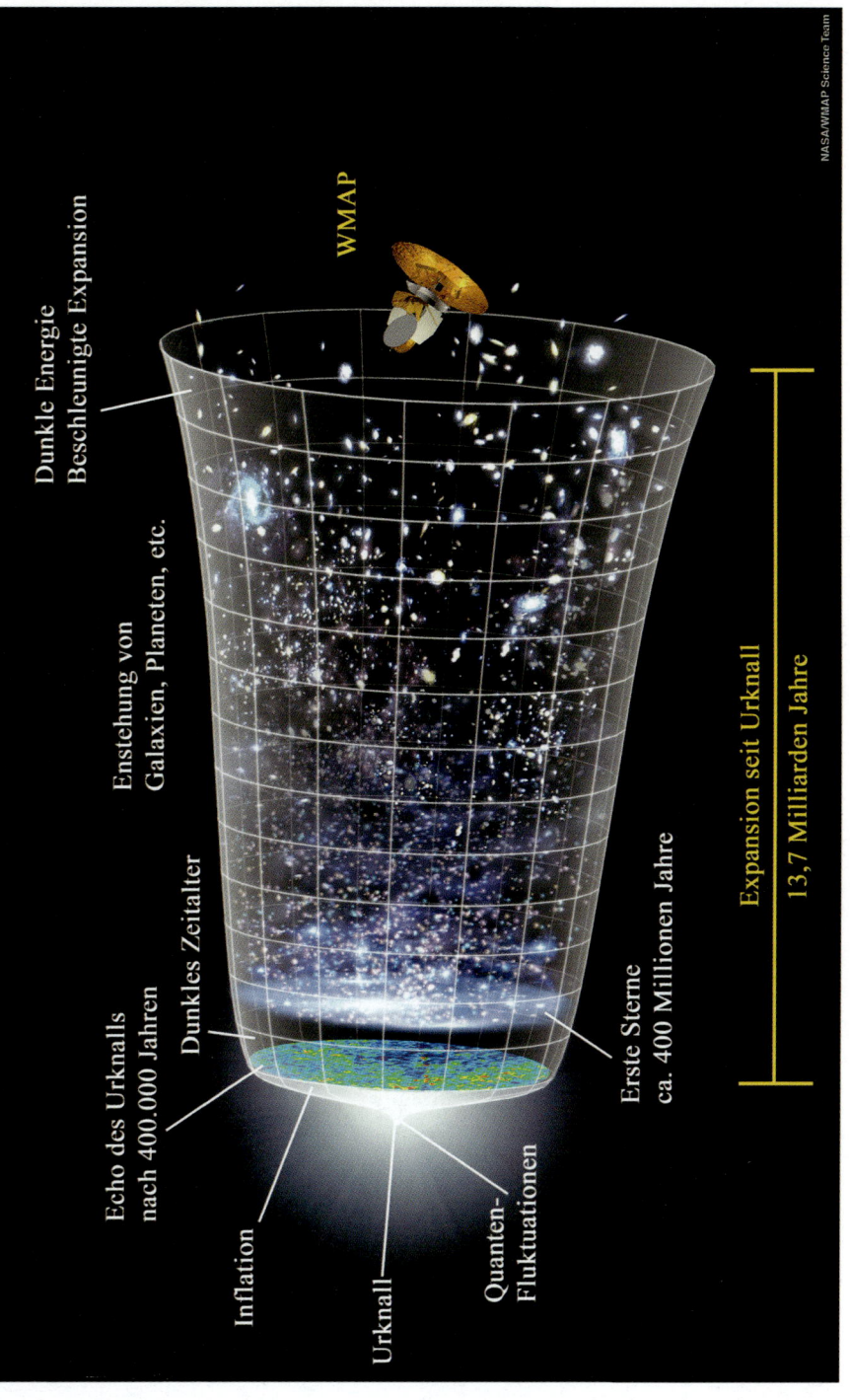

21 Gängige Modellvorstellung von der Entwicklungsgeschichte unseres Universums nach dem Urknall.

Hubble-Teleskop beobachtet kosmisches »Tauziehen«

Hubble hat die Existenz Dunkler Energie im jungen Universum entdeckt. Es scheint, dass es zu einem Tauziehen zwischen der Zugkraft von Dunkler Materie und der Schubkraft Dunkler Energie vor 9 Milliarden Jahren kam. Bis schließlich die Dunkle Energie die Oberhand gewann und die Expansion beschleunigte.

vor 9 Milliarden Jahren — vor 4 Milliarden Jahren — Heute

ZEIT

22 Hier wird der Zweikampf zwischen dunkler Materie mit ihrer Anziehungskraft und der dunklen Energie mit ihrer Schubkraft illustriert.

10 Autopsie des Urknalls

Im Gegensatz zu Lemaître, der an ein Uratom mit hoch verdichteter Materie dachte, nahm Gamov an, dass das Universum ursprünglich vorwiegend aus komprimierter Energie und nur aus wenigen Materiespuren bestanden habe und der Big Bang in Form von Kernfusion – wie bei einer Wasserstoffbombe – erfolgt sei.

Dieses Uratom aus Neutronium zerbarst nach Gamovs Hypothese in der gewaltigsten Explosion aller Zeiten, im Urknall. Innerhalb weniger Minuten entstand daraus dann eine Mischung aus Neutronen, Protonen und Elektronen, die Gamov in Anlehnung an Aristoteles als das Chaos, aus dem die Welt entstand, Ylem taufte.

Bei genauerer Untersuchung sollte sich herausstellen, dass Gamov zwar die Entstehung von Wasserstoff- und Heliumatomen noch treffend erklären konnte, aber bei den übrigen Elementen dann passen musste. Müsste bei der von Gamov vermuteten, ungeheuren Hitze im Anfangsstadium des Universums nicht eine bis heute feststellbare Restwärme existieren, eine Art Nachglühen? Jedenfalls führte die von Gamov und seinen Mitarbeitern, Ralph Asher Alpher und Hans Bethe, 1948 veröffentlichte Big-Bang-Theorie zur Schlussfolgerung, dass ein Temperaturrest des Urknalls als Hintergrundstrahlung messbar sein müsste.

Gamovs hintergründiger Humor wird nicht zuletzt auch durch die Auswahl seiner Mitarbeiter dokumentiert, die er nach den Anfangsbuchstaben des griechischen Alphabets ausgewählt hatte, Alpha, Beta, Gamma – Alpher, Bethe und Gamov.

Im selben Jahr, als Gamovs Explosionsmodell veröffentlicht wurde, stellten drei englische Wissenschaftler – Hermann Bondi (1919–2005), Thomas Gold (1920–2004) und Fred Hoyle (1915–2001) – eine kosmologische Gegenthese auf, nicht zuletzt, weil viele Astronomen die Big-Bang-Theorie nicht befriedigte. Dem gegenüber ging die Gegentheorie der drei Forscher von

10 Autopsie des Urknalls

einem Universum ohne Anfang und Ende aus, das immer schon existierte und bis in alle Ewigkeit weiter bestehen wird.

Der kreative Hoyle behandelte den Big Bang mit Skepsis und war die treibende Kraft des Forscherteams. Wenn das Universum tatsächlich einen Anfang gehabt hätte, müsste vorausgesetzt werden, dass die Materie dann auch irgendwann entstanden sein müsste. Aber konnte sie sich in diesem Fall nicht genauso nach und nach entwickelt haben? Im Raum könnte sich doch unaufhörlich neue Materie bilden, aus der sich wiederum ständig neue Galaxien formen, die dann den durch die entschwundenen Galaxien leer gewordenen Raum wieder auffüllen.

Bondi und Hoyle waren anfangs von diesem Konzept nicht ganz überzeugt. Schließlich ließ sich Bondi überreden, die mathematischen Hintergründe zu durchleuchten, obwohl er mit widersprüchlichen Ergebnissen rechnete. Doch schließlich präsentierte er ein zufriedenstellendes Ergebnis. Damit war das Steady-State-Modell geboren. Die Materie des Universums ist danach nicht auf einmal durch den Urknall entstanden, sondern hat sich kontinuierlich entwickelt.

Diese Theorie bedeutete für die gesamte Kosmologie eine Provokation der Schöpfung. Obwohl doch ein einleuchtender und mathematisch berechenbarer Ausgleich zwischen der neu gebildeten Materie zur Debatte stand. Bei der Fortsetzung eines solchen Vorgangs behielt das Universum auf immer und ewig das gleiche Aussehen. Gleichgültig, wie weit wir auch in die Vergangenheit zurückblicken oder in die Zukunft schauen würden, so bliebe doch alles unverändert. Es wären zwar andere Galaxien da, aber diese wären stets gleichmäßig verteilt.

Bei einer kontinuierlichen Schöpfung wäre sowohl ein Big Bang als auch ein unabwendbares Ende des Universums ausgeschlossen. Der Kosmos wäre zwar Verwandlungsprozessen unterworfen, wie der Geburt oder dem Tod von Sternen und Galaxien, würde sich aber als Ganzes nie verändern. Das Universum würde sich durch die ständig neu entstehenden Sternensysteme zwar immer wieder verjüngen, doch die Materiedichte des Kosmos bliebe für alle Ewigkeit konstant.

Es war von vornherein klar, dass die Annahme einer kontinuierlichen Schöpfung mit dem Energieerhaltungsprinzip unvereinbar sein musste. Danach gibt es nämlich in einem geschlossenen System – in diesem Fall im Kosmos – keine Veränderung des Materie- und Energievorkommens. Doch Hoyle, Bondi und Gold wandten dagegen ein, dass der Energie- und Materiegehalt selbst dann unverändert bliebe, wenn sich Materie aus dem »Nichts« bilden würde, da diese ja lediglich den Platz der entwichenen einnähme.

Als Konsequenz bildeten sich zwei gegnerische Lager: die Big-Bang-Vertreter wider die Steady-State-Anhänger. So argumentierten die »Big-Banger«: Wenn sich die Steady-State-Theorie als richtig erweisen sollte, müsste es ja schließlich möglich sein, unendlich viele alte Galaxien mit Teleskopen aufzuspüren. Aber solche alten Galaxien hätte man nicht aufgefunden. Die Steady-State-Anhänger konterten daraufhin: Hätte sich der Big Bang tatsächlich ereignet, müsste der Unterschied zum heutigen Universum umso deutlicher sichtbar werden, je weiter die teleskopische Erforschung des Weltraums in die Vergangenheit vordringe und dabei dem Urknall immer näher komme.

Während es für Gamov noch einen Zusammenhang zwischen dem Urknall und der Entstehung von Elementen gab, rückten einige Physiker der Universität Princeton dem Problem 1960 unter umgekehrten Voraussetzungen zu Leibe.
Robert Dicke (1916–1997), D. T. Wilkinson (1935–2002), P. J. Peebles (geb. 1935) und P. G. Roll überprüften nämlich die Frage, ob das Universum nicht nach Milliarden Jahren fortdauernder Expansion sich wieder zusammenziehen, dann zu einer Singularität kollabieren und schließlich wieder explodieren könnte und so ein neues, ein pulsierendes Universum entstehen würde.

Peebles war davon überzeugt, dass auch heute noch eine Reststrahlung des Urknalls, sozusagen ein Echo der Schöpfung, messbar sein muss, und vermutete sie im Mikrowellenbereich. Etwa um die gleiche Zeit wurde Arnold Penzias (geb. 1933), einem jungen Wissenschaftler der amerikanischen Columbia-Universität, von den Bell Telephone Laboratories ein verlockendes Angebot unterbreitet: Wenn er die für Kommunikationszwecke bestimmte Radio-Horn-Antenne weiterentwickele, so wurde ihm zugesichert, dürfe er sie später für eigene astronomische Forschungsprojekte einsetzen. Penzias ging erfreut auf das Angebot ein. Ab 1962 schloss er sich mit dem am California Institute of Technology in Astronomie qualifizierten Robert Wilson (1927–2002) zu einem Zweimannteam zusammen. Die beiden ergänzten sich glänzend, denn im Gegensatz zu dem intellektuell ausgerichteten Penzias, den vor allem große Zusammenhänge interessierten, war Wilson in Einzelheiten überaus präzise und von geradezu pedantischer Gründlichkeit.

Mit den 1964 erstmals eingesetzten Satelliten eröffneten sich völlig neue Möglichkeiten für das Kommunikationswesen. Die daran mit den Projekten Telstar und Echo beteiligten Bell Laboratories errichteten daher eine lenkbare Radio-Horn-Antenne in Holmdel, New Jersey. Da die Qualität der Satellitenfunkverbindung nicht zuletzt von der selektiven Empfangsempfindlichkeit abhängt – das heißt, je weniger Nebengeräusche, desto besserer Empfang –, war die Perfektionierung dieser Antenne besonders wichtig.

Obwohl Penzias und Wilson die Holmdel-Antenne mit einem Maser (Mikrowellenverstärkung durch induzierte Emission von Strahlung) ausgerüstet hatten, um die störenden Nebengeräusche weitestgehend auszufiltern, stießen die beiden auf ein schwaches, ständiges Hintergrundgeräusch, gleichgültig, wohin sie die Antenne auch ausrichteten. Ein pausenloses Hintergrundrauschen war ständig vorhanden. Da ihnen die Antenne

genügend Verdruss bereitet hatte, beschlossen Penzias und Wilson, sie bis auf die letzte Schraube zu zerlegen. Sie trauten ihren Augen nicht, als sie im Horn ein turtelndes Taubenpärchen entdeckten. Das also musste des Rätsels Lösung sein. Das Taubenpärchen musste also einen Umzug über sich ergehen lassen. Die beiden verfrachteten die Vögel per Firmenpost in die hundert Kilometer entfernte Verwaltung von Bell in Whippany, New Jersey. Doch wenn sie geglaubt hatten, der Antennenärger habe nun ein Ende, täuschten sie sich.
Zwei Tage später saßen die Brieftauben wieder in der Horn-Antenne. Erneut wurde das Liebespärchen, samt Taubendreck, entfernt. Doch der Erfolg war gleich Null. Das infame, gleichmäßige Hintergrundrauschen war unvermindert zu hören und kam aus allen Himmelsrichtungen.
1964 beschäftigten sich kurioserweise drei Forschungsgruppen unabhängig und ohne voneinander zu wissen mit dem gleichen Problem und tappten alle gleichermaßen im Dunkeln. In Holmdel zermarterten sich Wilson und Penzias das Hirn wegen der rätselhaften Hintergrundstrahlung ihrer Horn-Antenne. Im kaum dreißig Minuten entfernten Princeton versuchten Dicke und seine Kollegen, eine kosmische Strahlung aufzuspüren. Dazu hatten die Russen verlauten lassen, wenn Gamov recht hätte und der Urknall mit dem Anfang des Universums zusammenhänge, würde nach ihren Ergebnissen die einer Schwarzkörperkurve folgende Hintergrundstrahlung den Kosmos wie ein Nachhall durchziehen und müsste durch die Holmdel-Horn-Antenne aufgespürt werden können.
Die Princeton-Wissenschaftler hatten keine Ahnung von der Holmdel-Antenne, wussten weder etwas von Gamovs Arbeiten noch von den Erkenntnissen der Russen. Gamov wiederum lebte in völliger Unkenntnis der Bemühungen der anderen Kollegen und der russischen Schlussfolgerungen. Penzias und Wilson hatten ihre Hintergrundgeräusche erst einmal vertuscht,

10 Autopsie des Urknalls

damit ihnen daraus nicht etwa beruflich ein Strick gedreht werden konnte, wenn etwas mit ihrer Antenne nicht stimmte. Sie »verbargen« ihr Geräuschproblem also vorsorglich inmitten einer jener Facharbeiten, die in der Regel kaum gelesen werden. Wenn sich eines Tages eine Ursache von Bedeutung für diese Geräusche herausstellen sollte, so würden sie wenigstens darauf hingewiesen haben. Handelte es sich aber um einen Fehler ihrerseits, wurde er auf diese Weise nicht so publik, um breitgetreten zu werden.

Im Verlauf einer Zusammenkunft sprach Penzias mit Burke, einem Wissenschaftler des Carnegie-Instituts in Washington, über sein Geräuschproblem. Wenig später meldete sich dieser, um Penzias über den Vorabdruck der Arbeit des Princeton-Wissenschaftlers zu unterrichten. Danach müsse es möglich sein, das Relikt der Hintergrundstrahlung aus den Anfängen des Universums durch ein Mikrowellen-Radioteleskop zu ermitteln. Penzias besorgte sich umgehend Peebles' noch unveröffentlichte Arbeit.

Als er sie gelesen hatte, schlug er dem Leiter des Princeton-Projekts einen Besuch in Holmdel vor. Dicke verblüfften die Ergebnisse des Princeton-Teams. Schließlich vereinbarten sie, ihre Resultate gemeinsam in zwei Artikeln herauszugeben und umgehend an die »Astrophysical Journal Letters« weiterzuleiten.

In ihrer Abhandlung schilderten Dicke und seine Kollegen in großen Zügen die Bedeutung kosmischer Hintergrundstrahlung als Beweis für die Richtigkeit der Big-Bang-Theorie. Die Arbeit von Peebles wurde gleichzeitig anerkannt. Penzias und Wilson schilderten dagegen die Messungen der effektiven Zenit-Geräuschtemperatur der Holmdel-Horn-Antenne, deren Wert etwa drei Kelvin über dem zu erwartenden liege. Diese Exzesstemperatur sei isotropisch, unpolarisiert und im begrenzten Bereich der Beobachtungsdauer auch keinen jahreszeitlichen Schwankungen unterworfen gewesen.

10 Autopsie des Urknalls

Penzias und Wilson begriffen die ganze Tragweite ihrer Entdeckung nur nach und nach. Sie hatten die Reststrahlung aus dem unvorstellbaren Inferno des Urknalls – den Nachhall der Schöpfung – nur durch Zufall entdeckt. Und damit hatte das Steady-State-Modell von der Big-Bang-Theorie sozusagen den K.-o.-Schlag erhalten. Für die Entdeckung der kosmischen Hintergrundstrahlung erhielten Penzias und Wilson 1978 den Nobelpreis für Physik.

Die Möglichkeit, Jahrmilliarden nach dem Urknall sozusagen das Echo der Schöpfung noch registrieren zu können, war geradezu fantastisch.

1992 ergab sich durch den Satelliten COBE (Cosmic Background Explorer) eine spektakuläre Bestätigung für die Urknalltheorie. Ein wissenschaftliches Team der University of California in Berkeley unter der Leitung von George Smoot (geb. 1945) konnte die fossile Strahlung des Urknalls wesentlich genauer als die frühen Messungen nachweisen. COBE war speziell ausgerüstet, um die mikroskopischen Einzelheiten in der Struktur des Mikrowellenhintergrunds zu untersuchen. Und zwar jene Strahlung, die George Gamov und seine Kollegen vorausgesagt hatten.

Das Smoot-Team konnte mit nie dagewesener Genauigkeit Schwankungen der COBE-Messdaten bis zu einem Teil pro Hunderttausend registrieren. Zudem entdeckte COBE winzige, fast mikroskopische Unregelmäßigkeiten im Mikrowellenhintergrund. Es waren aber genau diese Schwankungen, die erforderlich sein würden, um Materieverklumpungen zu erzeugen, aus denen dann Galaxien mit ihren Sternen entstehen würden. Es ist dieses charakteristische Muster winziger Temperaturschwankungen im Bereich von nur einem hunderttausendstel Grad in der Hintergrundstrahlung, das zur heutigen, wahrnehmbaren Struktur unseres Universums führen sollte.

George Smoot erhielt zusammen mit John Mather für die COBE-Entdeckung 2006 den Nobelpreis. Der Nachfolger von

10 Autopsie des Urknalls

COBE, WMAP (Wilkinson Microwave Anisotropy Probe), hat inzwischen die Hintergrundstrahlung mit ungleich höherer Präzision vermessen und auch hier minimale Temperaturschwankungen kurz nach der Geburtsstunde des Universums registriert. Die Daten von WMAP tragen dazu bei, nicht nur die Zusammensetzung des Alls, sondern auch das Alter und die Ausdehnungsgeschwindigkeit neu zu berechnen.

Im Grunde genommen, wird das Urknallmodell von vier »Säulen« getragen:

1. Die Rotverschiebung der Galaxien, also der Zusammenhang zwischen Entfernung und Geschwindigkeit der Galaxien. Ihre Geschwindigkeit ist direkt proportional zu ihrer Entfernung. Das heißt, dass sich doppelt so weit entfernte Galaxien mit doppelter Geschwindigkeit entfernen.
2. Das Spektrum der Hintergrundstrahlung des Universums.
3. Die durchschnittliche Altersverteilung der Sterne liegt bei etwa 13 Milliarden Jahren.
4. Die am häufigsten vertretenen Elemente im All sind Wasserstoff, Deuterium und die Isotope des Helium.

Anfang 1980 kam Alan Guth (geb. 1947) vom MIT in Boston zu der Überzeugung, dass sich das ultrawinzige Uruniversum vor zirka 13,7 Milliarden Jahren durch eine Art Ausdehnungsdruck schlagartig aufgebläht habe. Innerhalb von Bruchteilen einer Sekunde muss es sich um das Googolfache (1 Googol ist eine Eins mit einhundert Nullen) von einem winzigen Punkt auf die Größe einer Orange explosionsartig ausgedehnt haben. Dieses Ereignis wird heute als Inflationsphase bezeichnet.

Spielen wir nun einmal das mögliche Geburtsszenario unseres Universums durch: Da war also vor 13,7 Milliarden ein unbeschreiblich kleines Etwas ohne Raum und Zeit. Ein fantastisch energiereicher, singulärer Punkt explodierte eruptionsartig. Die Temperatur betrug zu dieser Zeit, 10^{-43} Sekunden nach dem sogenannten Urknall, etwa zehn Billionen Billionen Grad –,

10 Autopsie des Urknalls

10^{32} Kelvin. Dieser Vorgang dauerte also nur den Bruchteil einer Nanosekunde. Zu jenem Zeitpunkt der Planck-Ära existierten die heutigen Naturgesetze noch nicht. Mit der rasanten Ausdehnung kühlte sich die entstandene RaumZeit mit ihrem extrem heißen Urplasma nach einer Hunderttausendstel Sekunde auf etwa zehn Billionen Grad Kelvin ab.

Nun folgt die sogenannte Quark-Ära, in der die ersten Quarks entstehen. Materie und Antimaterie bildet sich – Baryonen und Antibaryonen –, die sich zum Großteil gegenseitig auslöschen. Nach rund einhundertstel Sekunden kristallisieren sich die leichtesten Elemente aus dem Teilchenplasma heraus. In den nächsten drei Minuten nach dem Urknall kühlt sich unser Baby-Universum auf ungefähr eine Milliarde Grad ab. Es bilden sich Atomkerne von Wasserstoff, Helium und Spuren von schwerem Wasserstoff, dem Deuterium. Es ist die Ära der Kernreaktion. Die Zeit der primordialen Nukleosynthese.

Ungefähr 300 000 bis 400 000 Jahre nach der Inflationsphase expandiert das Universum weiter und kühlte sich dabei auf einige tausend Grad ab. Die meisten Elektronen und Positronen haben sich immer wieder gegenseitig ausgelöscht, und die RaumZeit ist in dieser sogenannten Strahlungsära lichtundurchlässig. Als nächster Schritt werden umherjagende Elektronen schließlich von Wasserstoff- und Heliumkernen eingefangen in einem sogenannten Rekombinationsprozess. Und die Materie, die den Zerstrahlungsprozess mit Antimaterie überlebt hat, dominiert den Kosmos.

Nach der dunklen Ära des Universums wird das All durch die ersten elektrisch neutralen Atome endlich durchsichtig. Es wurde Licht! Denn vorher war es milchig-trüb. Nach zirka hundert bis 200 Millionen Jahren hat sich unser Kosmos enorm ausgedehnt, und es bilden sich die ersten Riesensterne. Die Lebensspanne dieser Sterne ist relativ kurz, aber aus ihrer Asche entstehen durch die Verklumpung der Materie nach zirka 800

10 Autopsie des Urknalls

Millionen Jahren neue Sterne und Planeten. Verantwortlich für die Geburt von Sternen und damit auch der Galaxien ist die Gravitation. 13,7 Milliarden Jahre nach dem Urknall grübeln Physiker und Kosmologen darüber nach, wie das Universum entstanden ist und kommen zu der Schlussfolgerung, dass das Ganze mit einem Big Bang beziehungsweise mit der eruptiven Inflationsphase begonnen hat.

Wenn das Urknallmodell zutreffen sollte, war der Urkeim unendlich heiß und unendlich dicht. Und alle Kräfte waren zu einer Superkraft symmetrisch vereint. Mit der Expansion und Abkühlung hat sich die Symmetrie laut der Quantenfeldtheorie Schritt für Schritt verringert. Die Symmetrie der Kräfte wurde gebrochen. Als die Temperatur unter 10^{-28} Kelvin fiel, beginnen sich die Kräfte aus der Vereinigung zu lösen. Die schwache und die elektromagnetische Kraft bleiben zwar anfänglich noch miteinander vereinigt, aber nach weiterer Absenkung der Temperatur trennten auch sie sich voneinander. Das Auseinanderbrechen dieser anfänglichen symmetrischen Vereinigung bescherte uns die Naturkräfte, wie wir sie heute kennen.

Ein wichtiger Aspekt ist in unserem Schöpfungszeitraffer zu kurz gekommen: das Phänomen Gravitation. Wir haben einerseits die Expansion der RaumZeit, anderseits den Effekt der Gravitation aus Einstein'scher Sicht. Danach krümmt die Materiemasse die RaumZeit, mit dem Effekt der gegenseitigen Anziehung. Müsste sich nach diesem Konzept die Expansionsrate durch die Gravitation nicht verlangsamen und schließlich das Universum zum Kollaps kommen? Ein Zusammensturz, der den gesamten Kosmos mit seinen Galaxien, Materie und Energie schließlich als Singularität beendet.

Ende der Neunzigerjahre untersuchte der amerikanische Astrophysiker Saul Perlmutter (geb. 1955) mit seinen Kollegen die Fluchtgeschwindigkeit von einem bestimmtem Typ Supernova. Und zwar dem Typ 1a-Supernovae. Das Supernova Cosmology Project des Lawrence Berkeley National Laboratory unter der Leitung von Perlmutter stieß auf ein sonderbares Phänomen: »Schließlich analysierten wir 1997 42 Arten von Supernovae und untersuchten deren Rotverschiebung und mussten feststellen, dass sich die Expansionsrate unseres Universums nicht verlangsamt, sondern, ganz im Gegenteil, sogar beschleunigt.« Auch ein zweites Team unter der Leitung von Brian Schmidt von der Australian National University kam zum gleichen Resultat. Die Beobachtung Tausender Galaxien mithilfe einer neuen Weitwinkeloptik führte zu dem Schluss, dass das Universum, nachdem es sieben Milliarden Jahre alt war, die Expansionsrate nicht verlangsamte, sondern beschleunigte.

Im Laufe dieser Untersuchungen wollte man natürlich auch die Materiedichte im Kosmos registrieren. Auch hier war das Resultat überraschend: Das Universum setzt sich nur mit vier Prozent der Atome erkennbar zusammen. Der größte Teil, 96 Prozent, ist noch völlig unbekannt. 74 Prozent bestünden nach neuesten Schätzungen aus dunkler Energie, die möglicherweise auch für die beschleunigte Expansionsrate verantwortlich wäre, und 22 Prozent wären dunkle Materie, die für den Zusammenhalt der Galaxien verantwortlich wäre.

Die dunkle Materie ist offensichtlich ganz anderer Natur als die uns bekannte Materie. Sie unterliegt nicht der elektromagnetischen Wechselwirkung. Deswegen ist sie dunkel und kann nicht gesehen werden. Physiker tippen hier auf nichtbaryonische Materie.

Wesentlich mysteriöser ist die dunkle Energie, die der Hauptanteil unseres Universums ist. Könnte es nicht sein, dass dunkle Energie die Energie der RaumZeit verkörpert? Durch die Verdichtung der RaumZeit entsteht nach diesem Modell Materie. Gravitation wäre nach dieser Idee eine Eigenschaft der

RaumZeit. Wenn sich ein bestimmtes Volumen der RaumZeit nicht zu Materie verdichtet, ist die Gravitation »flach«, sehr schwach. Mit der Verdichtung zu Materie verstärkt sich entsprechend das Gravitationspotenzial. Aus diesem Konzept ergibt sich, dass die Ursubstanz allen Seins die RaumZeit ist. Alles ist aus ihr entstanden und alles kehrt auch in sie zurück.

11 Die Zeitfalle

Ort: Radioteleskop-Verbund, Very Large Array (VLA), Hochebene von San Augustin, New Mexico. Zeit: September 2009

Im Besucherzentrum der VLA sitzen zwei Herren an einem Tisch und trinken Margheritas. Der eine, untersetzt und glatzköpfig, hat ein Aufnahmegerät vor sich und fixiert sein Gegenüber mit einem provokant-ironischen Grinsen. Während er sich eine Zigarette anzündet, sagt er belustigt: »Sie sind also von einer anderen Welt zu uns gekommen!«
»Richtig«, antwortet der schlanke, hochgewachsene Mann gelassen und blickt den Journalisten völlig ungerührt an.
»Ich muss gestehen, als wir uns das erste Mal trafen, damals in Australien, habe ich Ihre Geschichte genauso wenig ernst genommen wie heute. Aber spielen wir das Ganze doch einmal durch«, schlägt der Reporter vor und drückt auf den Aufnahmeknopf. »Ich muss zugeben, Sie haben sich überraschenderweise kaum verändert und Sie haben damals Prognosen gemacht und Trends vorausgesagt, die inzwischen Wirklichkeit geworden sind. Aber das besagt ja noch gar nichts. Erzählen Sie mir doch hier noch einmal genau, wo Sie angeblich herkommen.«
»Ich heiße Vanaa und kam 1956 vom 10,5 Lichtjahre entfernten Epsilon-Eridani-Sonnensystem zur Erde. Mein Heimatplanet heißt Achele«, sagt der Angesprochene und streicht mit seinem Finger sanft über den Rand seines Glases. »Unser Sonnensystem besteht aus drei Planeten. Der äußere ist etwas größer als

11 Die Zeitfalle

Ihr Planet Jupiter, der innere ist vergleichbar mit Merkur und der mittlere, Achele, ist etwas größer als die Erde. Unsere Sonne ist sehr viel jünger als die Ihres Planetensystems. Unser Stern Epsilon-Eridani ist noch nicht einmal eine Milliarde Jahre alt.« Der Journalist nimmt einen tiefen Schluck von seiner Margherita. »Verübeln Sie es mir bitte nicht, wenn ich Ihre Geschichte, die zwar unterhaltsam ist, nicht ganz erst nehme. Es ist klar, dass das Thema ›außerirdisches, intelligentes Leben‹ eine bestimmte Leserschaft brennend interessiert. Aber wir wissen doch beide, dass die Wahrscheinlichkeit für außerirdisches Leben äußerst gering ist. So hält zum Beispiel der Wissenschaftler Andrew Watson von der Universität East Anglia die Chancen eines Besuches aus dem All für nahezu unmöglich. Nach seinen Berechnungen beträgt die Wahrscheinlichkeit für hochentwickeltes Leben auf einem erdähnlichen Planeten 0,01 Prozent.«

»Ja, mir ist diese Studie bekannt«, lächelt Vanaa. »Watson hat in seiner Arbeit die Schrittfolge zu komplexen Lebensformen durchgespielt.«

»Genau«, sagt der Journalist, »es sind vier Phasen, die durchlaufen werden müssen. Die Entstehung von Einzellern und Mehrzellern. Dann die Spezialisierung von Zellen, sodass eine komplexe Lebensform mit effektiven Organen entsteht, und schließlich die Entwicklung von Bewusstsein und Sprache.«

»Ja, und nicht zu vergessen die Zeitfalle«, pflichtet Vanaa ihm bei. »Jeder Stern mit seinem Planetensystem hat eine bestimmte Lebenserwartung. Zivilisationen entstehen und gehen wieder unter. Aber es existieren sehr viele Planetensysteme in der Milchstraße. Das ist kein Wunder, denn die Milchstraße setzt sich aus rund 200 000 Millionen Sternen unterschiedlichen Alters zusammen. Ihre Astronomen entdecken fast täglich andere Planetensysteme, zum Beispiel bei dem 20,5 Lichtjahre entfernten Stern Gliese 581 im Sternbild Waage, mit einem erdähnlichen Planeten von der fünffachen Erdmasse.

11 Die Zeitfalle

Es sollte Sie also nicht verwundern, dass auf Planeten, die eine Biosphäre aufweisen, nicht nur Leben entstehen kann, sondern auch hochentwickelte, intelligente Zivilisationen. Aber bei uns Acheleern ist der Ursprung ja auch anders, denn er führt zurück auf diesen Planeten.«

Der Journalist lässt seinen Blick durch die Panoramascheibe zu der Kette der weißen Teleskopschüsseln schweifen, die von der Hochwüste ihre »Ohren« zum Himmel recken, um Quasare, Pulsare, Supernovae oder Radiogalaxien aufzuspüren.

»Bevor wir auf Einzelheiten eingehen«, wendet sich der Journalist seinem Gegenüber wieder zu, »warum wollten Sie, dass wir uns gerade hier treffen?«

»Aus verschiedenen Gründen«, antwortet Vanaa. »Erstens, weil wir hier sozusagen am Radiofenster zum All sind, und zweitens, weil wir uns nur wenige Meilen von Socorro befinden. Übrigens auch gar nicht weit weg von White Sands. Und vergessen Sie nicht, dass der Roswell-Zwischenfall ja praktisch in der Nachbarschaft passiert ist. Also doch ein optimaler Treffpunkt!« Vanaa mustert das Aufnahmegerät nachdenklich.

»Sie spielen auf den sonderbaren Zwischenfall an, der sich am 25. April 1964 am Stadtrand von Socorro ereignet hat, der bis heute nicht aufgeklärt wurde«, unterbricht der Journalist.

»Richtig! Erinnern Sie sich noch an die Einzelheiten?«

»Das schon! Ich habe ja den Vorfall danach in allen Einzelheiten untersucht. Nach den Augenzeugen wurde um 17.50 Uhr an jenem Frühlingsnachmittag von verschiedenen Augenzeugen ein ovales, metallenes Objekt in niedriger Flughöhe beobachtet. Es flog so tief, dass es beinahe die Antenne eines Autos streifte. In diesem Wagen mit Colorado-Kennzeichen befand sich eine fünfköpfige Familie, die fassungslos das seltsame Objekt beobachtete, bis es westlich des Highways verschwand. Zur gleichen Zeit verfolgte der Polizeibeamte Lonnie Zamora mit seinem Streifenwagen einen Verkehrssünder, ließ jedoch von

11 Die Zeitfalle

ihm ab, als er das ovale, sonderbare Flugobjekt registrierte. Er wendete sein Fahrzeug und jagte mit durchdrehenden Rädern einen steilen Abhang hinauf und erblickte das weiß-gleißende Objekt, als es unten im Trockental zur Landung ansetzte. Auf den ersten Blick dachte er an ein umgekipptes Auto.«

»Ja, aber dann«, unterbricht Vanaa, »fiel Zamora die merkwürdige Form des Objektes auf und dass es zudem auf vier stelzenähnlichen Verlängerungen zu balancieren schien.«

»Also offensichtlich eine Art Landevorrichtung«, pflichtet ihm der Journalist bei. »Aber das Entscheidende ist doch, dass sich zwei kleine Gestalten in der Nähe des großen Objekts aufhielten. Bei seiner Befragung nach dem Vorfall sagte Zamora, die Figuren hätten overall-ähnliche Kleidung getragen und seien sichtlich erschrocken gewesen, als er auftauchte. Zamora hatte damals sofort Sprechfunkverbindung zum Sheriff-Office aufgenommen und um Verstärkung gebeten. Er sei nur ungefähr 17 Meter entfernt gewesen, nahe genug, um rätselhafte rote Insignien am Fluggerät erkennen zu können. Einen mit einem Querbalken abgeschlossenen Halbkreis, in dem sich ein auf den Kopf gestelltes V mit einem senkrechten Strich befand.

Die zwei ›kleinen Kerlchen‹ seinen dann irgendwie in das Objekt eingestiegen, das dann mit einem dröhnenden Geräusch abgehoben habe und danach davongeschwebt sei, um urplötzlich, mit enormer Geschwindigkeit, steil nach oben aufzusteigen, bis es außer Sichtweite war.

Das Fluggerät hatte im Sand Abdrücke hinterlassen, die vom FBI und der Luftwaffe untersucht wurden.

Im Ganzen hatten 24 glaubwürdige Augenzeugen das Objekt gesichtet. Spezialisten vom Raketentestgelände White Sands wurden in die Untersuchungen mit einbezogen. Einer der Landefüße hinterließ einen Metallabrieb an einem Stein.

Dr. Henry Frankel vom Goddard Space Flight Center der NASA war verantwortlich für die Untersuchung der Metallspuren. Er

11 Die Zeitfalle

stellte angeblich in seinem telefonischen Bericht an den Forscher Ray Stanford fest, dass es sich bei dem Metall um eine auf der Erde unbekannte Legierung handelte.«
»Und doch«, sagt Vanaa belustigt, »waren natürlich sofort militante Skeptiker zur Stelle. Unter anderem Philipp J. Klass, der zu der profunden Schlussfolgerung kam: Die ganze Geschichte war nur ein Schwindel, eine Inszenierung, um Touristen anzulocken.«
»Ja, ich muss zugeben, das war schon ein starkes Stück, was Klass unterstellte.« Der Journalist schüttelt sein Glas und bringt das Eis seiner Margherita zum Klirren. »Demnach hätte sich die gesamte Stadt Socorro, inklusive Amtspersonen, verschworen, um ein Theaterstück aufzuführen, und es gelang ihnen sogar, eine fünfköpfige Familie aus Colorado einzubeziehen.«
»Und Lonnie Zamora hätte eigentlich als bester Schauspieler 1964 einen Oscar verdient«, witzelt Vanaa. »Und doch bezweifeln so viele Skeptiker die Möglichkeit extraterrestrischen Lebens.«
»Das sollte gerade Sie nicht erstaunen. Denn wo ist der wirklich handfeste, hundertprozentige Beweis, nicht nur für Leben auf anderen Welten, sondern vor allem für deren Besucher hier?«
»Aus einem ganz bestimmten Grund. Es besteht auf beiden Seiten kein Interesse, es offiziell zu beweisen oder zu dokumentieren.«
»Nun aber zurück zu Ihnen.« Der Journalist blickt ihn herausfordernd an. »Sie behaupten, dass die Acheleer den gleichen Ursprung wie die Menschen haben? Was ist darunter zu verstehen?«
»Ich meine damit, dass die Acheleer direkte Nachfahren der frühen Atlantiden sind, während die Menschen teilweise Nachkommen eines späteren Atlantidenzweiges sind. Atlantis hat über einen sehr langen Zeitraum existiert und sieben Epochen durchgemacht, in deren Verlauf sich die Atlantiden mit den

11 Die Zeitfalle

Urbewohnern der Erde vermischten. So entstanden die Rassen auf Tellur beziehungsweise der Erde, die Rmoahals, die Tlavatli, Tolteken, Turanier, Arier, Akkadier und Mongolen.

Einst gab es einen weiteren großen, grünen Planeten zwischen Mars und Jupiter. Der Ursprung der Atlantiden führt auf diesen Planeten zurück. Als dieser unterging, flüchteten die Vorfahren der Atlantiden zur Erde. Sie brachten eine großartige Kultur, einen hohen sozialen und technologischen Standard mit.

Wissenschaft, Bildungswesen und Künste waren für sie von großer Bedeutung. Zudem waren die Atlantiden in der Lage, Energie der RaumZeit mithilfe künstlicher Kristalle zu verstärken und zu nutzen. Sie durchkreuzten mit ihren Allzweckschiffen die Meere, den Luftraum und das All, so wie wir Acheleer.

Als Atlantis schließlich unterging, flüchtete eine kleine Gruppe zu dem Planeten Achele des Epsilon-Eridani-Systems. Auf der Erde fanden damals Umweltkatastrophen statt, klimatische und geophysikalische, tektonische Verschiebungen, Erdbeben und Vulkanausbrüche. Die meisten Atlantiden kamen um. Nur wenige konnten sich retten, aus denen unter anderem der Cro-Magnon-Mensch hervorging. Die Zivilisation musste also wieder von Null beginnen. Aber die Erinnerung war noch wach. An den bemalten Höhlenwänden schweben Fluggeräte mit Landegestell und stilisierten Lichtstrahlen über Rentieren, Wisenten, Pferden, Bären, Wölfen und Tigern in der Steppe.«

»Und wie ist das nun mit Achele …?«

»… ein heißer Wüstenplanet, er ähnelt in mancher Hinsicht Zentralaustralien oder Arabien und auch ein bisschen New Mexico. Im Gegensatz zur vielfältigen, prachtvollen Flora und Fauna der Erde, die bedauerlicherweise immer mehr vom Menschen zerstört wird, hat Achele nur kakteenartige Gewächse, die blühen und Früchte tragen. Auch die Tierwelt ist sehr bescheiden bei uns, friedliche Echsenarten, die sich von der eher kar-

11 Die Zeitfalle

gen Pflanzenwelt ernähren. Wasser ist nur in geringen Mengen in natürlichen Reservoiren vorhanden.
Eine Besonderheit auf Achele sind unsere Seen. Allerdings bestehen sie aus glasklarem Steinöl, das von dem mächtigen Felsgestein ständig ausgeschieden wird. Vieles wird aus diesem Steinöl bei uns hergestellt.«
»Wie groß ist eigentlich Ihr Planet und wie hoch ist Ihre Bevölkerungszahl?«, unterbricht der Journalist und fügt schnell hinzu: »Nicht, dass ich das Ganze ernstnehme.«
»Unsere Bevölkerung lebt über ganz Achele verstreut und sie liegt konstant bei ungefähr zwei Millionen Acheleern. Wir haben im Grunde genommen nur eine Hauptstadt – Urche. Sämtliche Industrieanlagen sind unteracheleisch angelegt. Fast alles ist automatisiert. Die Überwachung erfolgt durch den ShambaMé, eine multivalente künstliche Intelligenz, gespeichert in einem besonderen Kristall.
Achele ist sehr reich an Bodenschätzen, mit Elementen gesegnet, die hier auf der Erde unbekannt sind. Sie sind hervorgegangen aus einer gigantischen Supernovaexplosion. Die Überreste sind ein dichter, stellarer Staubring, der das Epsilon-Eridani-System ringförmig umschließt.«
»Wenn ich hier nun einmal aus lauter Spaß an der Freude voraussetze, dass Ihre Geschichte nicht auf Phantasterei beruht, sondern auf Tatsachen, dann müssten uns ja eigentlich Ihre sogenannten acheleischen Zivilisationen wissenschaftlich und technologisch weit voraus sein. Deshalb frage ich mich nun, warum Sie mir überhaupt das Ganze hier erzählen, und vor allem, warum Sie mir nicht irgendwelche Beweise präsentieren.« Der Journalist lehnt sich zurück, verschränkt seine Arme und zieht genüsslich seine Augenbrauen hoch.
»Mein Motiv ist ganz einfach zu erklären. Ich will nichts beweisen, sondern ich will als acheleischer Gesandter Entwicklung, Probleme und Ursachen der menschlichen Gesellschaft recher-

11 Die Zeitfalle

chieren und verstehen lernen. Aber insbesondere möchte ich das Bewusstsein für außerirdische Zivilisationen auf diesem Planeten stärken, sodass eines Tages ohne Vorurteile und ohne Ängste ein friedlicher Kontakt zustande kommen kann. In Ihren Science-Fiction-Filmen ist der Außerirdische entweder ein böses Monster oder er verfügt über paranormale Superkräfte. Bitte bedenken Sie, die Acheleer sind auch nur Menschen. Acheleische Abgesandte dürfen überhaupt nicht fortgeschrittene technologische ›Spielzeuge‹ auf anderen Welten verteilen. Die Konsequenz wären Zeitparadoxa, die möglicherweise zum Untergang einer ganzen Zivilisation führen könnten. Und wem sollte man schon ein Gerät aus der Zukunft übergeben? Schauen Sie sich doch die Konflikte auf diesem Planeten hier an! Soziale, ökonomische, politische, religiöse Divergenzen, die derzeit unüberbrückbar scheinen. Umweltprobleme kommen dazu, mit einem drastischen Klimawandel in den nächsten Jahren.

Diese Probleme müssen von den Menschen selbst gelöst werden. Hilfe von außen würde hier nichts bringen. Es steht Ihnen frei, mich über wissenschaftliche Erkenntnisse zu befragen. Ich fürchte nur, dass Sie das meiste nicht verstehen werden. Nicht zuletzt aber würde ein Kultur- und Technologieschock immense negative Auswirkungen auf Ihre Zivilisation haben.«

»Ach, wissen Sie«, antwortet der Journalist, »wir haben in den letzten hundert Jahren so viele neue Konzepte und Technologien verkraften müssen, dass ich mir überhaupt nicht vorstellen kann, dass revolutionierende Erkenntnisse einen Kulturschock bei uns auslösen würden. Bedenken Sie alleine den Indeterminismus der Quantenphysik, demzufolge ein Quantenzustand viele alternative Zukunftsmöglichkeiten und Realitäten beinhaltet. Die Quantenphysik lehrt uns doch, dass nur relative Wahrscheinlichkeiten für jedes beobachtbare Ergebnis geliefert werden.

11 Die Zeitfalle

Mich würde ganz besonders interessieren, von Ihnen zu erfahren, welche Erklärung ihre Acheleer für Raum, Zeit, Gravitation und Materie uns anbieten können.«

»Erinnern Sie sich«, entgegnet Vanaa, »es gab einmal bei Ihnen eine TV-Animation: Eine weiße Linie formte eine Hand mit einem Stift. Die Hand mit dem Stift zeichnete sich selbst zu einem Männchen, das sich bewegte. Die Linie formte dann einen Baum und einen Hund. Das Ganze ohne Unterbrechung.

Damit haben Sie Ihre Erklärung. Die Linie ist die RaumZeit, aus der Materie und Bewegung entstehen. Die Linie selbst ist Energie, und Energie ist Information. Und Information lässt Formen entstehen.

Was die Gravitation angeht, tun sich Ihre Physiker echt schwer. Als Isaak Newton gefragt wurde, was denn die Schwerkraft nun sei, antwortete er trotzig: ›Ich mache keine Hypothesen.‹ Newton hatte lediglich Formeln geliefert, aber keine Erklärung für die Kraft. Auch Albert Einstein präsentierte keinerlei Erklärung für die Gravitation.

Die ›leere‹ RaumZeit-Krümmung, verursacht durch Masse, löst nicht das Phänomen Schwerkraft. Die Gravitation ist bei Albert Einstein lediglich eine Scheinkraft. Um das Rätsel zu lösen, entstanden in letzter Zeit Modellvorstellungen Ihrer Kosmologen, in denen die Gravitation quantisiert wird, zum Beispiel die Schleifenquantengravitation (loop quantum gravity).

Es ist ein neuer Ansatz, die Quantenphysik mit der allgemeinen Relativitätstheorie zu vereinen. In diesem Konzept wird die RaumZeit als quantenmechanisches Spin-Netzwerk beschrieben. Bei der Größenordnung der Planck-Länge und der Planck-Zeit bräche die Kontinuität auseinander und die Gravitation würde bei dieser Planck-Skala quantisiert. Übrigens ist dies eine Vorstellung, die der Oxford-Mathematiker Roger Penrose mit seiner Twistor-Idee schon vor Jahren vorstellte.

11 Die Zeitfalle

Ich halte diesen Ansatz für sehr interessant, weil die RaumZeit nicht mehr leer ist, sondern selbst ein dynamisches, energetisches Geschehen darstellt. Verdichtete Raumzeitknoten sind hier die Twistoren, aus denen Elementarteilchen hervorgehen. Kehren wir doch noch einmal zu unserer Animationslinie zurück. Bevor aus der Linie Formen entstehen, also Elementarteilchen, ist die Gravitation flach beziehungsweise schwach. Mit der Entstehung von Materie – verdichteter RaumZeit –, verstärkt sich die Gravitation mit der Verdichtung.«

»Die Krümmung der RaumZeit durch Masse«, überlegt der Journalist laut, »trifft aber nach wie vor zu, sodass hier die allgemeine Relativitätstheorie das Phänomen der Gravitation einleuchtend erklärt.«

»Das schon«, stimmt Vanaa zu, »aber Albert Einstein erklärt hier eine sekundäre Konsequenz und nicht die Gravitation selbst. Denn die Ursache ist die verdichtete Eigenschaft der RaumZeit. Wir dürfen hier nicht die Wirkung mit der eigentlichen Ursache verwechseln.«

»Sollten Ihre Acheleer wirklich existieren«, sagt der Journalist lauernd, »und sollten Sie einer ihrer Repräsentanten sein, dann erklären Sie mir doch, wie Sie diese gigantische Entfernung zwischen Achele und der Erde zurückgelegt haben!«

»Das ist in der Tat eine gute Frage«, antwortet Vanaa mit einem leisen Lächeln. »Ihre Zivilisation ist ja noch in der Zeitfalle gefangen. Wir dagegen haben gelernt, die Energie der RaumZeit nicht nur zu nutzen, sondern auch zu manipulieren. Es ist eine Frage der Energie. Sollte Ihre Zivilisation trotz aller hausgemachter Probleme überleben, werden auch Sie eines Tages andere Planetensysteme in friedlicher Absicht besuchen können.«

Der Journalist blickt auf seine Uhr und sagt entschuldigend: »Mit der Zeitfalle haben Sie recht. Ich habe noch einen dringenden Termin in White Sands und in Los Alamos. Ich bedanke

11 Die Zeitfalle

mich für das unterhaltsame Gespräch. Ich freue mich auf das nächste Zusammentreffen. Wo?«
»Wer weiß«, sagt Vanaa, »irgendwo und irgendwann auf diesem Planeten.«
Der Journalist dreht sich am Ausgang noch einmal um und sagt: »Ich habe noch eine letzte Frage. Glauben Sie eigentlich an Gott?«
»An eine lenkende, belohnende oder bestrafende transzendentale Instanz? Nein. Es ist nützlich für eine Zivilisation, ethische und moralische Grundsätze zu vertreten, um das Überleben ihrer Art zu sichern. Aber an eine personifizierte kosmische Autorität, die Sie als Gott bezeichnen, glauben wir nicht.«
Der Journalist macht eine resignierte Handbewegung und verschwindet im gleißenden Sonnenlicht New Mexicos.

12 Jagd auf Alpha

Ort: University of Texas, Austin, USA.
Zeit: Kurz vor der Jahrtausendwende

Die unbarmherzige Texassonne taucht das rote Backsteingebäude des Universitätskomplexes in ein glühendes Farbspektrum. Der heiße Wind bläht mein Jackett auf, während ich dem Eingang zustrebe. Bevor ich den Lift betrete, streiche ich kurz über meine zerzausten Haare. Ich verlasse den Aufzug im neunten Stock und suche in dem langen, kühlen Flur die Tür zum Nobelpreisträger der Physik, Steven Weinberg. Sie ist nicht zu verfehlen, denn die warnende Aufschrift »Kein Zutritt für Esoteriker, Astrologen und Parapsychologen« kann kaum übersehen werden. Eigentlich, überlege ich, hat er versäumt, die Vertreter von Religionen beziehungsweise die Theologen mit aufzuführen, denn Steven Weinberg ist bekennender Atheist: »Für mich ist eine der großen Errungenschaften der Wissenschaft, dass sie es intelligenten Menschen zwar nicht unmöglich gemacht hat, religiös zu sein, aber sie macht es ihnen möglich, nicht religiös zu sein.
Ich denke, dass ein enormer Schaden von der Religion angerichtet wurde – nicht nur im Namen der Religion, sondern tatsächlich von der Religion. Religion ist eine Beleidigung der Menschenwürde.« Weinberg hält mit seiner Meinung nicht hinter dem Berg.
Ich klopfe behutsam an die Tür. Und schließlich öffnet sie sich, und Adele, eine liebenswerte, kleine Frau steht vor mir. Als »Vorzimmerdrache« hält sie alle Unbill des banalen Alltagsle-

bens von ihrem 1933 geborenen Herrn und Meister fern, dem nichts Furcht einflößt, außer das Altern. Adele herrscht in einem winzigen Vorzimmer mit einem riesigen Schreibtisch, auf dem sich Papierberge mit Korrespondenz und zahlreichen unerwünscht zugesandten Manuskripten türmen. Der Nobelpreisträger wird darin von wohlmeinenden Außenseitern über die Weltformel belehrt, oder es wird ihm die frohe Botschaft übermittelt, dass die TOE – Theory of Everything – vom Absender endlich entdeckt worden sei. Nach einigen vorsorglichen, absolut angebrachten Empfehlungen, wie der Professor behandelt werden sollte, führt mich Weinbergs guter Geist Adele in die heiligen Hallen des Vordenkers der Elementarphysik.

Als sich die Tür zum Allerheiligsten öffnet, sehe ich ein bescheidenes Arbeitszimmer voller Regale und einen wuchtigen, vollgepackten Schreibtisch. Im Regal an der rechten Wand steht zwischen Stößen von Papieren, Facharbeiten und Manuskripten, völlig unscheinbar, der Sockel mit der Nobelpreis-Medaille. An den Wänden hängt eine lange Reihe von Auszeichnungen. Weinberg sitzt am Schreibtisch, vor der mit Formeln und Gleichungen bedeckten schwarzen Tafel, an der seitlich eine Reihe bunter, erschlaffender Luftballons müde an einem Wirrwarr von Schnüren herunterhängt.

»Die Elementarphysik wird immer esoterischer«, verkündet der Herr der Symmetrien mit sonorer Stimme und mustert mich mit seinem intensiv-wachen Blick. Weinberg hat Charisma und strahlt kreative Vitalität aus. Er hat graues, gewelltes Haar, aber Augen und Stimme lassen alles andere in den Hintergrund treten. Sein Interesse für die theoretische Physik entstand bei ihm schon als Fünfzehnjähriger. Seine Arbeit über die Vereinigung der elektromagnetischen Kraft mit der schwachen Wechselwirkung wurde 1979 mit dem Nobelpreis belohnt. Er wurde zu einem Pionier des Grenzgebiets zwischen der Elementarphysik und der Kosmologie. Mit seinem Buch »Die ersten drei Minuten« (nach dem Urknall) wurde er einer breiten Öffentlichkeit bekannt.

»Ist in Ihrer abstrakten Welt der Elementarphysik überhaupt noch Platz für Leben, Bewusstsein und einen Schöpfer?«, frage ich provozierend.

»Nun, die Erfahrungen der Wissenschaft deuten auf eiskalte Unpersönlichkeit der Naturgesetze«, antwortet Weinberg nach kurzem Zögern. »Der erste große Schritt war die Entmystifizierung des Himmels. Der zweite die Entmystifizierung des Lebens. Sie hat die religiösen Empfindungen weit stärker getroffen als irgendeine andere Entdeckung der Naturwissenschaft. Vermutlich werden wir in den endgültigen Naturgesetzen zwar der Schönheit begegnen, doch Leben und Bewusstsein werden keinen Sonderstatus genießen. Denn Leben – auch der Mensch – ist das Resultat einer Kette historischer Zufallsereignisse. Wertmaßstäbe oder Moralbegriffe werden wir kaum finden. Ebensowenig einen Gott, der an dergleichem interessiert ist.«

»Warum benutzen Sie im Zusammenhang mit Modellvorstellungen in der immer abstrakter werdenden Physik so oft den Begriff Schönheit, Professor Weinberg?«

»Eine gute Theorie muss einfach sein, schlicht und stimmig – schön, wie beispielsweise ein Rennpferd«, antwortet Weinberg.

»Wird es je eine einzige Erklärung, eine einzige Formel für die Existenz des Universums, des Lebens und des Bewusstseins geben?«

Er wiegt den Kopf: »Eine Erklärung wird immer zu einer Kette weiterer Erklärungen führen, wie zum Beispiel die Biologie durch die Biochemie erklärt wird, diese wiederum durch die Chemie, die durch die Physik und die wiederum durch die Welt der Elementarteilchen. Auf meiner Suche nach Antworten fühle ich mich manchmal wie Faust, der mit seinen Pentagrammen

12 Jagd auf Alpha

hantiert, bevor Mephisto auftaucht.« Herausfordernd beugt sich der Physiker in seinem Sessel vor und funkelt mich mit seinen lebhaften braunen Augen an.

»Können wir denn überhaupt mit einem gemeinsamen Ausgangspunkt für Erklärungen über Sinn und Wesen des Universums rechnen, wenn heute in der Quantenphysik die Fahne des Indeterminismus hochgehalten wird?«

»Ich bin hier anderer Ansicht«, sagt Weinberg bestimmt. »Denn grundsätzlich ist der Zustand eines Systems in der Quantenmechanik streng determiniert. Verändert hat sich nur die Beschreibung der Entwicklung von Systemen. Wir sprechen heute nicht mehr über die Position und Geschwindigkeit von Teilchen in einem System, sondern vielmehr über Wellenfunktionen, die sich vorher bestimmbar verändern.«

»Haben Sie schlechte Erfahrungen gemacht mit den Vertretern der sogenannten Grenzwissenschaften? Zumindest muss das Verbotsschild an Ihrer Tür diesen Eindruck erwecken.«

Ein bereites Grinsen erhellt Weinbergs Gesicht. »Nun, neben dem Hauptstrom der wissenschaftlichen Erkenntnis gibt es abgelegene Nischen der – um es zurückhaltend auszudrücken – Pseudowissenschaften: Astrologie, Präkognition, Channeling, Hellsehen, Telekinese, Kreationismus und dergleichen. Wenn sich erweisen würde, dass an einer dieser Vorstellungen irgendetwas Wahres ist, so wäre das die Entdeckung des Jahrhunderts, weit erregender und bedeutender als alles, was sich heutzutage in der üblichen physikalischen Forschung abspielt.

Wir begreifen nicht alles, aber wir haben so viel begriffen, um sicher zu sein, dass in unserer Welt für Telekinese oder Astrologie kein Platz ist. Kann man sich wirklich ein physikalisches Signal aus unserem Gehirn vorstellen, das entfernte Objekte zu bewegen vermag und gleichzeitig durch kein Messinstrument nachweisbar ist?

12 Jagd auf Alpha

In einem Interview habe ich einmal festgestellt, wer an die Astrologie glaube, wende sich gegen die gesamte moderne Wissenschaft.«

»In Ihrem Buch ›Der Traum von der Einheit des Universums‹ gehen Sie auch mit den Philosophen nicht gerade glimpflich um.«

»Auch wenn sich schließlich unsere gesamte Wissenschaft aus der Philosophie entwickelt hat«, antwortet Weinberg, »frage ich mich schon, ob wir von der Philosophie irgendeine Orientierung in Richtung auf eine endgültige Theorie erwarten können. Die Erkenntnisse von Philosophen waren gelegentlich von Nutzen für die Physiker, doch überwiegend in einem negativen Sinne: Sie bewahrten sie vor den Vorurteilen anderer Philosophen. Der Wert, den die Philosophie für die Physik hat, lässt sich nach meinem Eindruck in etwa mit dem Wert der frühen Nationalstaaten für ihre Völker vergleichen.

Und in diesem Zusammenhang kann ich nur Wittgenstein zitieren, der einmal äußerte: ›Nichts kommt mir weniger wahrscheinlich vor, als dass ein Wissenschaftler oder Mathematiker, der mich liest, dadurch in seiner Arbeitsweise ernstlich beeinflusst werden sollte.‹«

Weinberg räuspert sich und sagt: »Die Einsichten der Philosophen, die ich studierte, kamen mir verworren und im Vergleich zu den glänzenden Erfolgen der Physik und Mathematik belanglos vor.«

»Hat die Elementarphysik Gott entthront? Oder haben zumindest unsere Vorstellungen quantenmechanischer Vorgänge Religion als Aberglauben entlarvt?«, frage ich den Professor sanft.

»Falls es einen Gott gibt, der besondere Pläne mit den Menschen hat, dann hat dieser Gott sich wirklich große Mühe gegeben, sein Interesse an uns nicht sichtbar werden zu lassen. Es erschiene mir unhöflich, wenn nicht gar respektlos, einen solchen Gott mit unseren Gebeten zu behelligen.«

12 Jagd auf Alpha

»Existieren Ihrer Ansicht nach außerirdische Intelligenzen?«
»Um diese Frage zu beantworten, möchte ich John Wheeler zitieren. Für ihn ist irgendeine Art von intelligentem Leben erforderlich, um der Quantenmechanik einen Sinn zu geben. Wheeler hat die Behauptung aufgestellt, dass es nicht nur notwendig sei, dass intelligentes Leben entsteht, sondern es müsse jeden Winkel des Universums durchdringen, um schließlich jede nur mögliche Information über den physikalischen Zustand des Universums zu gewinnen. Aber in diesem Zusammenhang spielen die Werte der fundamentalen Konstanten eine entscheidende Rolle. Unterscheiden sie sich zum Beispiel von Ort zu Ort, von Zeit zu Zeit oder sogar von einem Term in der Wellenfunktion des Universums zum andern, würde sich das auf die Evolution von intelligentem Leben natürlich auswirken. Wir leben in einem Teil des Universums, in dem die Werte der Naturkonstanten für uns günstig sind.«
Bei meinen Abschied frage ich Weinberg: »Welche Theorie wird sich Ihrer Meinung nach auf dem Weg zur Weltformel am geeignetsten erweisen?«
»Wahrscheinlich die Superstringtheorie, falls wir die endgültige Weltformel je finden werden«, sagt er mit leichter Resignation und schüttelt mir die Hand zum Abschied.
Abends sitze ich an der Bar im geschichtsträchtigen, 1886 erbauten texanischen Driskill-Hotel in Austin und lasse mir noch einmal das Gespräch mit Weinberg durch den Kopf gehen. Ich bestelle mir beim Barkeeper einen Malt-Whisky und betrachte fasziniert sein sorgfältig pomadisiertes Haar. Als er mir das Glas mit Chivas Regal rüberschiebt, moniere ich die Eiswürfel und belehre ihn, dass nur Barbaren einen guten Malt-Whisky mit Eis verhunzen. »Sorry, Sir«, sagt er, »auch Sherry wird hier mit Eis gewünscht.« Ich beobachte die Eiswürfel, ob sie nicht durch das Glas nach außen verschwinden, denn die Quantenmecha-

nik lässt diese Möglichkeit ja zu. Allerdings müsste ich lange, sehr lange warten. Aber die Zeitfalle erlaubt mir diese Zeitspanne nicht.

Ich weiß gar nicht, was der Nobelpreisträger Weinberg gegen die Grenzwissenschaften hat. Aus meiner Sicht erlaubt gerade die Quantenphysik paranormale Phänomene durch die Verschränkung von Elementarteilchen. Für den Quantenphysiker Amit Goswami sind Phänomene wie Hellsehen, außersinnliche Wahrnehmung und außerkörperliche Erfahrung (AKE) keine Pseudowissenschaft, sondern eine Konsequenz eines nichtlokalen Quantenereignisses.

So stellt er zum Beispiel fest: »Die außerkörperliche Erfahrung als ein echtes Phänomen hat an Glaubwürdigkeit gewonnen. Der Kardiologe Michael Sabom berichtet von einer systematischen Untersuchung von AKE in Verbindung mit Nahtoderfahrungen. Sabom hatte den einzigartigen Vorteil, viele technische Details in den AKE-Berichten seiner Patienten zu überprüfen. Mit großer Genauigkeit beschrieben die Patienten ärztliche Notmaßnahmen, die an ihnen noch durchgeführt worden waren, obgleich sie eigentlich schon tot waren, und die ihr grobstofflicher Körper bestimmt nicht mehr hatte wahrnehmen können … Kann der Geist den Körper tatsächlich verlassen? Wie es scheint, ist es bei solchen physikalischen Erfahrungen wie der AKE tatsächlich der Fall.«

Ich persönlich erlebe bewusst seit vielen Jahren meine außerkörperlichen Reisen. Sie beruhen nicht auf Einbildung oder Halluzination, sondern sind durch meine ausgefeilte Technik absolut real. Goswami ist zu Recht der Ansicht, dass der materialistische Realismus mit paranormalen Phänomenen nicht zu Rande kommt, denn dieser betrachtet Bewusstsein als ein Randphänomen der Materie. Aber, wie wir gesehen haben, wirkt ja das Bewusstsein auf die Materie ein. Es ist das Bewusstsein, das den Kollaps einer überlagerten Wahrscheinlichkeits-

12 Jagd auf Alpha

wolke von Elementarteilchen verursacht. Erinnern wir uns an Schrödingers Katze, an das Sowohl-als-auch. Die Katze ist am Leben und zugleich tot, bevor unsere bewusste Beobachtung eingreift. »Der Kollaps hat nichts damit zu tun, dass mit den Objekten etwas passiert, weil wir beobachten, sondern weil wir uns für etwas entschieden haben und dann in der Folge auch erkennen«, sagt Goswami.

»Im Geist des Beobachters geht das Mögliche ins Wirkliche über, die offene Zukunft in die feststehende Vergangenheit«, stellt Paul Davies, Professor für theoretische Physik, fest.

Mit seiner Ablehnung der Philosophen steht Weinberg nicht alleine da. Der Redakteur beim »Scientific American«, George Musser, zitiert den Physiker Max Tegmark von der Universität von Pennsylvanien folgendermaßen: »Ehrlich gesagt, ich glaube, die meisten meiner Kollegen haben Angst, mit Philosophen zu reden – als würden sie beim Verlassen eines Pornokinos erwischt.« Und weiter schreibt Musser im »Spektrum der Wissenschaft«: »Den meisten Physikern kommt der Rat von Philosophen eher komisch vor. Auf Philosophie lassen sie sich höchstens zu später Stunde nach dem dritten Bier ein. Sogar die, die ernsthaft philosophische Bücher gelesen haben, bezweifeln meist deren Nutzen.«

Und dennoch: Es waren die Philosophen, die eine bedeutende Rolle bei der wissenschaftlichen Revolution zu Beginn des 20. Jahrhunderts gespielt haben. Die Quantenmechanik und die Relativitätstheorie sind durch die Physiker-Philosophen zu einer beherrschenden Modellvorstellung geworden. Raum, Zeit und Gravitation stellen Physiker und Kosmologen bis heute vor eine große Herausforderung. Sie sind eine »Provokation der Schöpfung«, bemerkte kürzlich ein Kosmologe. Aber Carlo Rovelli von der Universität Aix-Marseille bricht für die Philosophen eine Lanze, wenn er feststellt: »Die Bei-

12 Jagd auf Alpha

träge der Philosophen zu einem neuen Verständnis von Raum und Zeit werden für die Quantengravitation sehr wichtig sein.«

Ein großes Problem stellt der widersprüchliche Aspekt der Zeitasymmetrie dar. Der Zeitpfeil zeigt von der Vergangenheit in die Zukunft und nicht umgekehrt. »Panta rhei« – alles fließt, erkannten schon die alten Griechen.

Wenn ein Ei herunterfällt und zerbricht, können wir nicht erwarten, dass es sich wieder zusammensetzt, wie bei einem Film, der rückwärts gespult wird. Eiswürfel im Glas schmelzen und werden sich nicht in einer Umkehr wieder zu Eiswürfeln verdichten. Unser Universum begann geordnet, symmetrisch, mit niedriger Entropie und ist heute ungeordneter und wird in der Zukunft noch ungeordneter sein, das heißt, die Entropie wird zunehmen. Wir haben es also hier mit einer Asymmetrie von Vergangenheit und Zukunft zu tun.

Die Zunahme der Entropie ergibt sich aus dem zweiten Hauptsatz der Thermodynamik, eine Formel, die der österreichische Physiker Ludwig Boltzmann aufstellte. Nach Boltzmann lässt sich die künftige Zunahme der Entropie festlegen, wenn ihr Wert in der Vergangenheit niedrig war. Im Prinzip formulierte er eine Wahrscheinlichkeitstheorie. Um die Asymmetrie des Zeitpfeils zu erklären, berufen sich die Physiker gerne auf den zweiten Hauptsatz der Thermodynamik. Das heißt, dass das Maß der Unordnung in einem System mit der Zeit zunimmt.

Allerdings muss hier auch festgestellt werden, dass die Asymmetrie der Zeit auf submikroskopischer Ebene ihre Bedeutung verliert.

Die Entropie kann also den Zeitpfeil nicht befriedigend erklären. Sollte sich unser Universum eines Tages in einem Big Crunch wieder zusammenziehen, das heißt, der Zeitpfeil zu einer erneuten Singularität weisen und damit auch den zweiten

12 Jagd auf Alpha

Hauptsatz der Thermodynamik umkehren, würde die Entropieformel sozusagen auf den Kopf gestellt werden.

Der Physiker Rovelli und sein britischer Kollege Julian Barbour behaupten in ihrem relationistischen Ansatz: »Die Zeit existiert nicht und Veränderungen beruhen auf Illusion.« Das Phänomen Zeit als rein subjektive Wahrnehmung unseres Bewusstseins. Und noch einmal: Unser Bewusstsein, unsere Wahrnehmung und unsere Ich-Identität sind aus verdichteter RaumZeit entstanden.

Die String-Wissenschaftler vertreten den sogenannten Substantialismus und sind der Ansicht, dass Raum und Zeit unabhängig von Sternen, Galaxien und anderer Materie existieren. Dieser Ansatz kommt meiner Überzeugung eigentlich am nächsten. Die RaumZeit mit ihrer Gravitation stellt für mich, unabhängig von Masse, ein dynamisches, energetisches System dar, inklusive unseres Bewusstseins.

Die fundamentalen Naturkonstanten ermöglichen nach Weinberg, zumindest in unserem Bereich des Universums, Leben und intelligente Zivilisation. Wir können fragen und hinterfragen. Aber sind diese Naturkonstanten beständig oder variabel? Sind sie immer gleich oder können sie sich verändern? Waren sie früher anders als heute?

Die Naturkonstanten sind für uns die fundamentalsten Kräfte unseres Universums: die Schwerkraft, die Lichtgeschwindigkeit, die elektroschwache Kraft und die Kernkraft. Sie beherrschen das gängige Weltbild und beruhen auf der Überzeugung, dass die Natur zu jeder Zeit und überall von denselben Kräften regiert wird.

Bei all den Herausforderungen der Physik und Kosmologie finden Physiker und auch Philosophen Trost in der Gewissheit, dass die Naturkonstanten eine gewisse Ordnung in die widersprüchlichen Phänomene des Kosmos bringen. Fundamentalgrößen mit Präzision im Chaos. Naturkonstanten sind aber nur

12 Jagd auf Alpha

Ziffern, Rechengrößen. »Die Natur spricht die Sprache der Mathematik«, äußerte Galilei.
Die Zahl der Konstanten hat sich stetig vergrößert. Die meisten Physiker gehen inzwischen von insgesamt 29 elementaren Größen aus. Neben der Gravitationskonstante G, der Lichtgeschwindigkeit c und dem Planck'schen Wirkungsquantum h gibt es auch noch die sogenannten Kopplungskonstanten für die starke Kernkraft.
Eine ganz besondere Position nimmt die sogenannte Feinstrukturkonstante Alpha ein. Diese Konstante führt zurück zu dem theoretischen deutschen Physiker Arnold Sommerfeld (1868–1951). Er hat die Alpha-Konstante 1916 eingeführt, um den Feinbau der Atome zu beschreiben. Alpha ist eine reine Zahl, als Bruch abgerundet 1/137. Sie stellt eine Grundeigenschaft des Kosmos dar und soll als magische Formel sozusagen einen tieferen Einblick in unser Universum gewähren.
Alpha als Feinstrukturkonstante soll vor allem die Stärke der elektromagnetischen Kraft beschreiben. Sie soll belegen, wie stark der Atomkern die ihn umgebenden Elektronen anzieht, und auch die Wahrscheinlichkeit aufzeigen, dass ein Atom ein Photon einfängt. Die Alpha-Konstante wäre dimensionslos und damit unbeeinflusst von Maßeinheiten wie Meter, Sekunde, Lichtgeschwindigkeit oder Gewicht.
Der Feinstrukturkonstante Alpha kommt eine Schlüsselfunktion zu, denn sie bestimmt den Aufbau der Atome. Somit war sie auch dafür verantwortlich, dass Leben und Bewusstsein entstehen konnten. Wäre sie veränderlich, hätte das dramatische Konsequenzen. Die kleinsten Variationen würden unser gängiges Weltbild ins Wanken bringen.
Australische Forscher haben die wissenschaftliche Welt mit der Nachricht aufgeschreckt, dass die Alpha-Konstante nicht unveränderlich sei, sondern dass sie in der Frühzeit des Kosmos

12 Jagd auf Alpha

0,0006 Prozent kleiner war als heute. John K. Webb, Physiker an der Universität New South Wales, und Michael Murphy von der Cambridge University jagen sozusagen die Alpha-Konstante tief in der Vergangenheit, um festzustellen, ob sie sich im Verlauf von zehn Milliarden Jahren verändert hat.

Die Wissenschaftler haben mittlerweile das emittierte Licht von beinahe 70 Quasaren genauestens analysiert. Auf dem Weg zu uns haben interstellare Gaswolken die Strahlung absorbiert. Aus den relativen Abständen der Spektrallinien konnten Webb und seine Kollegen analysieren, wie groß die Feinstrukturkonstante in frühen kosmischen Epochen war. Nach ihrem Messresultat war Alpha damals kleiner als heute, wenn auch nur um ein Hunderttausendstel.

Der deutsche Physik-Nobelpreisträger Theodor Hänsch vom Max-Planck-Institut für Quantenoptik macht auch Jagd auf Alpha. Um zu untersuchen, ob die Alpha-Konstante eine feste Größe der Natur oder veränderlich ist, nutzt er seine Frequenzkammer-Technik. Diese Methode erlaubt es ihm, die Wellenlänge von Lichtquellen mit einer sehr hohen Präzision zu messen, um mögliche Veränderungen von Alpha zu registrieren. Sollte tatsächlich festgestellt werden, dass Naturkonstanten keine festen Größen sind, würde das Standardmodell kippen. Die Gravitationskonstante G zum Beispiel hat den unhandlichen Wert von 0,0000000000667428 m^3.

Die erste Berechnung der Schwerkraft wurde 1873 von den beiden Franzosen Jean Baptistin Baille (1841–1918) und Alfred Cornu (1841–1902) durchgeführt. Das war keine schlechte Leistung, denn die Gravitation ist eine der schwächsten der Naturkräfte und lässt sich auch nicht abschirmen.

»Das Ergebnis, dass die Feinstrukturkonstante in vergangenen Zeiten möglicherweise andere Werte hatte, ist zwar sehr beeindruckend, man muss aber bedenken, dass es eine statistische Aussage darstellt. Sie beruht auf einer Vielzahl astronomischer

12 Jagd auf Alpha

Beobachtungen der Lichtabsorption durch viele unterschiedliche chemische Elemente in 128 verschiedenen Staubwolken. In der Zukunft werden weitere Daten hinzukommen, und die Messungen werden immer präziser werden«, schreibt der preisgekrönte Physiker John D. Barrow in seinem Buch »Neue Erkenntnisse über die Naturkonstanten«. Und er stellt fest: »Wenn sich die Naturkonstanten langsam ändern, könnten wir uns auf einer abschüssigen Bahn befinden, die in unsere Vernichtung führt.«

Wir haben gesehen, dass unsere Existenz auf zahlreichen, eigentümlichen Koinzidenzen zwischen den Welten der verschiedenen Naturkonstanten beruht und dass es für diese Werte jeweils nur sehr enge Fenster gibt, innerhalb derer sie Leben erlauben.

Bei unserer Suche nach einem tieferen Verständnis unseres Universums und der Entstehung von Leben und Bewusstsein kommt Raum, Zeit und Gravitation eine Schlüsselposition der Schöpfung zu. Sie verursachen auch Widersprüche in den Modellvorstellungen über den Ursprung unseres Universums. Sie rütteln am Fundament nicht nur des Standardmodells, sondern stellen auch den Big Bang und die Inflationsphase in Frage. Sogar der sogenannte Zeitpfeil, im Zusammenhang mit dem Entropiegesetz, gerät hier ins Wanken. Erst wenn wir die RaumZeit-Gravitation verstanden haben, wird wahrscheinlich ein völlig neues Modell des Seins entstehen. Ein kosmologisches Konzept, das weniger Widersprüche aufweisen wird. Und dennoch, die Antwort auf das Warum wird uns wahrscheinlich verborgen bleiben.

»Die Kosmologie spricht uns auf einer tiefen, emotionalen Ebene an, weil wir – zumindest einige von uns – der Meinung sind, wenn wir eines Tages verstanden hätten, wie alles angefangen hat, dann hätten wir die größte, dem Menschen mögliche Annäherung an die Antwort auf das Warum erreicht – auf die

12 Jagd auf Alpha

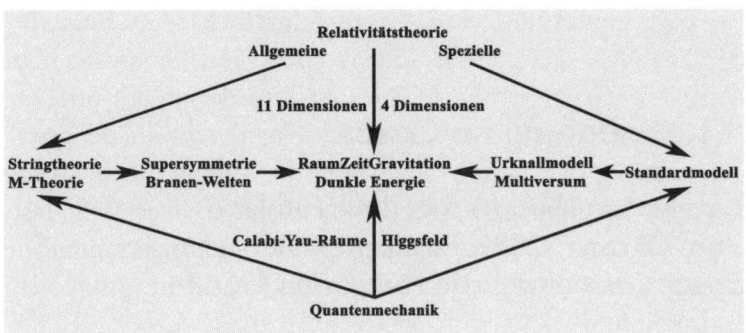

Abb. 7: RaumZeit-Gravitation als Bindeglied zwischen den verschiedenen Modellvorstellungen.

Frage, warum alles angefangen hat«, reflektiert Brian Greene in »Das elegante Universum«.

Wir sollten uns keine Grenzen setzen, sondern immer wieder versuchen, diesen Vorstoß zum Unmöglichen zu wagen.

13 Schöpfung im Chaos

Ort: Finlandia-Halle, Helsinki, Finnland.
Zeit: Oktober 2023. Internationaler Kongress,
Space Cosmology and Perception (SCOPE)

Der kalte Oktoberwind lässt die weiße Marmorpracht der Finlandia-Halle noch kühler und sachlicher erscheinen als sonst. Windböen wirbeln gefallenes Laub über den Platz vor dem Kongressgebäude. An das südliche Ufer der Töölönlahti-Bucht klatschen unruhig die bleifarbenen Wellen. Ungefähr 400 Teilnehmer des SCOPE-Kongresses eilen zielstrebig dem Eingang zu. Immer wieder bleiben sie stehen, um alte Bekannte zu begrüßen. Man kennt sich und man spricht Englisch. Sie kommen aus aller Herren Länder. Es sind Kosmologen, Elementarphysiker, Mathematiker, Chaosforscher, Theoretiker, sogar einige Philosophen und interessierte Autodidakten. Selbstverständlich ist auch die Presse vertreten.

Die Referenten sind vielversprechend. Das Thema »Raumkosmologie und die Grenzen der Wahrnehmung« legt schließlich einen Finger in die Wunde der aktuellen Probleme der Kosmologie. Es dauert eine ganze Weile, bis die Kongressteilnehmer schließlich im großen Saal Platz nehmen. Auf der riesigen Bühne wartet das Rednerpult auf den ersten Referenten. Nach den üblichen Begrüßungsansprachen geht der prominente portugiesische Kosmologe, der am Londoner Imperial College als Professor für theoretische Physik lehrt, zum Pult. Sein Thema: »Ist die Lichtgeschwindigkeitskonstante in Wirklichkeit variabel?« Mit seiner VSL (Varying Speed of Light)-Theorie hatte er in der Vergangenheit heftige Diskussionen ausgelöst.

13 Schöpfung im Chaos

»Sehr verehrte Damen, sehr verehrte Herren, liebe Kollegen! Gestatten Sie mir, einige Worte über unser altbekanntes Problem, die inflationäre Expansion und die Definition der Horizontwahrnehmung zu verlieren. Wenn wir uns mit dem Horizontproblem befassen, stoßen wir natürlich auf das Wechselspiel zwischen Expansion und Lichtbewegung.« Der Kosmologe lässt seinen Blick über die Anwesenden schweifen und fährt fort: »Es ist offensichtlich, dass sich aus dem Horizontproblem ergibt, dass zu einer gegebenen Zeit das Licht und natürlich auch jede Wechselwirkung seit dem Urknall nur eine endliche Entfernung zurückgelegt haben kann.

Wir kommen hier zu der Frage, welche Größe der kosmische Horizont tatsächlich hat. Der Radius ergibt sich aus der Entfernung, die das Licht seit dem Urknall zurückgelegt hat. Aber hier stoßen wir auf eine Überraschung, denn die Entfernung vom Ausgangspunkt ist größer als die zurückgelegte Strecke. Die Ursache für diesen anscheinenden Widerspruch liegt darin, dass die Expansion fortlaufend die bereits zurückgelegte RaumZeit streckt.

Dementsprechend hat in unserem knapp vierzehn Milliarden Jahre alten Universum das Licht seit dem Urknall knapp vierzehn Milliarden Lichtjahre zurückgelegt. Doch die Entfernung bis zu seinem Ausgangspunkt umfasst rund vierzig Milliarden Lichtjahre.

In diesem Zusammenhang taucht das Urknall- beziehungsweise Horizontproblem auf, denn kosmologische Beobachter, die ja auch immer zugleich in die Vergangenheit blicken, sehen ja nur einen kleinen Ausschnitt des Universums. Jenseits des sie umgebenden Horizonts können sie ja nichts erkennen. Zwei Phänomene begrenzen hier die Wahrnehmung. Zum einen die Begrenzung der Lichtgeschwindigkeit und zum Zweiten, dass das Urknalluniversum einen Geburtszeitpunkt hat und deshalb zu jedem gegebenen Zeitpunkt ein endliches Alter.

13 Schöpfung im Chaos

Schöpfung bedeutet somit auch immer eine Beschränkung. Je tiefer wir in das All blicken, desto mehr nähern wir uns dem Zeitpunkt, wo wir nichts mehr sehen können. Wir stoßen auf unseren kosmologischen Horizont. Was aber existiert jenseits dieser Barriere? Verbirgt sich dort der Auslöser für die Schöpfung? Das Licht mit seiner Geschwindigkeit schränkt unsere Wahrnehmung ein. Würde es sich mit unendlicher Geschwindigkeit ausbreiten, gäbe es das Horizontproblem nicht. Wenn wir hier über das Horizontproblem sprechen, haben wir natürlich den zusätzlichen Faktor, dass der Radius des Horizonts in der Vergangenheit sehr viel kleiner war. Je mehr wir uns dem Urknall annähern, umso kleiner wird der Horizont. Eine Sekunde nach dem Urknall, zum Beispiel, umfasst der Radius des Horizonts 300 000 Kilometer, das heißt, die Strecke, die das Licht in einer Sekunde zurücklegt.«
Der portugiesische Physiker greift zum Wasserglas und nimmt bedächtig einen Schluck. »Wenn wir in der Zeit zurückgehen, uns der Geburt des Universums annähern, stoßen wir auf ein kosmisches Plasma, das immer heißer und heißer wird, mit dem Resultat, dass die Energien der durchschnittlichen Photonen ebenfalls höher werden. Schließlich sind die Frequenzen so hoch, dass sich das Phänomen der Frequenzabhängigkeit der Lichtgeschwindigkeit bemerkbar machen kann. Heißeres Plasma bewirkt eine höhere Umgebungsgeschwindigkeit im Universum. Die Konsequenz ist eine variable Lichtgeschwindigkeit im frühen Universum, weil es sehr heiß war. Sollte sich herausstellen, dass die Lichtgeschwindigkeit keine Konstante, sondern variabel ist, müssen Veränderungen an der speziellen Relativitätstheorie vorgenommen werden.
Mein Modell der Lorenz-Invariante VSL ist hier ein möglicher Ansatz. Die Voraussage, dass sich Licht unterschiedlicher Farbspektren mit unterschiedlicher Geschwindigkeit ausbreitet, ist

13 Schöpfung im Chaos

ein interessanter Beitrag. Falls ich mit meinem VSL-Konzept richtig liege, könnte es auch zu einem besseren Verständnis der Quantengravitation führen.

Gestatten Sie mir nun, einige 3D-Grafiken und mathematische Berechnungen zu präsentieren ...«

Der theoretische Physiker João Magueijo schreibt in seinem Buch »Schneller als die Lichtgeschwindigkeit – Hat Einstein sich geirrt?«:

»Eigentlich kann nicht überraschen, dass VSL etwas über die Quantengravitation zu sagen hat. Schließlich erschüttert sie die Fundamente der Physik, und das Rätsel der Quantengravitation gehört wahrscheinlich zu den fundamentalen Fragen in diesem Zusammenhang. Fundamentaler geht es eigentlich gar nicht mehr.

Insofern unterscheidet sich VSL grundsätzlich von der Inflationstheorie, die nichts über die Quantengravitation aussagt. Die Vertreter der Inflationstheorie haben lediglich versucht – allerdings ohne Erfolg –, die Inflation als Nebenwirkung der Quantengravitation abzuleiten. Sie hoffen, die Inflation könnte irgendwann von allein während der Quantenepoche entstanden sein. Niemand weiß jedoch, wie dies zustande gekommen sein soll. Im Gegensatz dazu verändert VSL unvermeidlich das Konzept von der Quantelung der Gravitation.«

Als nächster Referent betritt der kleine, schlanke französische Chaosforscher mit federndem Schritt die Bühne. Am Pult justiert er das Mikrofon, fixiert kurz das Auditorium und ordnet pedantisch seine Unterlagen. Schließlich stellt er die rhetorische Frage, die für einen kurzen Moment durch einen Rückkopplungseffekt der Tonanlage irritierend gestört wird.

»Warum«, fragt er, »war die Entropie am Anfang unseres Universums so niedrig? Das ist doch äußerst ungewöhnlich, da niedrige Entropiephasen so selten sind. Heute befindet sich

13 Schöpfung im Chaos

unser Universum in einer mittleren Entropie. Das erklärt aber nicht, warum sie früher wesentlich geringer war. Die wirkliche Herausforderung für uns besteht nicht darin, die Frage zu beantworten, warum die Entropie in der Zukunft höher sein wird, sondern warum sie in der Vergangenheit so viel niedriger war. Letztendlich müssen Kosmologen die Frage beantworten, was es mit der Zeitasymmetrie auf sich hat. Warum unterscheidet sich die Vergangenheit so außerordentlich von der Zukunft?«

Der Franzose zieht das Mikrofon näher zu sich heran und sagt mit beschwörender Stimme:

»Die herrschenden Bedingungen bei der Geburtsstunde unseres Universums müssen auch auf das Ende unseres Universums zutreffen. Denn sonst kommen wir in die peinliche Situation, feststellen zu müssen, dass die Vergangenheit etwas ganz Besonderes war und wir für die Zeitasymmetrie keine Erklärung haben. Ich weiß natürlich, dass viele Kosmologen das Inflationsmodell heranziehen, um das Rätsel der Zeitasymmetrie zu lösen. Ich gehe davon aus, dass der Anfang, also die Vergangenheit sich von der fernen Zukunft nicht unterscheidet. Das heißt, die tiefe Vergangenheit und die ferne Zukunft zeichnen sich durch einen hohen Grad der Entropie aus. Das, was wir als Geburtsstunde oder Urknall mit der Inflationsphase bezeichnen, ist nach meiner Ansicht nur ein Übergang von einer Zustandsform zur anderen.

Das würde bedeuten, dass das Universum im Prinzip hohe Entropie aufweist, aber durch das Zusammenziehen und Ausdehnen der RaumZeit immer wieder die Phase niedriger Entropie durchläuft. Das Geheimnis dieses dynamischen Prozesses liegt in der dunklen Energie.

Fluktuationen in der Quantenfeldenergie könnten dann zur Entstehung von Universen führen. Ultradunkle Energie der RaumZeit lässt demnach Baby-Universen entstehen.

13 Schöpfung im Chaos

Unser Universum ist eine Fluktuation. Übergeordnet betrachtet, wäre das Multiversum symmetrisch, zumindest statistisch gesehen. Und das schließt die Zeit mit ein. Beides, die Vergangenheit und die Zukunft, lassen durch Fluktuation Universen entstehen. Gestatten Sie mir in diesem Zusammenhang, kurz auf die Chaosforschung einzugehen. Gerade bei Phasenübergängen von sogenannten chaotischen Situationen stabilisieren sich oft Systeme höherer Ordnung. Chaos und Ordnung stehen in einem funktionalen Verhältnis zueinander ...«

Wir verlassen hier kurz die Konferenz, um die Hintergründe der Chaostheorie zu durchleuchten.

Als der amerikanische Physiker Mitchell Feigenbaum das Verhalten mathematischer Gleichungen, die wiederholt auf sich angewendet werden, untersuchte, entdeckte er zu seiner Überraschung, dass der Übergang zwischen Ordnung und Chaos nach einer bestimmten Struktur ablief – ein Umstand, der von besonderer Bedeutung zu sein schien. Wie sich herausstellte, unterlagen die von dem Physiker angewandten Gleichungen beim Wechsel vom Zustand der Ordnung in den des Chaos dem Phänomen der Periodenverdoppelung. Und diese dem Periodizitätsfaktor 4,669201 unterliegende Periodizität oder regelmäßige Wiederkehr läuft mathematisch mit äußerster Genauigkeit ab. Wenn wir uns mit dem deterministischen Chaos befassen, geht es nicht nur um den Zustand eines Systems, sondern vielmehr um seine Dynamik, das heißt, um sein zeitliches Verhalten. Das bedeutet, es geht hier um das irreguläre Verhalten eines nichtlinearen, dynamischen Systems, dessen zeitliche Entwicklung allerdings durch mathematische Gleichungen eindeutig beschrieben werden kann. Die Lösungen dieser Gleichungen sind aber nicht durch eine Formel auszudrücken. Vergangene oder zukünftige Zustände des Systems können also nicht beliebig angegeben werden.

13 Schöpfung im Chaos

Alles hängt demnach von den äußerst empfindlichen Anfangsbedingungen ab. Da weder genau gemessen noch genau die Systemzustände berechnet werden können, sind langfristige Vorhersagen des Verhaltens eines deterministisch chaotischen Systems kaum durchzuführen.

In der Chaostheorie kommt den sogenannten Fraktalen, als Bausteinen des Chaos, besondere Bedeutung zu. Sie sind auf den namhaften Mathematiker Benoit Mandelbrot zurückzuführen, dem eigentlichen Wegbereiter der Chaostheorie. Er wurde 1924 in Warschau als Sohn einer litauisch-jüdischen Familie geboren. Sein Vater war Textilgroßhändler und seine Mutter Zahnärztin. 1936 emigrierte die Familie nach Frankreich. Sie ließ sich in Paris nieder, vor allem, weil dort Benoits Onkel, der Mathematiker Szolem Mandelbrojt lebte. Durch den Zweiten Weltkrieg gezwungen, Paris zu verlassen, gelang es den Mandelbrots gerade noch rechtzeitig, sich vor den Nazis in Sicherheit zu bringen.

Nur mit dem Nötigsten im Gepäck, schlossen sie sich einem Flüchtlingstreck südlich von Paris an und erreichten schließlich die Stadt Tulle. Benoit kam dort für einige Zeit bei einem Werkzeugmacher als Lehrling unter. Es war eine Zeit tiefgreifender Eindrücke und Ängste, an die er sich später jedoch kaum noch erinnerte. Ihm blieben vielmehr die Zeiten im Gedächtnis haften, in denen er sich mit Lehrern angefreundet hatte, darunter angesehene Gelehrte, die infolge des Krieges nach Tulle verschlagen worden waren.

Nach der Befreiung von Paris unterzog er sich den mündlichen und schriftlichen Aufnahmeprüfungen für die Ecole Normale und die Ecole Polytechnique. Dabei entdeckte Mandelbrot im Verlauf einer Prüfung in Zeichnen, dass er das Talent besaß, die Venus von Milo zu kopieren. Beim mathematischen Teil des Tests konnte er sein mangelhaftes Training mit seinem geometrischen Intuitionsvermögen wettmachen.

13 Schöpfung im Chaos

Später war das mathematische Multitalent Mandelbrot dann in der Forschungsabteilung des Computerriesen IBM mit ökonomischen Problemen befasst.

Sein besonderes Interesse galt dem chaotischen Preisdschungel in der Baumwollbranche, mit dem Ansatzpunkt der kurz- und langfristigen Preisfluktuationen. Als Mandelbrot die Preisschwankungen im Computer über einen längeren Zeitraum durchspielte, stieß er auf ein erstaunliches Ergebnis: Auch wenn die einzelnen Preisveränderungen zufälliger Natur und unvorhersehbar, also chaotisch zu sein schienen, verbarg sich langfristig ein konstanter Rhythmus, eine Ordnung dahinter. Im chaotischen Datenwust zeigte sich unerwartet ein geordnetes System. War er hier auf eine Gesetzmäßigkeit gestoßen, die alle Bereiche des Seins betraf? Hat Chaos Methode?

In seinem Buch »Die fraktale Geometrie« beschreibt Mandelbrot ein Verfahren, das es ermöglicht, unregelmäßige Formen mathematisch zu beschreiben. In Anlehnung an die Vorarbeiten anderer Mathematiker entwickelte Mandelbrot eine Geometrie, die es ihm gestattete, unregelmäßig verlaufende Kurvenlinien, wie zum Beispiel eine Küstenlinie, mit Hilfe einiger mathematischer Größen, die er »Fraktale« nannte, zu beschreiben.

Mit diesen Fraktalen verfügen Physiker und Ingenieure nun über ein Verfahren, das ihnen dazu verhilft, bis dahin nicht quantifizierbare Phänomene beschreiben zu können. Fraktale sind also geometrische »Bausteine«, mit deren Hilfe sich komplexe, unregelmäßige Formen darstellen lassen.

Die Chaosforschung hat ergeben, dass auch, wenn langfristig chaotische Systeme mit ihrem scheinbar irregulären Verhalten nicht vorhersagbar sind, sie dennoch bestimmte Verhaltensmuster zeigen, die bei völlig unterschiedlichen Systemen universell bedeutsam sind.

Ein besonderes Phänomen bei chaotischen Prozessen sind die »strange attractors«. Dabei handelt es sich um Fraktale mit ei-

13 Schöpfung im Chaos

ner komplizierten und scheinbar irregulären, inneren geometrischen Struktur. Diese seltsamen Attraktoren halten sich in einem begrenzten Gebiet des Phasenraums auf, sind unendlich lang und nicht periodisch.

Bei der Erforschung der »strange attractors« werden die innerhalb von chaotischen Systemen wirkenden Variablen auf einem Computerbildschirm durch Punkte repräsentiert und können somit auf verschiedene Muster hinweisen. Werden diese Punkte untereinander durch eine Linie verbunden, stellt sich heraus, dass diese den Hang zur geometrischen Form hat. Außergewöhnlich ist, dass sich jeder einzelne Ausschnitt dieser »strange attractors« als verkleinerte Wiedergabe des Ganzen darstellt.

Bei kontinuierlicher Vergrößerung kann diese geometrische Form sogar in unzählige kleiner und kleiner werdende Kopien ihrer selbst aufgelöst werden. Mit den »strange attractors« wurde ein weiterer Weg gefunden, um unterschiedliche chaotische Systeme auf bisher unvorhergesehene Übereinstimmungen hin zu überprüfen.

»Eine Reihe von Wissenschaftlern ist der Ansicht, dass mit der Chaosphysik neue, unerwartete Erkenntnisse verbunden sind. Durch das Chaos werden die Barrieren zwischen den unterschiedlichsten wissenschaftlichen Disziplinen weggeräumt. Denn hier geht es um eine Wissenschaft, die alle Systeme betrifft und die Denker der gegensätzlichsten Gebiete vereint hat. Chaosgläubige – wie sie sich oft selbst bezeichnen –, Bekehrte oder Evangelisten, spekulieren über Determinismus und Willensfreiheit, über Evolution, Bewusstsein und Intelligenz. Sie fühlen sich für eine Trendwende in der Wissenschaft verantwortlich, da ihrer Ansicht nach durch die neue Wissenschaft das Reduzieren auf Einzelheiten verdrängt wird. Als Holistiker streben sie danach, die Dinge ganzheitlich zu erfassen«, stellt der amerikanische Wissenschaftsjournalist James Gleick fest.

13 Schöpfung im Chaos

Eine herausragende Eigenschaft des Chaos ist der determinierte Ablauf seiner inneren Prozesse. Dennoch können zukünftige Ereignisse kaum präzise vorausgesagt werden, da es nicht möglich ist, alle zu einem System gehörigen Ursachen voll zu erfassen. Also können alle Vorhersagen durch die kleinste Ungewissheit zunichte gemacht werden. Ein klassisches Beispiel hierfür sind Wetterprognosen, die aus diesem Grunde auffallend oft nicht zutreffen.

Die Einflüsse auf solch außerordentlich empfindliche Systeme, wie unter anderem das Wettergeschehen, sind enorm vielfältig. Es ist daher nicht überraschend, dass bei Fachleuten, die von nichtlinearen Vorgängen sprechen, auch Einigkeit darüber besteht, dass solch ein System nicht eingegrenzt werden kann. Denn die kleinsten externen Fluktuationen können einschneidende Auswirkungen auf das System haben.

Chaos ist eine Ordnung von unendlicher Komplexität, weil es keine einfachen Regelmäßigkeiten beinhaltet. Welchem Größenausschnitt der Natur wir uns auch immer zuwenden, wir stehen einer Fülle von einzelnen Vorgängen gegenüber.

»Alle regelmäßigen Beschreibungen sind Illusion, die der realen Welt nicht entsprechen – nicht der Welt der Wolken, der Berge, Täler und Sterne, den dahinströmenden Flüssen oder Regenschauern. Hier geht es um unendlich komplexe Erscheinungen, die eine völlig andere Mathematik voraussetzen – die der Fraktale«, sagt Mandelbrot.

Sogenannte Fraktale sind immer neue, kleine Einheiten, die einer Figur zugefügt werden und deren Komplexität sich mit jeder neuen Hinzufügung vergrößert. Die mit einem gleichschenkligen Dreieck beginnende Koch-Kurve ist dafür ein klassisches Beispiel. Werden darauf nämlich kleinere gleichschenklige Dreiecke aufgebaut, auf jeder Seite genau in der Mitte platziert, ergibt sich ein sechszackiger Stern. Wenn dann noch weitere kleiner und kleiner werdende Dreiecke dazukommen,

13 Schöpfung im Chaos

»kristallisiert« sich die Form einer immer kunstvoller werdenden Schneeflocke heraus.
Manche Fraktale offenbaren strenge Selbstähnlichkeit. In anderen Worten: Dasselbe Detail wiederholt sich in jeder Größenordnung. Unter der Bezeichnung »chaotische Grenzbedingungen« wird vorausgesetzt, dass das Universum entweder räumlich unendlich ist oder dass unendlich viele Universen existieren. Die Möglichkeit, unter chaotischen Grenzbedingungen irgendeine bestimmte Region des Raums in irgendeiner vorgebenden Struktur gleich nach dem Big Bang zu finden, liegt gewissermaßen ebenso im Bereich des Möglichen wie die, es in jeder andern Struktur zu entdecken.
Die Wahl des ursprünglichen Stadiums des Universums erfolgte rein »zufällig«. Jedoch die Erkenntnis, dass sich hinter einem anscheinend chaotischen Zufallsgeschehen eine höhere Ordnung verbirgt, lässt den Begriff »Zufall« – »zugefallen« – in einem neuen Licht erscheinen.
Kehren wir noch einmal zurück zu unserem Chaosforscher in der Finlandia-Halle, der gerade dabei ist, seinen Vortrag abzuschließen.
»Sie sehen, verehrte Damen und Herren, dass der Begriff Entropie und unsere Erkenntnisse der Chaosforschung die Evolution unseres Universums zu einer neuen Sichtweise führen können. Schöpfung im Chaos, Schöpfung aus einem übergeordneten System ist hier der Schlüssel. Die Geburt unseres Universums ist lediglich ein Transitphänomen. Der Anfang ist nicht die Explosion einer Singularität, sondern die RaumZeit dehnt sich mit ihren Materieklumpen für eine gewisse Zeit aus, durch den Druck der ultradunklen Energie, um sich dann in der fernen Zukunft wieder zusammenzuziehen.«
Der französische Chaosforscher legt seine rechte Hand mit einer pathetischen Geste auf sein Herz. »Expansion und Kontraktion. Aber das Universum, das Übergeordnete, ist unendlich und

13 Schöpfung im Chaos

ewig. Die Chaosphysik liefert der Kosmologie profunde Anhaltspunkte für ein tieferes Verständnis unseres Seins. Ich danke für ihre Aufmerksamkeit!«

Der russisch-belgische Physikochemiker, Philosoph und Nobelpreisträger Ilya Prigogine (1917–2003) war der Ansicht, dass David Bohms Konzept der impliziten und expliziten Ordnung bei der Auslegung bestimmter ungewöhnlicher Phänomene in der Physik und der Chemie hilfreich sein könnte. In der klassischen Wissenschaft gilt als unumstößlich, dass alle Dinge, alle Ereignisse einem Zustand größerer Unordnung zustreben. Wenn ein Fernseher vom vierten Stock aus Versehen auf die Straße fällt, werden die Bruchstücke sich kaum in einen komplexen Computer verwandeln. In anderen Worten: Sie weisen weniger Ordnung auf, einen höheren Grad der Entropie und müssen als Schrott entsorgt werden. Prigogine aber kam zu der Schlussfolgerung, dass dieser Prozess nicht auf alle Ereignisse und Dinge im Universum zutrifft.

Bestimmte Chemikalien zum Beispiel geraten, wenn sie vermischt werden, in einen Zustand größerer Ordnung und nicht in Unordnung. Er bezeichnete diese spontan auftretenden, geordneten Systeme als dissipative Strukturen. Er erhielt für diese Entdeckung den Nobelpreis. Was aber bedeutet dieser Prozess und wie kommt er zustande?

Prigogine vertrat den Standpunkt, dass sich diese dissipativen Strukturen keineswegs aus dem Nichts materialisieren, sondern einen Beweis präsentieren für eine tiefere Ordnungsebene des Universums. Sie seien ein Beleg dafür, dass die impliziten Aspekte der sogenannten Wirklichkeit explizit werden. Für David Bohm ist diese implizite Ordnung eine Art Hologramm, in dem alle Details zugleich als Gesamtheit eingefaltet sind. Prigogine erkannte drei entscheidende Aspekte, die bei dissipativen Strukturen miteinander verknüpft sind. Erstens die Funktion als Resultat chemischer Gleichungen, zweitens die RaumZeit-Struktur,

13 Schöpfung im Chaos

die sich aus den Instabilitäten ergibt, und die Fluktuationen, die die Instabilitäten auslösen. Durch diese gegenseitige Beeinflussung können unerwartete Strukturen der Ordnung entstehen.

Dieser Prozess, den Prigogine entdeckte, kann auch erklären, wieso aus einem Zustand der Entropie – des sogenannten Chaos – Strukturen mit einer höheren Ordnung entstehen. Galaxien mit ihren Sternen, Planeten, Leben und Bewusstsein. Physiker werden wohl den Standpunkt vertreten, dass Evolution mit dem Zweiten thermodynamischen Hauptsatz kompatibel sein muss. Aber auf den ersten Blick steht die Evolution im Widerspruch zu genau diesem Gesetz, denn es präsentiert ja eine Zunahme der Unordnung und des Chaos, während die Evolution doch zu immer komplexeren Lebensstrukturen tendiert, also zu einer höheren Ordnung. Es darf hier aber nicht übersehen werden, dass sich die Entropiezunahme nur auf isolierte Systeme bezieht.

In der Physik wird unter drei Arten von Systemen unterschieden: isolierte, geschlossene und offene. Isolierte Systeme sind vollkommen abgeschottet von ihrer Umgebung, und ein Energieaustausch ist unmöglich. Geschlossene Systeme können Energie mit ihrer Umgebung austauschen, aber nicht mit Materie. Offene Systeme können Energie und Materie mit ihrer Umgebung austauschen. Während isolierte Systeme zu einer maximalen Entropie tendieren, können geschlossene und offene Systeme zu einem Zustand des Gleichgewichts kommen und nicht notwendigerweise zu einer maximalen Entropie.

Ein geschlossenes System, zum Beispiel, kann seine Entropie auf Kosten der zunehmenden Entropie seiner Umgebung reduzieren. Es stellt sich natürlich auch zusätzlich noch die Frage, ob das Zweite thermodynamische Gesetz rein makroskopisch zum Tragen kommt, aber im Mikroskopischen seine Bedeutung verliert. Eine weitere Schwierigkeit liegt darin, die tatsächlichen Anfangsbedingungen in thermodynamischen Systemen genau festzulegen.

13 Schöpfung im Chaos

Als nächster Referent tritt der renommierte deutsche Astronom ans Rednerpult. Das Scheinwerferlicht wird von den Gläsern seiner Goldrandbrille reflektiert:
»Unsere Erkenntnisse, beziehungsweise unsere Wahrnehmung, was die RaumZeit-Struktur mit ihren Materieansammlungen anbelangt, wurde in den letzten Jahren enorm erweitert, dank unserer neuesten Raumsonden und Teleskopanlagen auf der Erde und im All. Wir gehen davon aus, dass es rund 130 Milliarden Galaxien im Universum gibt und jede von ihnen um die 50 Millionen Schwarze Löcher enthält.

Wenn wir hier richtig liegen, kommen wir auf über fünf Trillionen Schwarze Löcher in unserem Universum. Das sind, zugegeben, gigantische Zahlen. Und das betrifft ja nur den Makrokosmos. Wir verarbeiten diese Aspekte mit unserer Großhirnrinde, die aus rund hundert Milliarden Neuronen besteht, und jedes ist mit bis zu zehntausend Synapsen ausgestattet. Es ergeben sich also in unserer Großhirnrinde rund einhundert Billionen Verbindungen. Das ist im Endeffekt unser Instrument der Wahrnehmung.

Es stehen uns damit drei Beschreibungsverfahren zur Darstellung der sogenannten Weltwirklichkeit zur Verfügung. Die Sprache und ihre Symbolmittel, die den Inhalt unseres Denkens bilden, jeweils bedingt durch die Ergebnisse unserer Sinneswahrnehmungen, als Folge dynamischer Wechselwirkungen. Die Mathematik als spezieller Beschreibungsbereich der Sprache und des Denkens, mithilfe des Messens, als Ausdruck der Verhältnisfeststellung zwischen dynamisch bewegten Teilen und ihrer relativen Wechselbeziehung, je nach Bezugssystem und Bezugsposition. Und schließlich die mathematische Formelsprache der Chemie. Um die Fähigkeiten unserer Sinnesorgane zu verbessern und zu erweitern, haben wir Megateleskope und effiziente, datenverarbeitende Quantencomputer entwickelt, zum Beispiel unser ALMA-Projekt in der chilenischen Hochwüste Atacama. Wie Sie

13 Schöpfung im Chaos

wissen, besteht unser Atacama Large Millimeter Array aus 50 Schüsseln von jeweils zwölf Metern Durchmesser. Die ganze Anlage steht auf 5000 Metern Höhe. Auch unser Paranal-Observatorium, das VLT, ist zurzeit eine der größten und technologisch fortschrittlichsten optischen Teleskopanlagen.

Unsere neueste Errungenschaft allerdings ist geradezu atemberaubend. Unser Hundert-Meter-Overwhelmingly Large Telescope (OWL) liefert uns nie gekannte Details von weit entfernten Galaxien, aber vor allem von anderen Planetensystemen, sodass wir eine ganze Reihe von extrasolaren, erdähnlichen Planeten entdeckt haben.

Auch die Hubble-Konstante konnten wir wesentlich genauer definieren. Selbst wenn sich unser wahrnehmbarer Horizont durch unser innovatives High-Tech-Instrumentarium verbessert hat, insbesondere durch das adaptive Optikverfahren, stoßen wir auf Grenzen. Wir haben es mit einer Fülle neuer Modellvorstellungen zu tun, deren Verifizierung problematisch ist. Zum Beispiel kann ein Multiversum, das weit jenseits unserer observierbaren Grenzen existiert, überhaupt nachgewiesen werden? Das Multiversum ist ja ein Resultat bestimmter quantenmechanischer und Gravitations-Theorien.

Ein weiteres Beispiel ist hier das sogenannte Inflationsszenario. Um die Ursachen und den Mechanismus dieses Prozesses schlüssig in Einzelheiten zu verstehen, müssten wir die Bedingungen vor dieser Inflation untersuchen können. Wir sind weit gekommen, was die Strukturen der Galaxien angeht, und gehen inzwischen davon aus, dass kleine Galaxien sich zusammengeschlossen haben, um große zu bilden.

Wir kennen die Rotationsmechanismen im Zentrum der Galaxien – die Schwarzen Löcher –, wissen aber nicht, wie es in Wahrheit im Inneren dieser Einstein-Rosen-Brücken aussieht. Wir wissen inzwischen viel über das Wie, aber das Warum bleibt uns nach wie vor verschlossen.

13 Schöpfung im Chaos

Unsere riesigen Radioteleskopanlagen sammeln und registrieren eine Datenflut, die wir in Statistiken einordnen. Aber wir sind gezwungen – und lassen Sie mich bekennen, dass ich froh darüber bin –, philosophische und theologische Betrachtungen dabei auszuklammern. Die Kosmologen und die Elementarphysiker sollen sich ruhig weiterhin mit dem Rätsel Raum, Zeit und Gravitation auseinandersetzen. Wir als Astronomen haben bisher weder die Raum-, Zeit- noch die Gravitationsquanten entdeckt. Das ist natürlich auch nicht unser Spezialgebiet. Wir können nur so viel feststellen, dass unsere astronomischen Beobachtungen übereinstimmend darauf hinweisen, dass wir in einem beinahe flachen Universum leben, dominiert von dunkler Materie, angetrieben in seiner beschleunigten Expansion durch dunkle Energie ...

Im Allgemeinen befassen wir Astronomen uns mit der Vergangenheit und sind damit so etwas wie Astroarchäologen. Die Entwicklungsgeschichte der Sterne und Galaxien ist ohne Zweifel faszinierend. Die kosmische Evolutionsgeschichte führt letztendlich zum Grundstein der Urknallkosmologie, und dieser ist die Nukleosynthese. Mit der Abkühlung der Temperatur im frühen Universum zwischen einer und zehn Milliarden Kelvin konnten leichtere Atomkerne zu schwereren verschmelzen.

Diese Urknall-Nukleosynthese dauerte allerdings nur eine kurze Zeit. Das Universum expandierte und wurde kühler. Aus jener Zeit stammt der Löwenanteil des kosmischen Helium- und Deuteriumvorrats. Es ist aber doch auch verständlich, dass sich unser Blick und Interesse nicht nur auf die Vergangenheit richtet, sondern auch auf die Zukunft.

Seit rund sechs Milliarden Jahren beschleunigt sich die Expansion, mit der Konsequenz, dass die Abstände zwischen den Galaxien immer mehr zunehmen. Das bedeutet: Wäre die Menschheit vor sechs Milliarden Jahren schon existent gewe-

13 Schöpfung im Chaos

sen, hätte sie wesentlich mehr Galaxien gesehen, als wir heute beobachten können.

Ferne Galaxien verlassen unser Blickfeld durch die Expansion. Nahe gelegene Galaxien rücken durch die gemeinsame Gravitation enger zusammen und bilden schließlich eine einzige Supergalaxis. In rund 80 bis 100 Milliarden Jahren werden die meisten Galaxien jenseits des Ereignishorizonts verschwunden sein.

In der fernen Zukunft wird es einsamer. Unsere lokale Gruppe, das heißt, die Milchstraße und die Andromeda-Galaxis inklusive der umlaufenden Zwerggalaxien, werden sich zu einem Supersternhaufen formieren. Alle anderen Galaxien verschwinden dann hinter dem Ereignishorizont ins Nirgendwo. Was bleibt, ist eine riesige Inselgalaxis, eingebettet in der dunklen RaumZeit.

Ob diese Vorstellung über die zukünftige Entwicklung unseres Universums korrekt ist, wird sich durch weitere Berechnungen und Messdaten erweisen. Ich danke Ihnen, dass sie mir Gelegenheit gaben, ihnen einen kurzen Überblick über meine Arbeit zu geben.«

Der deutsche Astronom erntet verhaltenen Applaus, sammelt umständlich seine Unterlagen zusammen und geht gemessenen Schrittes von der Bühne.

Der nächste Referent auf der Agenda ist der bekannte englische Mathematiker und Physiker von der Universität Oxford. Sein Vortrag trägt den Titel: »Die RaumZeit und der Thirring-Lense-Effekt und seine Bedeutung für die Quantengravitation.«

»Liebe Kolleginnen, liebe Kollegen, Ladies and Gentlemen! Seit die österreichischen Forscher Joseph Lense und Hans Thirring bereits 1918 die These vorstellten, dass nicht nur ein massereiches Objekt die RaumZeit krümmt, sondern dass ein rotierendes Objekt die RaumZeit in seiner Umgebung mit sich zieht, haben sich zahlreiche Wissenschaftler mit diesem Konzept befasst. Dieser sogenannte Thirring-Lense-Effekt besagt, dass eine rotierende Masse die RaumZeit an ihren Rändern regelrecht mitschleift.

13 Schöpfung im Chaos

Ganz gleich, ob Stern, Planet oder massereiches Schwarzes Loch, die RaumZeit wird durch die Rotation mitgezogen.

Das Konzept der beiden österreichischen Forscher, die sich ja in ihren Ideen auf die allgemeine Relativitätstheorie stützten, schien damals zwar faszinierend, konnte aber technisch nicht nachgewiesen werden. Und dennoch eröffnet der Thirring-Lense-Effekt die mögliche Antwort auf eine profunde Frage: Aus was besteht die RaumZeit? Die Vorstellung des Raums als Nichts, als die große Leere, kann, falls der Thirring-Lense-Effekt nachgewiesen würde, verabschiedet werden.

Es ist natürlich offensichtlich, dass die Krümmung der Raum-Zeit durch die Erde, zum Beispiel, und das Mitschleifen der RaumZeit durch die Erdrotation, äußerst gering und deshalb kaum zu messen ist. In der Zeit von Thirring und Lense, 1918, konnte der Effekt nicht nachgewiesen werden.

40 Jahre lang arbeiteten Physiker an einem 700-Millionen-Dollar-Projekt, um den Thirring-Lense-Effekt nachzuweisen. Es war eines der teuersten NASA-Grundlagenprojekte aller Zeiten. Am 16. Mai 2007 präsentierte der NASA-Wissenschaftler Barry Muhlfelder von der Stanford University das sensationelle Resultat des Forschungssatelliten Gravity Probe B, das den Thirring-Lense-Effekt bestätigte.

In diesem Experiment wurden minimale Änderungen in der Ausrichtung der Rotationsachsen von vier Gyroskopen nachgewiesen. Es handelte sich bei diesen Veränderungen um 42 Milli-Bogensekunden durch den Thirring-Lense-Effekt. Die Abweichungen der Rotationsachse wurden mithilfe hochempfindlicher, supraleitender Quanteninterferenz-Detektoren (Squids) durchgeführt. Auch die RaumZeit-Krümmung konnte mithilfe der Gravity Probe B bestätigt werden. Außerdem haben die zwei Satelliten der Gravity Probe C gravitonmagnetische Effekte, die durch die Erdrotation verursacht werden, mit Erfolg vermessen.

13 Schöpfung im Chaos

Der Nachweis des Thirring-Lense-Effekts, also des Frame Dragging Effect, auf das Gyroskopsystem hat unser Verständnis für die RaumZeit-Struktur inzwischen wesentlich verbessert. Wir arbeiten zurzeit daran, die RaumZeit mit der Gravitation als ein einheitliches Feld zu sehen. Ich würde Ihnen gerne nach der Mittagspause Details über die Technik und die Messdaten präsentieren.« Der englische Mathematiker lockert seinen Schlips mit den Oxfordfarben und verlässt die Bühne über die Treppe.

Der österreichische Physiker Hans Thirring (1888–1976) wurde als Sohn eines Lehrers in Wien geboren. Die Vorfahren waren im Dreißigjährigen Krieg aus Thüringen eingewandert, daher der Name Thirring. Nach seinem Studium der Mathematik und Physik an der Universität Wien war er dort am Institut für theoretische Physik tätig. Nach seiner Promotion wurde er Professor und schließlich Vorstand dieses Instituts. Unter seinen Studienkollegen war der spätere Nobelpreisträger Erwin Schrödinger. 1927 übernahm er die Präsidentschaft der Österreichischen Gesellschaft für Psychische Forschung und befasste sich überraschenderweise auch mit Parapsychologie. Seine größte wissenschaftliche Leistung war allerdings die Beschreibung des Thirring-Lense-Effekts.

Der österreichische Mathematiker Josef Lense (1890–1985) wurde unter Physikern durch seine Gemeinschaftsarbeit mit Hans Thirring weltberühmt. Als Professor für angewandte Mathematik lehrte er an der Universität München. Lense erhielt international hohe Anerkennung und viele Ehrungen. Er war ein bescheidener, ungemein sympathischer Mann, der mit seinen spannenden Seminaren über die moderne Physik seine Zuhörer in den Bann zog. Zwei Monate vor seinem 95. Geburtstag starb er in München.

Thirring und Lense hätten sich sicherlich außerordentlich gefreut über die erfolgreiche amerikanische Forschungsmission der

13 Schöpfung im Chaos

Gravity-Probe-B-Sonde, die im April 2004 vom kalifornischen Luftwaffenstützpunkt Vandenberg gestartet war. Ihre vier Kreisel mit ihren Drehachsen wurden durch die Krümmung der Raum-Zeit leicht ins Torkeln gebracht. Durch die Stärke der Störung konnten die Wissenschaftler den Frame Dragging Effect nachweisen.

Auch der mögliche Nachweis von Gravitationswellen macht inzwischen Fortschritte. Wissenschaftler vom California Institute of Technology und vom Massachusetts Institute of Technology betreiben das Laser Interferometer Gravitational Wave Observatory (LIGO), um Gravitationswellen nachzuweisen. Der Detektor besteht aus zwei Röhren von je vier Kilometern Länge und etwa einem Meter Durchmesser. Die ganze Anlage ist L-förmig angeordnet.

Mit Hilfe von Laserlicht, das in die Vakuumtunnelröhre hineingestrahlt und von hochreflektierenden Spiegeln zurückgeworfen wird, vermessen die Wissenschaftler die beiden Lichtstrecken auf das Genaueste. Der Grundgedanke dabei ist, dass eine eventuell vorbeiwandernde Gravitationswelle den Weg, den das Licht in einer der Röhren zurücklegt, relativ zu dem anderen Lichtweg strecken würde und dass die Anlage diese Streckung registrieren könnte.

Inzwischen gibt es die Gravitationswellen-Detektoranlage in doppelter Ausführung. Die eine in Livingston, Louisiana, und die andere in Hanford, Washington.

Raum, Zeit und Gravitation sind sozusagen der Heilige Gral der Kosmologie und der Elementarphysik. Sie sind das Fundament unseres kosmischen Seins. Zugleich sind sie die größte Herausforderung für die Wissenschaft der 21. Jahrhunderts. Bis zu der Lösung des Rätsels Raum, Zeit und Gravitation sind sie eine faszinierende Provokation der Schöpfung.

14 Facetten der Wirklichkeit

Protokoll – Frühjahr 2009

Als vor rund 15 Millionen Jahren ein äffisches Wesen den Mut hatte, von einem Baum in Zentralafrika herunterzuklettern, um sich im Überlebenskampf in der Savanne aufzurichten, war dies ein Vorstoß in eine neue Wirklichkeit. Neugierde und die Suche nach Erkenntnis waren die Triebfeder in der Evolution zum modernen Menschen. Mit dem reflektierenden Bewusstsein stellten sich die Urfragen: Wie? Wieso? Weshalb? Warum?

»Wir sind hier, um herauszufinden, weshalb wir hier sind«, wäre ein Motiv, um die »Wahrheit« zu entdecken. Wissenschaft ist eine Expedition ins Unbekannte. Sie führte uns vom Baum zum Mond, den Planeten und zu den Sternen. Sie führte uns vom Makromolekül ins Innere der Atomkerne.

Wie und warum ist das Leben auf der Erde entstanden? Bestehen Quarks und Elektronen aus noch kleineren Teilchen? Welcher Vorgang führte zur Geburt unseres Universums? Und was vor allem sind Raum, Zeit und Gravitation? Stoßen wir bei diesen Fragen an die Grenzen des menschlichen Erkenntnisvermögens? Oder lassen sich diese Rätsel durch die wissenschaftliche Wahrheitssuche lösen?

Wir werden immer weiter mit den unterschiedlichsten Facetten der Wirklichkeit konfrontiert, die wir mehr oder weniger subjektiv durch unsere Wahrnehmung aufnehmen und einzuordnen versuchen.

14 Facetten der Wirklichkeit

Ausschlaggebend bei der Verarbeitung von Sinneseindrücken ist unser Gehirnpotenzial. Im Verlauf der letzten 50 Jahre musste die Auffassung über die Struktur unseres Gehirns stark revidiert werden, da es sich komplexer herausstellte, als die Neurologen zunächst angenommen hatten. Wenn der Mensch das menschliche Gehirn untersucht, demonstriert er schon allein durch diese Handlung, was ihn von den anderen Lebewesen auf dieser Erde unterscheidet. Denn hier wird das Hirn sozusagen vom Hirn erforscht. Das Gehirn wandelt auf den Spuren des Gehirns.

Im Grunde genommen hat der Mensch nicht nur ein Gehirn, sondern deren vier, die normalerweise in relativer Harmonie zusammenwirken, wenn sie sich auch in ihrer Struktur, Biochemie und Funktionsweise voneinander unterscheiden. Jeder dieser Gehirnabschnitte – Stammhirn, Kleinhirn, Zwischenhirn und Großhirn – zeigt auf der Evolutionsleiter eine höhere Sprosse an. Wie alle unsere Organe hat sich auch unser Gehirn im Verlauf von Jahrmillionen entwickelt. Mit wachsender Vielschichtigkeit hat es auch sein informationsverarbeitendes Potenzial ständig erweitert.

In seinem Aufbau spiegeln sich daher sämtliche Entwicklungsphasen wider, die es durchlaufen hat. Aus einem kleinen, vorn platzierten Riechhirn ist schließlich unser Großhirn entstanden. Zwei kleine, degenerierte Läppchen sind das Überbleibsel dieses ursprünglichen Riechhirns. Davon ausgehend haben sich zwei größere Lappen gebildet, die als sogenannte Großhirnlappen das gesamte übrige Gehirn bedecken.

In der Entwicklung der Arten erhielt das Großhirn durch die allmähliche Verschiebung der Evolutionsbedingungen eine immer größere Bedeutung. Alle Lebewesen, denen es bis heute gelungen ist, zu überleben, haben sich jeder neuen Umweltbedingung auf eine ihnen eigene Art angepasst. Je höher sich Lebewesen entwickelten, umso vielschichtiger wurden ihre Reaktionen auf die jeweils zu meisternden Situationen. Verglichen mit der Evolution der Tierwelt, die sich über viele Millionen Jahre erstreckt hat, sind die Charakteristika, die uns zum Menschen stempeln, nur wenige Millionen Jahre alt.

Die Basis der wesentlichen Strukturen unseres Körpers beruht jedoch größtenteils auf den urtümlichen Lebensformen. Der Mensch hat zum Beispiel einen bilateralen symmetrischen Aufbau. In anderen Worten, seine Glieder und Organe treten meistens in Paaren auf: zwei Beine, zwei Füße mit je fünf Zehen, sowie zwei Arme, zwei Hände mit jeweils fünf Fingern, zwei Augen, zwei Ohren, zwei Lungenflügel, zwei Gehirnhemisphären ...

In der Evolution des Lebens hat sich der Schritt erstmals vor 500 Millionen Jahren bei Meerestieren vollzogen. Unser entlang der Wirbelsäule gelagertes Zentralnervensystem, dessen wichtigster Teil im Schädel verborgen liegt, begann sich bereits vor mehr als 600 Millionen Jahren bei primitiven Fischen zu entwickeln.

Vor etwa 225 Millionen Jahren konnten sich bestimmte Reptilien schon auf zwei Beinen fortbewegen. Die Schweißdrüsen, durch die der Mensch heute seine Körpertemperatur – unabhängig von Witterungseinflüssen – automatisch regulieren kann, entstanden beim Säugetier wahrscheinlich vor etwa 200 Millionen Jahren. Selbst unser stereoskopisches Sehvermögen dürfte mindestens 50 Millionen Jahre alt sein.

Wenn wir die Evolutionsgeschichte des Lebens auf ein Jahr komprimieren und im Zeitraffertempo vor unserem geistigen Auge ablaufen lassen, dann erleben wir die Einzeller am ersten Januar. Ihnen folgen die ersten mehrzelligen Organismen nicht vor Ende April. Die Entwicklung der ältesten Fische beziehungsweise der ersten Wirbeltiere vollzieht sich Ende Mai. Im August kriechen die ersten Amphibien an Land, und etwa Mitte September erscheinen die ersten Reptilien. Oktober und No-

14 Facetten der Wirklichkeit

vember bleiben den Dinosauriern vorbehalten, obwohl im November schon die ersten Säugetiere auftauchen. Ihnen folgen im Dezember die Vorfahren der Tier- und Menschenaffen. Am 31. Dezember, um die Mittagszeit, sind die ersten Vorläufer des Menschen in der afrikanischen Savanne anzutreffen. Und etwa eine Stunde vor Mitternacht, am letzten Tag des Jahres, sind die ersten Menschen mit der Herstellung von Werkzeugen beschäftigt, die sie aus Stein zu hauen versuchen. In den letzten 15 Minuten des Jahres sind die Menschen dabei, die ersten primitiven Anfänge des Ackerbaus zu entwickeln. Die ersten komplexen menschlichen Kulturen im Zweistromland, in Südostasien und Ägypten entstanden eine Minute vor Mitternacht.

Aber der größte Teil aller intellektuellen und technologischen Errungenschaften kommt in den allerletzten Sekunden des Jahres zustande. In dieser auf ein Jahr komprimierten Evolutionsgeschichte des Lebens nimmt die Existenz des Menschen nur etwa die letzten Stunden ein.

Vielleicht muss das für den Menschen charakteristische Wachstum seines Gehirns eher als Folgeerscheinung denn als Voraussetzung für die Herstellung von Werkzeugen betrachtet werden. So gesehen, wäre die Beschäftigung der eigentliche Anstoß für die intellektuelle Entwicklung des Menschen.

Es bedurfte einer Anzahl evolutionärer Schritte, bevor sich die Umwandlung zum Menschen vollziehen konnte: der Abstieg von den Bäumen, eine aufrechte Haltung, ein bestimmtes Gehirnwachstum. Die Umstellung der Kost auf einen größeren Anteil tierischer Proteine, die Anwendung, Fertigung und Verfeinerung von Werkzeugen, weiteres Wachstum des Gehirns, die Entdeckung des Feuers, Ausdrucks- und Sprachvermögen, rituelles Brauchtum und Raum- und Zeitbewusstsein haben zur Entwicklung des Menschen und seiner etappenweisen Wandlung geführt.

Zum dominanten Wesen wurde der Mensch aber erst vor knapp 100000 Jahren. Doch bevor er wirklich beherrschend war, vergingen noch einmal etwa 70000 Jahre. Auch nach seinem Aufstieg zum Menschen ging die Entwicklung weiter, wenn auch auf unterschiedliche Art. Inzwischen setzt sich die Evolution nicht mehr auf biologischer Basis fort, sondern ist psychosozial ausgerichtet und wird durch Überlieferung in Gang gehalten. Mit den Möglichkeiten der Genmanipulation hat der Mensch die Fähigkeit erhalten, unmittelbar in die Evolution und natürliche Selektion einzugreifen.

Vermutlich war das Gehirn der ersten Hominiden von Anfang an größer und komplexer als das der Vorfahren gleich großer Menschenaffen, und daran hat sich bis zum Homo sapiens sapiens nichts geändert. Der Gorilla ist fast dreimal so schwer wie ein Durchschnittsmensch, aber das menschliche Gehirn mit seinen etwa 1350–1450 Gramm ist dreimal so groß wie das des Gorillas. Allerdings sind der Aufbau des Gehirns und seine Vernetzungen wesentlich wichtiger als seine Größe.

Die bereits im Primatenhirn vorhandenen evolutionären Anlagen wurden durch das Gehirn der frühen Hominiden immens verstärkt: Die nicht zweckgebundene Hirnrinde erweiterte sich, und eine Verlagerung vom Riechen auf das Sehen und eine hervorragende Augen-Hand-Koordination waren die Folge. Mit diesen Veränderungen änderte sich auch die Wahrnehmung und das Verständnis der Welt.

Beobachtung und Deduktion der sogenannten Wirklichkeit spielten eine zunehmende Rolle. Äußerlich gleicht das menschliche Gehirn einer riesigen Walnuss. Es besteht aus zwei zerklüfteten, am Ansatz zusammengewachsenen Hälften. Diese halbkugelförmigen Hemisphären stellen das vorerst letzte Produkt der Gehirnevolution dar. Ein dicker Stiel aus Nervenfasern – der Balken – verbindet die beiden Hemisphären. Ihre Oberfläche – die Hirnrinde oder Cortex – ist in vielfältige Windungen zerklüftet, damit die -zig Milliarden Nervenzellen im verhältnismäßig begrenzten Schädelraum Platz finden.

Die beiden in die Hirnrinde eingehüllten Hemisphären haben größere Bedeutung erlangt. Sie überdecken schon in niedrigen Tierarten vorkommende Gehirnteile und machen fast sieben Achtel der Gesamtmasse unseres Nervensystems aus.

Entscheidend für unsere Wahrnehmung, unser Bewusstsein, Denken, Fühlen und Schlussfolgern ist unser Großhirn. Die Arbeitsteilung im Großhirn wird von den sogenannten Rindenfeldern gesteuert. Denken und Erinnern werden durch den vorderen Teil des Gehirns ermöglicht. 20 Prozent des gesamten Blutes fließen pro Minute durch unser Gehirn. Sein Sauerstoff- und Energiebedarf ist enorm.

Zwischen 1998 und 2004 präsentierte der deutsche Naturwissenschaftler Achim Peters (geb. 1957) die Selfish-Brain-Theorie, die besagt, dass das menschliche Gehirn bei der Regelung der Energieversorgung des Organismus vorrangig den eigenen, vergleichsweise hohen Bedarf deckt. Das »egoistische« Gehirn arbeitet also nach dem »Energy on Demand«-System.

Die hohe Datenverarbeitungsleistung des Gehirns wird vor allem durch seine vielen hochparallelen Verbindungen ermöglicht. Sein neurales Netzwerk stellt sowohl Speicher- als auch Verarbeitungslogik zur Verfügung. Seine Struktur für Denk- und Wissensfähigkeit ist inzwischen Vorbild für die Nachahmung von künstlichen, neuralen Netzwerken in der Entwicklung künstlicher Intelligenz. Die Evolution brauchte mehr als 650 Millionen Jahre, um das menschliche Gehirn in all seiner Komplexität hervorzubringen.

Nach dem amerikanischen Neurologen Paul D. McLean (1913–2007) vollzog sich die Evolution des Gehirns in drei deutlich voneinander abgegrenzten Phasen, wobei McLean allerdings mehr von evolutionären als strukturellen Aspekten ausgeht:

14 Facetten der Wirklichkeit

Phase 1: Im Reptilienhirn waren die uns heute bekannten Emotionen noch nicht entwickelt. Es galt lediglich, Triebe und unmittelbare Bedürfnisse zu befriedigen. Die Fähigkeit der Erkenntnis über das Gestern und Morgen hatte sich noch nicht herausgebildet, alle Ereignisse waren gegenwartsgebunden. Das Verhalten basierte nicht auf Reflexion und war schwankend. Revierverhalten, Sozialhierarchie und Aggressionen, die sich bei unseren Reptilienvorfahren vor einigen hundert Millionen Jahren entwickelt haben, trägt jeder von uns tief im Inneren seines Schädels – in seinem Reptilienhirn – mit sich.

Phase 2 enthält beim einfachen Säugerhirn den größten Teil des sogenannten subkortikalen, unter der Hirnrinde liegenden Systems. Angst und Wut sind hier herausragende Emotionen. Verhaltensweisen werden nicht mehr starr vom Instinkt kontrolliert, und Reaktionen erfolgen weniger automatisch und unmittelbar.

Phase 3: Das auf dem Cortex basierende menschliche Gehirn hat sich entwickelt. Es ermöglicht eine detaillierte Analyse der Umwelt. Weitere Emotionen haben sich gebildet, und Handlungen werden in zunehmendem Maße geplant.

Diese drei Evolutionsphasen des Gehirns sind im Verlauf langer Entwicklungsstadien allmählich ineinander übergegangen, wobei die früheren Strukturen erhalten geblieben sind. In diesem Zusammenhang wird angenommen, dass sich eine Verlagerung der Funktionen vollzogen hat. Deutliches Beispiel dafür dürfte die Fähigkeit des Sehens sein: War das Sehen in Phase 2 noch Angelegenheit des Thalamus, wurde es in Phase 3 vom Cortex übernommen.

Frühe Strukturen wandelten ihre nicht mehr benötigten Funktionen höchstwahrscheinlich um, halten aber mit den neueren Funktionen sicherlich eine Arbeitsverbindung aufrecht.

Mit dem Großhirn hat sich der bedeutende Schritt der Gehirnevolution vollzogen. Die Großhirnrinde mit ihren über zwei Dritteln der Gehirnmasse ist die Region der Intuition und der

23 Der Nobelpreisträger Steven Weinberg mit dem Autor in Austin, Texas.

24 Günter Nimtz mit dem Autor in Köln.

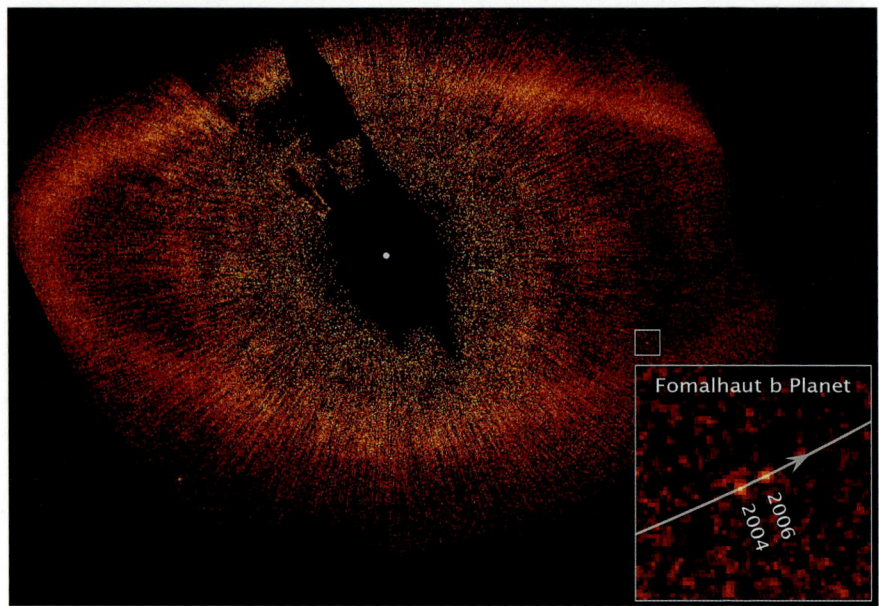

25 Im November 2008 gab die NASA die sensationelle Meldung heraus, dass es dem Hubble-Teleskop gelungen sei, erstmalig in einem fremden Sonnensystem, dem Fomalhaut-System, einen Planeten direkt optisch auszumachen.

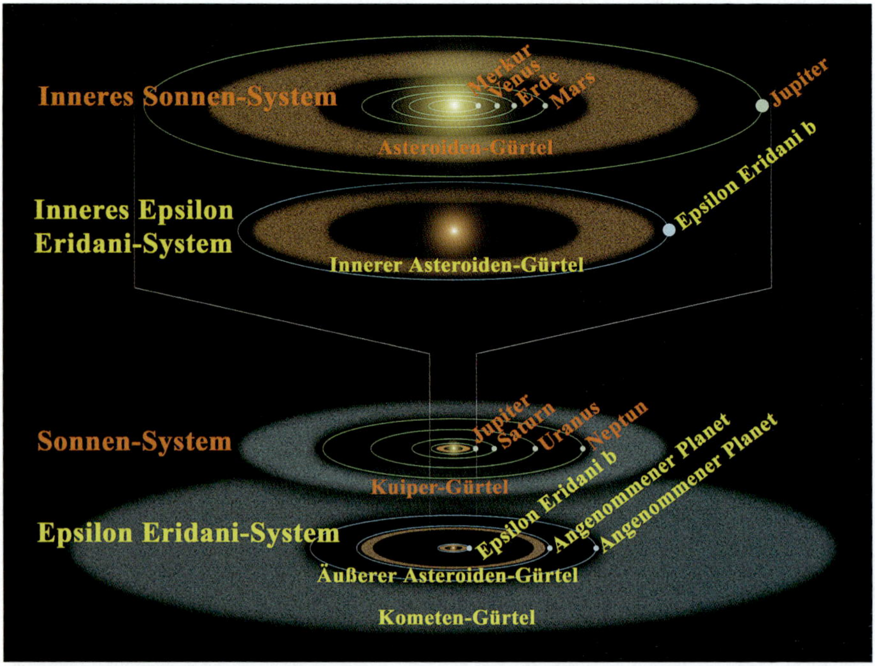

26 Das Epsilon-Eridani-Planetensystem ist 10,5 Lichtjahre von uns entfernt.

27 Ein Schwarzes Loch in der Galaxie NGC 7052, umgeben von einer Plasmascheibe.

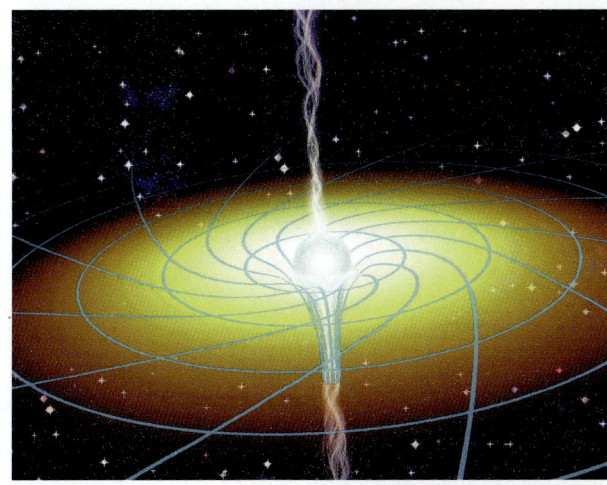

28 Rotierende Schwarze Löcher sind gefräßige, kosmische Staubsauger. Als Einbahnstraßen bilden sie die sogenannten Einstein-Rosen-Brücken.

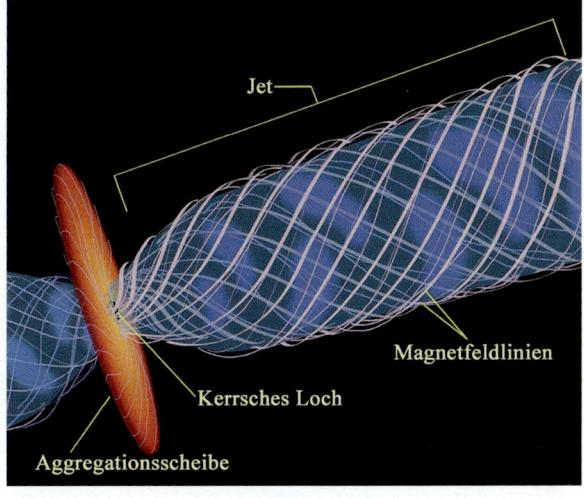

29 Formation extragalaktischer Jets durch ein Schwarzes Loch mit seiner Aggregationsscheibe.

30 Die ATLAS-Hightech-Anlage der Superlative von CERN bei Genf. Der Teilchenbeschleuniger LHC-ALICE soll sich an den Urknall durch Kollisionsexperimente »herantasten«.

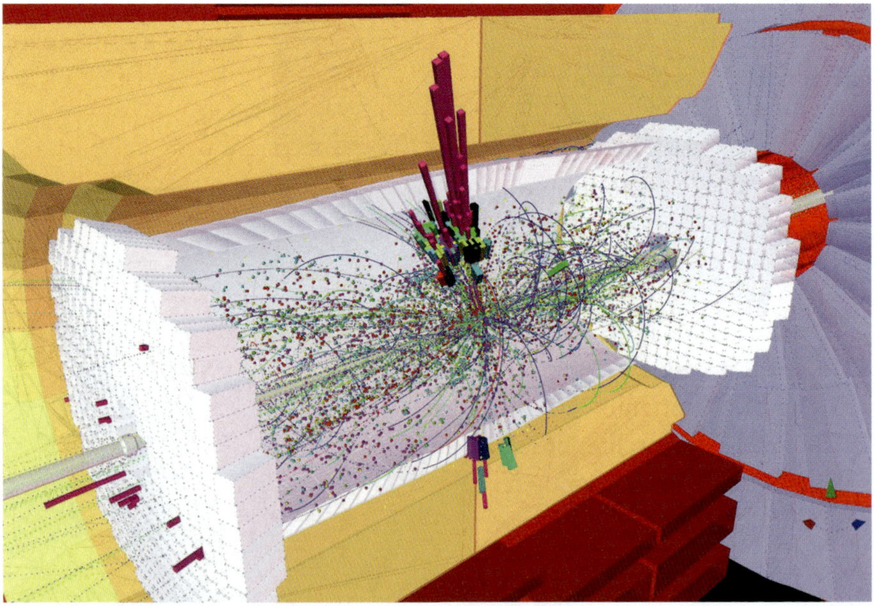

31 Um die Teilchenmassen zu erklären, versuchen die CERN-Physiker die Existenz von Higgs-Teilchen nachzuweisen.

14 Facetten der Wirklichkeit

kritischen Analyse. Hier entstehen unsere Ideen und Inspirationen. Hier lernen, rechnen und lesen wir. Bewusstsein und Bewusstheit werden von der Großhirnrinde gesteuert. Der Mensch besitzt große Rindenfelder, die nicht auf bestimmte Verhaltensmuster vorprogrammiert sind. Hier können Erfahrungen aus der Vergangenheit mit künftigen abgestimmt werden und verschiedene, nicht miteinander im Zusammenhang stehende Ereignisse verknüpft und neue Kombinationen erstellt werden.

Es mag den Anschein haben, als sei eine Gehirnhemisphäre das Spiegelbild der anderen. Aber das ist ein Irrtum, denn in den beiden Gehirnhälften sind unterschiedliche Fähigkeiten untergebracht. Bei uns Menschen ist die linke Hemisphäre für logisches, analytisches Denken und die Sprache verantwortlich, für das Rationale, das Intellektuelle und Praktische. Die rechte Hemisphäre, die schöpferisch-abstrakte, trägt die Verantwortung für das Künstlerische in uns, für die Vorstellungskraft und das Träumerische.

Bei einem gesunden Menschen wirken die beiden Gehirnhälften natürlich zusammen, wenn auch eine von beiden ständig dominiert. Das erklärt auch, warum unsere unterschiedlichen Talente, Anlagen und die Persönlichkeit eines jeden von uns zum Ausdruck kommen.

Es ist das Gehirn, das als schöpferisches, datenverarbeitendes Instrument mit seinen kognitiven Fähigkeiten versucht, die Welt, in der wir leben, zu erfassen und zu beschreiben. Um diese Möglichkeiten zu vertiefen, hat es ein gewaltiges Instrumentarium hervorgebracht, um seine begrenzten Sinnesorgane zu verstärken und zu verbessern.

Um die Facetten der Wirklichkeit einzuordnen, sind drei Säulen der Wissenschaft entstanden: Intelligenz, Leben und Materie. Durch die Computerrevolution und das Vordringen der Mikroelektronik sind die ersten Ansätze zur Manipulation der

künstlichen Intelligenz gegeben. Durch die Entdeckung der DNS und des menschlichen Genomprojekts kann das Erbgut verändert werden, zum Guten oder zum Bösen. Durch Fortschritte in der Quantenmechanik kann das Verhalten einzelner Atome verändert werden.
Mikrochips, Nanotechnologie und Biotechnologie werden immer mehr das Leben der Menschheit verändern. Wir stehen vor der größten wissenschaftlichen Revolution in der menschlichen Geschichte.
Wie Michio Kaku im »New Scientist« feststellt: »Es ist ein historischer Übergang vom passiven Beobachter zum aktiven Choreographen, von einem Zeitalter der Entdeckung zum Zeitalter der Beherrschung.« Diese Feststellung von Kaku ist nach meinem Geschmack zu optimistisch und zu euphorisch, denn die globalen Veränderungen durch den Fortschritt von Technologie und Wissenschaft bringen Konsequenzen mit sich, die für Gesellschaft und Umwelt nicht unbedingt nur vorteilhaft sind. Sein Artikel trägt auch den Titel: »Are you ready to play God?« (Sind Sie bereit Gott zu spielen?)
Die großen Teilchenbeschleuniger LHC in Genf, die HERA-Maschine am Hamburger DESY und der TEVATRON-Beschleuniger des US-Labors bei Chicago dringen immer tiefer in die Welt der Materie ein, um den möglichen Beginn der Schöpfung zu erfassen, wenn es denn einen gegeben hat.
»Die Erfolge der Elementarteilchenphysik machen es jedoch klar, dass es erstaunlich ist, wie viel wir von unserer Welt begreifen können. Auch scheint es so zu sein, dass wir bei den kleinsten Teilen der Materie letztlich auf mathematische Formeln stoßen, so, wie es von dem griechischen Philosophen Plato vorausgesehen wurde. Wissenschaft, Philosophie und Ästhetik werden auf diese Weise zusammengeführt«, stellt der renommierte deutsche Physiker Harald Fritzsch in seinem Buch »Elementarteilchen« fest.

14 Facetten der Wirklichkeit

Der Physiker Max Tegmark vom Massachusetts Institute of Technology meint gar, wir existieren in einem mathematischen Universum und die sogenannte Wirklichkeit sei eine mathematische Struktur. Eine Theorie von Allem (Theory of Everything – TOE) würde dann rein abstrakt und mathematisch sein. Ist in den Facetten der Wirklichkeit Raum für einen Schöpfer, einen allmächtigen Gott, der den Urknall als Beginn aller Dinge ausgelöst hat? Ich muss gestehen, dass mich das Urknallszenario nicht überzeugen kann. Es ist eine der Modellvorstellungen, die nur auf den ersten Blick bestechen und der Religion ins Konzept passen. Denn Anfang bedeutet zugleich Schöpfung. Für mich hat das Universum keinen Anfang und keine Grenzen. Stephen Hawking schreibt in seinem Buch »Eine kurze Geschichte der Zeit«: »Wir müssen uns den Urknall als die Entsprechung eines Punktes auf der Oberfläche der Kugel am Nordpol vorstellen. Ein winziger Kreis, den wir um diesen Punkt ziehen (ein Breitengrad), entspricht dann der Größe des Raumes, den das Universum einnimmt. Im Laufe der Zeit müssen wir uns die Breitengrade in immer größerer Entfernung zum Nordpol denken: Sie werden größer und zeigen, dass das Universum expandiert und nähern sich allmählich dem Äquator. Von diesem aus in Richtung Südpol werden die Breitengrade wieder kleiner und repräsentieren dann das Universum, das jetzt mit Verstreichen der Zeit wieder schrumpft, bis es ganz verschwindet.«

Nach dieser Modellvorstellung gab es im Urknall keine Vergangenheit, und die Zeit existierte aufgrund der Geometrie der gekrümmten RaumZeit in der Zukunft. Die RaumZeit, Materie und Energie wären hier vollständig in sich abgeschlossen. Für den Atheisten Hawking gibt es keinen Platz für einen Schöpfer in einem in sich selbst völlig abgeschlossenen Universum. Ich dagegen bin von einem kontraktierenden und expandierenden Universum überzeugt, ohne Anfang und ohne Ende. Die

14 Facetten der Wirklichkeit

RaumZeit mit ihrer Gravitation ist aus meiner Sicht ein energetisches Phänomen, das als Informationsfeld die Ursache für das Sein ist. Materie entsteht durch die komprimierte Raum-Zeit-Energie. Auch diese Sicht ist eine Facette der Wirklichkeit. Wie alles Übrige ist die Frage nach einer höheren Schöpfungsinstanz eine andere Facette der Wirklichkeit, ein Resultat des menschlichen Zwischenhirns und der rechten Hirnhemisphäre.

Der amerikanische Physiknobelpreisträger Robert Laughlin (geb. 1950) von der kalifornischen Stanford-Universität verwehrt sich gegen den reduktionistischen Traum einer Theorie von Allem (TOE). Er ist der Ansicht, dass wir auf der Suche nach einer Weltformel an ihre Grenzen gekommen sind. Ausschlaggebend für ihn zu einem tieferen Verständnis des Seins ist das Prinzip der Emergenz und die Selbstorganisation der Natur. Der Begriff »Emergenz« bezeichnet das Auftauchen vorher nicht vorhandener Eigenschaften. Durch die Mischung und das Zusammenspiel unterschiedlicher Bestandteile und Qualitäten entstehen durch Integration oder Zerfall neue Qualitäten, neue Systeme, andere Wirklichkeiten.

Es ist einleuchtend, dass der reduktionistische Ansatz, das heißt die Zerlegung in immer kleinere Bestandteile, die Essenz des gesamten Systems nicht erkennen lässt.

Die einzelnen chemischen Bestandteile eines Lebewesens können nicht erklären, wieso es lebt. Die Organisation von Materie mit der Fähigkeit zur Selbstproduktion, um die Organisation zu erhalten, wird durch die Reduktion auf die Bausteine nicht verständlicher. Auch der Reduktionismus kann das Bewusstsein nicht erklären.

Der Ursprung des Seins wird aus meiner Sicht durch die immens teure Zerlegung in Einzelkomponenten, das heißt in Aktivitätsmuster von Energien, nicht fassbarer. Der Reduktionismus kann im besten Fall den Ablauf von Vorgängen beschreiben und möglicherweise die Frage nach dem Wie beantworten, aber die Frage nach dem Warum bleibt bestehen. Emergenz ist lediglich eine Erklärung für das Erscheinen von Phänomenen des Daseins aus dem Urgrund. Und dieser Urgrund ist die RaumZeit. Emergenz bedeutet, dass das Ganze eben mehr ist als die Summe seiner Teile. Die Qualität des Ganzen lässt sich eben nicht durch Auflösung in Bestandteile erfassen.

Ohne Zweifel hat die Wissenschaft in vielen Bereichen enorme Fortschritte gemacht, und ganz ohne den Reduktionismus hätte man auch nicht profunde Erkenntnisse erlangt. Eine ganze Reihe von neuen Modellvorstellungen leiden unter dem Problem, dass sie experimentell kaum nachgewiesen werden können.

»Die experimentelle Beobachtung und die Theorie kommen dann am besten voran, wenn sie miteinander gekoppelt werden und sich gegenseitig darin unterstützen, die Wahrheit herauszufinden. Man tut gut daran, einer Theorie nicht zu viel Vertrauen entgegenzubringen, solange sie durch Beobachtungen nicht bestätigt worden ist. Ich hoffe, dass ich die Experimentalphysiker nicht zu sehr vor den Kopf stoße, wenn ich hinzufüge, dass man ebenso gut daran tut, veröffentlichten, experimentellen Ergebnissen zu viel Vertrauen zu schenken, solange sie durch theoretische Untersuchungen nicht bestätigt worden sind«, äußert Sir Arthur Eddington in »New Pathways in Science« seine Meinung.

Wenn wir uns mit den Facetten der Wirklichkeit befassen und der Frage, wie objektiv nehmen wir uns und das Universum wahr, stoßen wir automatisch auf erkenntnistheoretische, logische und sprachkritische Auffassungen. Schon die alten Griechen haben erkenntniskritische Debatten geführt.

In den Zwanzigerjahren des letzten Jahrhunderts traf sich eine Gruppe von herausragenden Mathematikern, Physikern und Philosophen jeden Donnerstagabend in Wien, um erkenntnis-

theoretische Probleme zu diskutieren. Diese illustre Runde wurde als der »Wiener Kreis« weltberühmt. Er wurde 1924 von dem Physiker und Philosophen Moritz Schlick (1882–1936) gegründet. Er war der Sohn eines Berliner Fabrikbesitzers und Nachfahre des protestantischen Dichters Ernst Moritz Arndt. Nach seinem Physikstudium bei Max Planck in Berlin kam er nach Stationen in Kiel und Rostock 1922 nach Wien, wo er als Nachfolger Ernst Machs den Lehrstuhl für Philosophie der exakten Wissenschaften an der Universität Wien übernahm. Zum weiteren Kreis gehörten unter anderem Kurt Gödel, Ludwig Wittgenstein, Ernst Mach, Karl Popper, Albert Einstein, David Hilbert, Bertrand Russell, Otto Neurath, Rudolf Carnap …
Ein besonderes Anliegen des Wiener Kreises war das Ringen um eine wissenschaftliche Weltauffassung. Nicht nur die Mathematik und die Physik, sondern auch die Philosophie sollte als Wissenschaft eingestuft werden. Logischer Empirismus beziehungsweise logischer Positivismus sollte hier der philosophische Ansatz sein. Bestimmte Maximen wurden diskutiert. Zum Beispiel: Erkenntnis könne nur durch Erfahrung gewonnen werden. Die meisten Aussagen der traditionellen Philosophie seien Scheinaussagen. In wissenschaftlicher Philosophie müsse es um sinnvolle Aussagen gehen. Fragen, die man nicht verstehe, könne man auch nicht sinnvoll beantworten. Die verschiedenen Wissenschaftssprachen müssten auf eine gemeinsame Basissprache reduziert werden.
Der Wissenschaftsphilosoph Sir Karl Raimund Popper (1902 bis 1994) nahm zwar nie am Treffen des Wiener Kreises teil, wurde aber durch ihn angeregt, seinen kritischen Rationalismus zu entwickeln. Sein Falsifikationsprinzip geht davon aus, dass Theorien, Modellvorstellungen anhand ihrer Folgerungen zu widerlegen seien. In anderen Worten, um eine Theorie zu bestätigen, lautet das Motto: Widerlegen statt beweisen. Popper unterteilte das Universum in drei Welten: Welt Nummer eins ist

14 Facetten der Wirklichkeit

die physikalische, mit belebter und unbelebter Materie. Welt Nummer zwei beinhaltet bewusste Erlebnisse, Gefühle, Absichten, Träume und subjektive Erkenntnisse. Welt Nummer drei besteht aus logischen Gehalten von Aufzeichnungen und Speicherungen intellektueller Bemühungen und theoretischen Systemen in Datenverarbeitungsanlagen, Facharbeiten, Büchern und dergleichen mehr.

Zwischen diesen drei Welten besteht eine Interaktion mit einer gegenseitigen Beeinflussung von Welt eins und Welt zwei sowie der Wechselwirkung zwischen zwei und drei. Es gibt jedoch keine direkte Beeinflussung der Welten eins und drei untereinander. »Wissenschaft ist Wahrheitssuche«, sagte Popper einmal. »Nicht der Besitz von Wissen, sondern das Suchen nach Wahrheit ...« Was die sogenannte Wirklichkeit angeht, bin ich der Überzeugung, dass durch unser Wahrnehmungsinstrumentarium die Realität nur subjektiv erfasst werden kann. Wir erstellen Modelle der Wirklichkeit, so wie sie uns erscheint, und versuchen dann diese mit großem technischen Aufwand zu belegen.

Ein gutes Beispiel dafür ist der Teilchenbeschleuniger Large Hadron Collider (LHC), sieben Kilometer vom Genfer Flughafen entfernt. Umgeben von Rapsfeldern und Kartoffeläckern ist hier ganz unspektakulär, zumindest auf den ersten Blick, der stärkste Teilchenbeschleuniger, der je gebaut wurde, in 50 bis 175 Metern Tiefe konstruiert worden. Der 10 000 Tonnen schwere Strahlröhrenkoloss beschreibt einen Kreis von rund 27 Kilometern.

Diese Hightech-Anlage der Superlative mit ihren Siliciumdetektoren, Spektrometern, Driftkammern, Messelektronik, Monitoren, Temperatursensoren und Kabelsystemen mit Zigtausenden Kabeln hat mehr als drei Milliarden Euro gekostet. Eine wichtige Aufgabe des LHC ist es, im Vakuum Protonen und Bleiatomkerne mit annähernder Lichtgeschwindigkeit zur Kollision zu bringen, um Elementarteilchen zu erzeugen.

14 Facetten der Wirklichkeit

Die Wissenschaftler erhoffen sich hier vor allem, dass bei diesem Vorgang sogenannte Higgs-Bosonen entstehen, sodass sie die einzigen noch nicht nachgewiesenen Teilchen des Standardmodells experimentell belegen können. Auch der Nachweis von supersymmetrischen Teilchen und versteckten Raumdimensionen durch Wechselwirkung mit den noch hypothetischen Gravitonen sind hier von besonderem Interesse. Kurzlebige schwarze Minilöcher könnten zur Klärung der Gravitation beitragen.

Die Befürchtung, dass die Entstehung von schwarzen Minilöchern der Erde mit ihrer Menschheit ein Ende bereiten könnte, ist unbegründet, denn sie sind so klein und so kurzlebig, dass sie keine Zeit haben, Schaden anzurichten.

Am ALICE-Detektor sollen die frühen Phasen des Universums simuliert werden. Bei einer Betriebstemperatur von −271 °C werden weitere Versuchsreihen durchgeführt. Zehntausende Magnete umklammern die Beschleunigerröhren. Sie sind dafür verantwortlich, den Teilchenstrahl zu bündeln und auf der Kreisbahn zu halten. 2700 Forscher aus 36 Ländern arbeiten gemeinsam an einem Projekt, mit der Vision, entscheidende Fragen nach dem Ursprung und dem Wesen allen Seins mithilfe dieser gigantischen Kollisionsanlage, die das Allerkleinste messen soll, zu beantworten.

Fassen wir hier noch einmal zusammen, welche Entdeckungen und Erkenntnisse sich die Physiker durch die LHC-Experimente erhoffen:

1. Supersymmetrische Teilchen. Nach der Supersymmetrie-Theorie (SuSy) hat jedes Standardmodell-Teilchen einen entsprechenden schwereren Superpartner. Sollten die Versuche die SuSy-Theorie bestätigen, wäre ein wichtiger Schritt zur Vereinigung der Naturkräfte erreicht. Allerdings bleibt auch in diesem Fall die Gravitation ein ausgeklammerter Störfaktor. Die Entdeckung des hypothetischen leichtesten SuSy-Teilchens, des

14 Facetten der Wirklichkeit

sogenannten Neutralino, könnte der Stoff sein, aus dem die dunkle Materie besteht.

2. Die Entstehung winziger schwarzer Minilöcher durch die Kollision zerschmetterter Protonen könnte ein Indiz für zusätzliche Raumdimensionen sein und somit die Stringtheorie untermauern.

3. Um die Teilchenmassen zu erklären, wäre die Bestätigung der Existenz von Higgs-Teilchen ein riesiger Erfolg. Nach der These des schottischen Physikers Peter Higgs existiert ein allumfassendes, universelles Higgs-Energiefeld. Jedes Elementarteilchen des Standardmodells, das sich in ihm bewegt, würde in Wechselwirkung mit diesem Energiefeld treten und somit an Masse zunehmen.

4. Mögliche Unterbausteine der Quarks könnten registriert werden.

5. Das »Herantasten« an den postulierten Urknall des Universums könnte fundamentale Erkenntnisse über die Entstehungsprozesse der Schöpfung bringen. Die Physiker wollen zurückstoßen auf weniger als eine Zehnmillionstel Sekunde nach dem Ursprung und den damaligen Zustand eines Quark-Gluon-Plasmas im LHC entstehen lassen.

Bei aller Euphorie, die diese gewaltigen Detektoren ausgelöst haben, um den Urgrund des Seins zu erforschen, dürfen wir nicht übersehen, dass die moderne Naturwissenschaft das Wie nicht mit dem Warum verknüpfen kann. Die Kosmologie und die Astrophysik können zwar den Schauplatz um das Warum herum beschreiben, aber das Warum selbst bleibt ihnen versagt.

Als Trost bleiben faszinierende Modellvorstellungen, die aber auch nur bis zu einem bestimmten Grad in Experimenten verifizierbar sind. Über eines sind sich die Kosmologen inzwischen allerdings einig, dass das frühe Universum als Quantenobjekt zu betrachten ist.

14 Facetten der Wirklichkeit

John Richard Gott III., Astrophysiker an der Universität Princeton, und sein Kollege Li Xing Li vom Max-Planck-Institut für Physik in Garching bei München vertreten die interessante These, das Universum könnte sich selbst erschaffen haben (Selfcreating universe). Nach dieser Vorstellung hätte sich das Universum sozusagen am eigenen Schopf gepackt, um sich aus der Nichtexistenz zu ziehen, sodass das Kind Universum gleichzeitig auch seine eigene Mutter ist. In ihrem Modell existiert kein erster Moment, denn jedem Ergebnis ging ein früheres Ereignis voraus. Aus der gekrümmten Geometrie der RaumZeit kann nach ihren Überlegungen das Universum einen Anfang haben, jedoch ohne einen ersten Moment.

Um diese Überlegung zu veranschaulichen, stellen wir uns die RaumZeit als Baum vor, von dem sich ein Zweig in einer Schleife nach unten biegt, um zur Wurzel des Stammes und damit zur RaumZeit-Schleife zu werden. Von diesem RaumZeit-Stamm würden dann weitere separate Universen abzweigen. Dieses Selbsterschaffungsmodell von Gott III. und Li löste heftige Debatten aus, da sie Gott als den Schöpfer überflüssig machen. »Die Falsifikation einer Theorie ist genauso unmöglich wie ihre Verifikation. Beide Methoden setzen die Existenz absoluter Beweismaßstäbe voraus, die über jedes Paradigma erhaben sind. Ein neues Paradigma kann zwar bessere Problemlösungen als das alte und mehr praktische Nutzanwendungen eröffnen, doch man kann die andere Wissenschaft nicht einfach für falsch erklären. Wissenschaftler können niemals zu einer wahren Erkenntnis der objektiven Wirklichkeit gelangen, ja sich nicht einmal klar untereinander verständigen«, stellt der amerikanische Wissenschaftstheoretiker Thomas Samuel Kuhn (1922–1996) fest.

Kuhn ist einer der bedeutendsten Wissenschaftsphilosophen des 20. Jahrhunderts. Der Ausdruck Paradigma zieht sich als zentraler Begriff durch sein Werk. Für Kuhn bedeutet Paradigma ein dominierendes Denkmuster in einer bestimmten Epoche. In der

14 Facetten der Wirklichkeit

Wissenschaft sind es oft Modellvorstellungen, anhand derer man bestimmte Sachverhalte zu erklären versucht. Wenn sich eine neue Theorie durchsetzt, um eine bis dahin allgemein anerkannte Lehrmeinung abzulösen, sprechen wir von einem Paradigmenwechsel. Nachdem aber unter dem Paradigmabegriff die unterschiedlichsten Definitionen im Umlauf waren, verabschiedete sich Kuhn 1984 davon.

Der Wissenschaftsjournalist John Horgan schreibt in diesem Zusammenhang in seinem interessanten Buch »An den Grenzen des Wissens«: »Die meisten Wissenschaftler bekehren sich nur widerwillig zu dem neuen Paradigma. Häufig verstehen sie es nicht, und sie haben auch keine objektiven Regeln, nach denen sie es beurteilen können. Verschiedene Paradigmen haben keine gemeinsamen Vergleichsmaßstäbe; sie sind, mit Kuhn zu sprechen, inkommensurabel. Anhänger verschiedener Paradigmen können endlos miteinander streiten, ohne ihre Differenzen beizulegen, weil sie Grundbegriffen – Bewegung, Teilchen, Raum, Zeit – unterschiedliche Bedeutung beimessen.«

Ich könnte ohne weiteres eine Reihe zusätzlicher Begriffe mit anfügen, unter anderem auch Gravitation. Ein weiteres Problem ergibt sich aus der Tatsache, dass Wissenschaftler oft ein Paradigma übernehmen, weil es von einem renommierten Kollegen oder gar dem wissenschaftlichen Establishment unterstützt wird. Dadurch etablieren sich Modellvorstellungen als allgemeingültige Fundamente, die oft auf Treibsand errichtet worden sind.

»Es ist zu einer Binsenwahrheit geworden, dass Wissenschaftler mehr sind als bloße Maschinen zur Erkenntnisgewinnung; sie werden genauso von Emotionen und Intuitionen wie von kalter Vernunft und methodischer Planung geleitet. Wissenschaftler sind so menschlich, so ihren Ängsten und Wünschen ausgeliefert, als wenn sie sich zu den Grenzen des Wissens äußern«,

14 Facetten der Wirklichkeit

sagt John Horgan. Seiner Überzeugung, dass das große Zeitalter der Wissenschaft vorüber ist, stimme ich nicht zu. »Die Wissenschaft in ihrer reinsten und höchsten Form, das dem Menschen von Natur aus innewohnende Streben, das Weltall und seinen eigenen Platz darin zu verstehen, werden möglicherweise zu keinen bedeutenden Entdeckungen oder Umwälzungen mehr führen, sondern nur noch sinkende Grenzerträge abwerfen«, äußert sich Horgan lakonisch.

Eine Schwierigkeit, mit der wir allerdings konfrontiert sind, ergibt sich daraus, dass die Beschreibung der RaumZeit bei der Planck-Längenskala nicht einmal mehr theoretisch möglich ist. Um eine derartig kurze Distanz zu untersuchen, muss eine riesige Menge Energie eingesetzt werden. Setzt man aber diese benötigte Energie ein zur Erforschung einer solch kleinen RaumZeit-Region von der Größenordnung 10^{-33} cm, entsteht ein Schwarzes Loch. Die Information ist damit im Schwarzen Loch verschwunden. Würde man noch mehr Energie hineinpumpen, würde man lediglich das schwarze Miniloch zum Wachsen anregen, und man endet, im wahrsten Sinne, in einem großen Schwarzen Loch.

Der amerikanische Mathematiker und Physiker Edward Witten kommt gar zu dem defätistischen Schluss: »Raum und Zeit sind dem Untergang geweiht.« Und Lisa Randall meint: »Unglücklicherweise hat noch niemand eine Idee, als was sich das Wesen einer fundamentaleren Beschreibung von RaumZeit herausstellen wird. Aber ein besseres Verständnis dieser fundamentalen Natur von Raum und Zeit bleibt eindeutig eine der größten und spannendsten Herausforderungen für die Physik der kommenden Jahre.«

Die Wissenschaft ist noch längst nicht am Ende. Wir sind nur gezwungen, uns damit abzufinden, dass wir durch unser Wahrnehmungspotenzial immer nur bestimmte Facetten der Wirklichkeit ergründen können. Und diese Facetten stellen sich als

14 Facetten der Wirklichkeit

subjektive Wahrheiten dar. Es liegt in der Natur des Menschen, und das ist gut so, neue Horizonte erobern zu wollen, um seinem Schicksal ein klein wenig Würde zu verleihen.

In unserer kurzen Geschichte der Wahrnehmung haben wir verschiedene Ansichten über die Gravitation der RaumZeit untersucht. Für mich sind sie geradezu eine Provokation der Schöpfung, um Suchende herauszufordern, einen Schritt über unsere Möglichkeiten hinauszugehen. Ich finde es ungemein spannend, mich mit den verschiedensten Modellvorstellungen auseinanderzusetzen. Demonstrieren sie doch einen großartigen Aspekt des menschlichen Intellekts. Das Ringen um Wissen gibt dem Leben aus meiner Sicht einen Sinn.

Quantenmechanik und Kosmologie werden durch immer abstraktere Theorien beherrscht. Bei diesem Eiertanz werden viele Modellvorstellungen wieder in der Versenkung verschwinden. Möglicherweise werden einige Hypothesen überleben. Für den normalen Sterblichen sind die Ideen der Physiker und Mathematiker kaum noch zu fassen. Rotierende schwarze Löcher, Gravasterne beziehungsweise Vakuumsterne, Holosterne, Strings und Branen, Bose-Einstein-Schalen sind Vorstellungen, die die Essenz des Seins nicht plausibler machen können. Neue Konzepte sind legitim, vor allem dann, wenn Indizien auf ihre Wirklichkeit hinweisen können.

Meine Modellvorstellung geht davon aus, dass der Urgrund des Kosmos aus einem grenzenlosen, energetischen RaumZeit-Informationsfeld besteht. Durch Quantenfluktuationen werden immer wieder kleinere RaumZeit-Bereiche komprimiert. Das führt zur Entstehung von Materie-Masse. Mit der Verdichtung zur Masse verstärkt sich die Gravitation als Eigenschaft der RaumZeit-Energie.
Es ist die Gravitation mit der RaumZeit, die zur Entstehung der Dinge führt. Die RaumZeit-Energie ist zugleich Information. Mit der Verdichtung dieser Energie verdichtet sich gleichzeitig

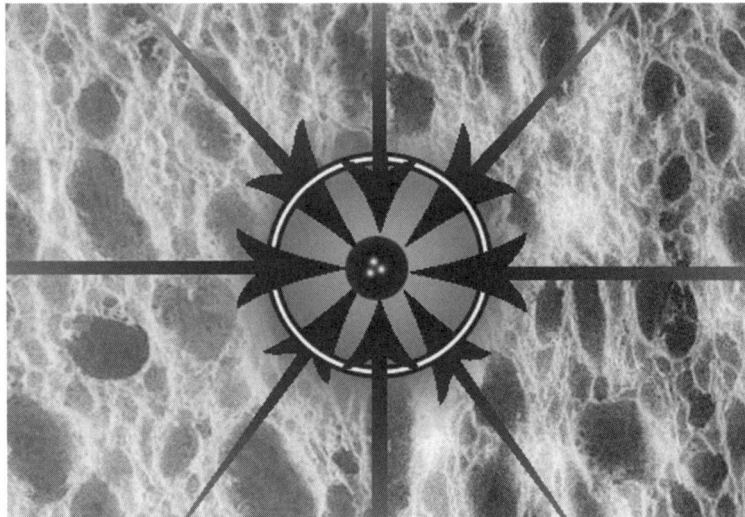

Abb. 8: Der Schwamm verbildlicht hier die RaumZeit-Energie. Durch Fluktuation wird sie zu Materie verdichtet.

die Information, mit der Konsequenz einer höheren Ordnung. So gesehen ein Schöpfungsfeld. Die Schöpfung wäre hier abstrakt aufzufassen und nicht zu personifizieren.
Stellen wir uns einmal einen riesigen Schwamm in Form einer Sphäre vor. Diese riesige Kugel besteht aus reiner dunkler Energie. Sie soll unser Universum ohne Materie repräsentieren. Verbildlichen wir uns als Nächstes, dass sich in diesem Schwamm ein kleiner Bereich zu einer noch kleineren Kugel komprimiert, die natürlich aus verdichtetem Schwammmaterial besteht. Dieses komprimierte Kügelchen existiert nicht getrennt von dem Rest des Schwammmaterials, sondern es zieht durch die Verdichtung an dem restlichen Schwamm und verformt gleichzeitig seine Umgebung. Wenn sich ein größeres Volumen des Schwamms zu einer kleineren Kugel verdichtet, ist die Zugkraft und die Verformung in seiner Umgebung entsprechend stärker. Der Schwamm stellt hier die RaumZeit-Energie dar, die Verdich-

14 Facetten der Wirklichkeit

tung Masse und Materie und die Zug- beziehungsweise Anziehungskraft die Gravitation. Die RaumZeit-Energie, Masse und Materie und Gravitation bilden nach meinem Modell eine Einheit. Dichte ist Masse per Volumeneinheit und Masse ist Energie. Damit ist Dichte Energie per Volumeneinheit. Es geht also hier um Energie, um eine jeweilige Volumengröße. Das Komprimieren einer größeren Volumeneinheit resultiert in größerer Dichte von Masse und Materie. Entfernten wir einen Faktor, entweder Energie, Dichte oder Masse, bliebe nichts übrig. Sogar die Dimensionalität würde zusammenbrechen, denn Volumen ist für uns Dimensionalität. Energie ist Information, Zeit ist Bewegung und Gravitation verdichtete RaumZeit. Die Verantwortung für diese Modellvorstellung trage ich, als Resultat verdichteter RaumZeit.

Ich bin also der Ansicht:
1. Unser Universum ist ein grenzenloses, energetisches RaumZeit-Feld, aus dem alles hervorgegangen ist und alles entsteht. Dieses RaumZeit-Feld ist die mysteriöse sogenannte »dunkle Energie«.
2. Die RaumZeit-Energie besitzt eine besondere Eigenschaft, und das ist das Phänomen Gravitation. Mit der Verdichtung von RaumZeit zu Materie verdichtet sich gleichzeitig die Gravitation.
3. Materie ist verdichtete RaumZeit. Größere Masse beinhaltet ein größeres Volumen der RaumZeit-Energie. Kernspaltung mit ihrer nuklearen Kettenreaktion gibt explosionsartig die komprimierte RaumZeit-Energie frei.
4. Der reduktionistische und materialistische Ansatz, nach den kleinsten Materiebausteinchen zu suchen, hat zur Folge, dass immer wieder Elementarteilchen entstehen, die aber in Wirklichkeit verdichtete RaumZeit sind. Aus quantenmechanischer Sicht lassen Elementarphysiker überlagerte Möglichkeitswellen durch ihre Versuche kollabieren, um so gewünschte mechanistische Resultate registrieren zu können.

5. Das Urknallszenario – also der Anfang aus dem Nichts – kann mich nicht überzeugen. Auch die beschleunigte Expansion, die kosmische Hintergrundstrahlung und die Rotverschiebung als Beleg für das inzwischen etablierte Big-Bang-Modell könnten anders interpretiert werden. Zudem ist nach wie vor nicht gänzlich auszuschließen, dass unser Universum sich am Ende doch in einer ständigen Rotation befindet. Sollte dies tatsächlich der Fall sein, ergeben sich neue, verblüffende Modellvorstellungen.
6. Für mich ist das Modell eines ewig pulsierenden, sich ständig zusammenziehenden und ausdehnenden Universums am plausibelsten.
7. Die RaumZeit-Energie ist in ständiger Bewegung. Entstehen und Vergehen ist das Prinzip. Zeit ist Bewegung.

Unsere Suche nach Wahrheit geht weiter. Zukünftige Generationen werden neue Theorien vorstellen und möglicherweise neue Ansätze finden, um die ewig gleichen Fragen zu beantworten – warum und wieso? Gleichzeitig wird sich die Menschheit mit enormen Problemen auseinanderzusetzen haben, um das Überleben ihrer Zivilisation zu sichern. Dies ist eine gewaltige Herausforderung der Schöpfung. Klimawandel und globale Konflikte müssen bewältigt werden.

Die Bevölkerungszahl steigt kontinuierlich und damit der Bedarf an Energie und Ressourcen. 2009 leben bereits rund sieben Milliarden Menschen auf dem Planeten Erde. Vor 10 000 Jahren waren es nur rund zehn Millionen. Um die Zeit Christi lebten nach Schätzungen rund 200 Millionen Menschen. Wie groß wird die Bevölkerung in 50 Jahren sein? Zehn, 20 Milliarden? Was ist die Lösung dieser exponentiell zunehmenden Bevölkerungsexplosion? Städte unter dem Meer? Die Zersiedelung der Landmassen der Erde? Terraforming auf dem Mars?

Kann die Wissenschaft mit ihren Technologien in ihrer »Wahrheitssuche« einen Überlebensbeitrag leisten? Inwieweit wird

14 Facetten der Wirklichkeit

die subjektive Wirklichkeit der Religionen die Menschheit weiterhin in rivalisierende Lager entzweien? Leben ist ein ungeheuer kostbares Produkt der kosmischen Evolution. Wesen mit einem reflektierenden Bewusstsein haben die Verantwortung und Verpflichtung, alles daran zu setzten, friedlich zu überleben, um ihr Wahrnehmungspotenzial ständig zu erweitern.

Literatur- und Quellenverzeichnis

Aitchison, Ian J. R.: *Supersymmetry in Particle Physics. An Elementary Introduction.* Cambridge University Press, Cambridge 2007
Appel, Walter: *Mathematics for Physics and Physicists.* Princeton University Press, Princeton, Oxford 2007
Atwater, P. M. H.: *Future Memory. How Those Who »See the Future« Shed New Light on the Workings of the Human Mind.* Birch Lane, New York 1995
Bach, Richard: *Einssein. Eine kosmische Reise.* Goldmann, München 1990
Bachman, David: *A Geometric Approach to Differential Forms.* Birkhäuser, Boston 2006
Baer, Howard: *Weak Scale Supersymmetry. From Superfields to Scattering Events.* Cambridge University Press, Cambridge, New York 2006
Barker, Peter: *After Einstein. Proceedings of the Einstein Centennial Celebration at Memphis State University, 14–16 March, 1979.* Memphis State University Press, Memphis 1981
Barrow, John D.: *Das 1 x 1 des Universums. Neue Erkenntnisse über die Naturkonstanten.* Rowohlt, Hamburg 2006
Barrow, John D.: *Die Entdeckung des Unmöglichen. Forschung an den Grenzen des Wissens.* Spektrum, Heidelberg, Berlin 2001
Barrow, John D., Tipler, Frank J.: *The Anthropic Cosmological Principle.* Oxford University Press, New York 1985
Becker, Katrin: *String Theory and M-theory. A Modern Introduction.* Cambridge University Press, Cambridge, New York 2007
Becker, Volker J.: *Gottes geheime Gedanken. Was uns westliche Physik und östliche Mystik über Gott und Geist, Urknall und Universum, Sinn und Sein sagen können.* Books on Demand, Norderstedt 2006
Berié, Eva: *Der Fischer Weltalmanach 2008. Zahlen Daten Fakten.* Fischer, Frankfurt am Main 2007

Literatur- und Quellenverzeichnis

Binney, James, Tremaine, Scott: *Galactic Dynamics*. Princeton University Press, Princeton, New York, Woodstock 2008
Birrell, N. D., Davies, P. C. W.: *Quantum Fields in Curved Space*. *Cambridge Monographs on Mathematical Physics*. Cambridge University Press, Cambridge 1984
Blin-Stoyle, Roger J.: *Eureka! Physics of Particles, Matter and the Universe*. Institute of Physics Publishing, Bristol 1997
Bodanis, David: *Das Universum des Lichts. Von Edisons Traum bis zur Quantenstrahlung*. Rowohlt, Hamburg 2005
Born, Max: *Albert Einstein, Max Born. Briefwechsel 1916–1955*. Rowohlt, Hamburg 1972
Bryson Bill: *Eine kurze Geschichte von fast allem*. Spiegel-Verlag, Hamburg 2007
Burgess, Cliff P.: *The Standard Model. A Primer*. Cambridge University Press, Cambridge, New York 2007
Buttlar, Johannes v.: *Adams Planet. Das Paradies lag auf Phaeton*. Herbig, München 1991
Buttlar, Johannes v.: *Der flüsternde Stein. Götter, Priester, Könige: Das Geheimnis der Kristall-Orakel*. Hugendubel, Kreuzlingen, München 2000
Buttlar, Johannes v.: *Die Außerirdischen von Roswell. Protokoll einer Verschwörung*. Lübbe, Bergisch Gladbach 1996
Buttlar, Johannes v.: *Die Einstein-Rosen-Brücke. Unterwegs zu außerirdischer Intelligenz*. C. Bertelsmann, München 1982
Buttlar, Johannes v.: *Die Wächter von Eden. Auf den Spuren der Weltformel*. Heyne-Verlag, München 1993
Buttlar, Johannes v.: *Gottes Würfel. Schicksal oder Zufall*. Herbig, München 1992
Buttlar, Johannes v.: *Projekt Aurora. Geheime Technologien des 3. Jahrtausends*. vgs, Köln 1999
Buttlar, Johannes v.: *Schneller als das Licht. Vorstoß zum Unmöglichen*. Lübbe, Bergisch Gladbach 2001
Buttlar, Johannes v.: *Supernova. Die jüngsten kosmischen Entdeckungen*. Herbig, München 1988
Buttlar, Johannes v.: *Terraforming. Städte im Weltall*. Herbig, München 1995
Buttlar, Johannes v.: *Unsichtbare Kräfte. Was Menschen zueinander führt und was sie trennt*. Droemer Knaur, München 1984

Buttlar, Johannes v.: *Zeitreisen. Das »Granny-Paradox« oder Besucher aus der Zukunft.* Lübbe, Bergisch Gladbach 2000
Buttlar, Johannes v.: *Zeitriss. Begegnung mit dem Unfassbaren.* Herbig, München 1989
Carlip, Steven: *Quantum Gravity in 2 + 1 Dimensions.* Cambridge University Press, Cambridge 2003
Carroll, Sean M.: *Spacetime and Geometry. An Introduction to General Relativity.* Addison Wesley, San Francisco 2004
Charon, Jean: *Cosmology.* World University Library, London 1970
Clark, Ronald William: *Albert Einstein. Leben und Werk, 100 Jahre Relativitätstheorie.* Tosa, Wien 2005
Clark, Ronald William: *Albert Einstein. Biographie.* Herbig, München 1979
Colerus, Egmont: *Vom Punkt zur vierten Dimension.* Rowohlt, Hamburg 1969
Cottingham, W. N.: *An Introduction to the Standard Model of Particle Physics.* Cambridge University Press, Cambridge 2007
Cramer, Friedrich: *Der Zeitbaum. Grundlegung einer allgemeinen Zeittheorie.* Insel, Frankfurt am Main 1993
Darwin, Charles: *Die Entstehung der Arten durch natürliche Zuchtwahl.* Hamburg 2004
Davies, Paul C. W.: *About Time. Einstein's Unfinished Revolution.* Viking, London 1995
Davies, Paul C. W., Gribbin, John: *Auf dem Weg zur Weltformel. Superstrings, Chaos, Komplexität.* Komet, Köln 2005
DeWitt, Bryce S.: *The Many-Worlds Interpretation of Quantum Mechanics.* Princeton University Press, Princeton 1973
Dine, Michael: *Supersymmetry and String Theory. Beyond the Standard Model.* Cambridge University Press, Cambridge 2007
Feynman, Richard P.: *QED. Die seltsame Theorie des Lichts und der Materie.* Piper, München 2008
Feynman, Richard P.: *Sechs physikalische Fingerübungen.* Piper, München 2006
Fischer, Ernst Peter: *Schrödingers Katze auf dem Mandelbrotbaum. Durch die Hintertür zur Wissenschaft.* Pantheon, München 2006
Fritzsch, Harald: *Elementarteilchen. Bausteine der Materie.* Beck, München 2004

Galilei, Galileo: *Dialog über die beiden hauptsächlichsten Weltsysteme, das ptolemäische und das kopernikanische.* Voltmedia, Paderborn 2007

Gasperini, Maurizio: *Elements of String Cosmology.* Cambridge University Press, Cambridge 2007

Gleick, James: *Chaos Making a New Science.* Heinemann, London 1988

Goerner, S. J.: *After the Clockwork Universe. The Emerging Science and Culture of Integral Society.* Floris Books, Edinburgh 1999

Goswami, Amit: *Das bewusste Universum. Wie Bewusstsein die materielle Welt erschafft.* Lüchow, Stuttgart 2007

Greene, Brian: *Das elegante Universum. Superstrings, verborgene Dimensionen und die Suche nach der Weltformel.* Siedler Verlag, Berlin 2000

Greene, Brian: *Der Stoff, aus dem der Kosmos ist. Raum, Zeit und die Beschaffenheit der Wirklichkeit.* Siedler, München 2004

Gribbin, John: *Die erste Genesis. Gott, die Zeit und der Urknall.* Bettendorf, München 1995

Gribbin, John: *Jenseits der Zeit. Experimente mit der 4. Dimension.* Bettendorf, München 1994

Gribbin, John: *Schrödinger's Kitten and the Search for Reality.* Weidenfeld & Nicolson, London 1995

Gron, Oyvind, Hervik, Sigbjorn: *Einstein's General Theory of Relativity. With Modern Applications in Cosmology.* Springer, New York, London 2007

Guth, Alan H.: *Die Geburt des Kosmos aus dem Nichts. Die Theorie des inflationären Universums.* Droemer Knaur, München 2002

Hars, Wolfgang: *Lexikon des verrückten Weltalls.* Scherz, Frankfurt 2007

Hawking, Stephen (Hrsg.): *Die Klassiker der Physik. Ausgewählt und eingeleitet von Stephen Hawking.* Hoffmann und Campe, Hamburg 2004

Hawking, Stephen, Thorne, Kip S., Novikov, Igor D.: *The Future of Spacetime.* Norton Paperback, New York, London 2003

Herrmann, Dieter B.: *Antimaterie. Auf der Suche nach der Gegenwelt.* Beck, München 2006

Hobson, Michael P.: *General Relativity. An Introduction for Physicists.* Cambridge University Press, Cambridge, New York 2007

Hoerner, Sebastian: *Sind wir allein? SETI und das Leben im All.* Beck, München 2003

Horgan, John: *An den Grenzen des Wissens. Siegeszug und Dilemma der Naturwissenschaften.* Luchterhand, München 1997

Hoyle, Fred: *Galaxies, Nuclei and Quasars.* Heinemann, London 1966
Johnson, George: *A Shortcut Through Time. The Path to the Quantum Computer.* Vintage, New York 2004
Kaku, Michio: *Im Hyperraum. Eine Reise durch Zeittunnel und Paralleluniversen.* Rowohlt, Hamburg 2002
Kaku, Michio: *Im Paralleluniversum. Eine kosmologische Reise vom Big Bang in die 11. Dimension.* Rowohlt, Hamburg 2005
Kaku, Michio: *Jenseits von Einstein. Die Suche nach der Theorie des Universums.* Insel, Frankfurt am Main 1993
Kaku, Michio: *Visions. How Science Will Revolutionize the 21st Century.* Bantam Doubleday Dell Publishing Group, New York 1997
Kauffman, Stuart: *At Home in the Universe. The Search for Laws of Self-organization and Complexity.* Oxford University Press, New York 1996
Kiritsis, Elias: *String Theory in a Nutshell.* Princeton University Press, Princeton, Oxford 2007
Krausz, Eduard: *Das Universum funktioniert anders. Realität kontra Relativität.* Corona, Hamburg 1998
Laughlin, Robert B.: *Abschied von der Weltformel. Die Neuerfindung der Physik.* Piper, München 2007
Lebovitz, Norman R.: *Theoretical Principles in Astrophysics and Relativity.* University of Chicago Press, Chicago 1981
Leggett, Anthony J.: *Quantum Liquids. Bose Condensation and Cooper Pairing in Condensed-matter Systems.* Oxford University Press, Oxford, New York 2006
Lemonick, Michael D.: *The Light at the Edge of the Universe. Leading Cosmologists on the Brink of a Scientific Revolution.* Villard Books, New York 1993
Lovell, Sir Bernard: *The Exploration of Outer Space.* Oxford University Press, London 1962
Maggiore, Michele: *Gravitational Waves.* Oxford University Press, Oxford 2008
Magueijo, João: *Schneller als die Lichtgeschwindigkeit. Hat Einstein sich geirrt?* Goldmann, München 2005
Malin, Shimon: *Dr. Bertlmanns Socken. Wie die Quantenphysik unser Weltbild verändert.* Reclam, Leipzig 2003
McCall, Henrietta: *Mesopotamian Myths.* British Museum Publications, London 1990
Misner, Charles W.: *Gravitation.* W. H. Freeman, San Francisco 1973

Mlodinow, Leonard: *Feynmans Regenbogen. Die Suche nach Schönheit in der Physik und im Leben.* Reclam, Leipzig 2005

Morfill, Gregor E.: *Chaos ist überall ... und es funktioniert. Eine neue Weltsicht.* Ullstein, Berlin 1991

Mukhanov, Viatcheslav, Winitzki, Sergei: *Introduction to Quantum Effects in Gravity.* Cambridge University Press, Cambridge, New York 2007

Norfolk, Robert Andrew: *Ultimate Explanation – A New Theory (for the Thinking Layman). The Answer to Space, Time, Gravity, a New Fourth Dimension, the Shape and Purpose of the Spirit and the Mind of a Greater Intelligence.* Ranwaters, Norfolk 1994

Panek, Richard: *Das unsichtbare Jahrhundert. Einstein, Freud und die Suche nach den verborgenen Welten.* Berliner Taschenbuch-Verlag, Berlin 2007

Peat, Frederick David: *Superstrings, kosmische Fäden. Die Suche nach der Theorie, die alles erklärt.* Hoffmann und Campe, Hamburg 1989

Penrose, Roger: *Shadows of the Mind. Search for the Missing Science of Consciousness.* Oxford University Press, New York 1995

Penrose, Roger: *The Emperor's New Mind. Concerning Computers, Minds, and the Laws of Physics.* Oxford University Press, Oxford 1989

Penrose, Roger, Isham, Christopher J., Sciama, Dennis W.: *Quantum Gravity 2. A Second Oxford Symposium.* Clarendon, Oxford 1981

Pietschmann, Herbert: *Erwin Schrödinger und die Zukunft der Naturwissenschaften.* Picus-Verlag, Wien 1999

Pritchard, James B.: *The Ancient Near East. Vol. 1: An Anthology of Texts and Pictures.* Princeton University Press, Princeton 1958

Randall, Lisa: *Verborgene Universen. Eine Reise in den extradimensionalen Raum. S.* Fischer, Frankfurt am Main 2006

Rothman, Tony: *Science à la Mode, Physical Fashions and Fictions.* Princeton University Press, Princeton 1989

Ryder, Lewis H.: *Quantum Field Theory.* Cambridge University Press, Cambridge 1996

Schneider, Peter: *Einführung in die extragalaktische Astronomie und Kosmologie.* Springer, Berlin 2006

Seymour, Percy, Bacon, Dennis H.: *Das Ticken des Kosmos. Streifzüge durch die Ideengeschichte der Astronomie.* Elsevier, Spektrum, München 2004

Singh, Simon: *Big Bang. Der Ursprung des Kosmos und die Erfindung der modernen Naturwissenschaft*. Deutscher Taschenbuch Verlag, München 2007

Smolin, Lee: *The Trouble with Physics. The Rise of String Theory, the Fall of a Science, and What Comes Next*. Mariner Books, New York 2007

Smoot, George: *Wrinkles in Time. The Imprint of Creation*. Abacus, London 1995

Soucek, Theodor V.: *Ungleichheit, vom Uratom zum Kosmos. Das Schneeflockenprinzip*. Universitas, München 1988

Srednicki, Mark Allen: *Quantum Field Theory*. Cambridge University Press, Cambridge, New York 2007

Talbot, Michael: *Das holografische Universum. Die Welt in neuer Dimension*. Droemer Knaur, München 1994

Tarasov, Lev V.: *Symmetrie, Symmetrie! Strukturprinzipien in Natur und Technik*. Spektrum, Heidelberg, Berlin 1999

Taylor, A. E.: *Plato. The Man and his Work*. Methuen, London 1927

Taylor, Edwin F., Wheeler, John A.: *Spacetime Physics*. W. H. Freeman and Company, San Francisco, London 1966

Taylor, John: *New Worlds in Physics*. Faber and Faber, London 1974

Thiemann, Thomas: *Modern Canonical Quantum General Relativity*. Cambridge University Press, Cambridge 2007

Thompson, Damian: *The End of Time. Faith and Fear in the Shadow of the Millennium*. Sinclair-Stevenson, London 1996

Thompson, Richard L.: *Mechanistic and Nonmechanistic Science. An Investigation into the Nature of Consciousness and Form*. Bhaktivedanta Book Trust, Los Angeles, Bombay, Sydney, Stockholm 2001

Thorne, Kip S.: *Black Holes and Time Warps. Einstein's Outrageous Legacy*. Papermac, London 1995

Tipler, Frank J.: *The Physics of Immortality. Modern Cosmology, God and the Resurrection of the Dead*. Pan, London 1996

Tredennick, Hugh: *Plato. The Last Days of Socrates*. Penguin, Harmondsworth 1961

Trinh, Xuan-Thuan: *Die verborgene Melodie. Und der Mensch schuf sich sein Universum*. Kosmos, Stuttgart 1993

Tsvelik, Alexei M.: *Quantum Field Theory in Condensed Matter Physics*. Cambridge University Press, Cambridge, New York 2007

Vaas, Rüdiger: *Tunnel durch Raum und Zeit. Einsteins Erbe, Schwarze Löcher, Zeitreisen und Überlichtgeschwindigkeit*. Kosmos, Stuttgart 2005

Literatur- und Quellenverzeichnis

Walter, William J.: *Space Age.* Random House, New York 1992

Weinberg, Steven: *Cosmology.* Oxford University Press, Oxford, New York 2008

Weinberg, Steven: *Der Traum von der Einheit des Universums.* C. Bertelsmann, München 1993

Weinberg, Steven: *Die ersten drei Minuten. Der Ursprung des Universums.* Piper, München 1978

Weinberg, Steven: *The Quantum Theory of Fields. Volume 1. Foundations.* Cambridge University Press, Cambridge, New York 2005

Weinberg, Steven: *The Quantum Theory of Fields. Volume 2. Modern Applications.* Cambridge University Press, Cambridge, New York 2005

Weinberg, Steven: *The Quantum Theory of Fields. Volume 3. Supersymmetry.* Cambridge University Press, Cambridge, New York 2005

White, Michael, Gribbin, John: *Stephen Hawking. Die Biographie.* Rowohlt, Hamburg 2001

Whitehead, Alfred N., Russell, Bertrand: *Principia Mathematica. Vorwort und Einleitungen.* Suhrkamp, Berlin 1986

Whitrow, G. J.: *What is time?* Thames and Hudson, London 1972

Will, Clifford M.: *Theory and Experiment in Gravitational Physics.* Cambridge University Press, Cambridge 1985

Woolfson, M. M.: *Mathematics for Physicists.* Oxford University Press, Oxford, New York 2007

Zeilinger, Anton: *Einsteins Spuk. Teleportation und weitere Mysterien der Quantenphysik.* C. Bertelsmann, München 2005

Zwiebach, Barton: *A First Course in String Theory.* Cambridge University Press, Cambridge 2004

Webseiten:

http://arxiv.org/
http://www.sciencedirect.com

Register

Antigravitation 127–129
Atommodell 85, 90, 147
Ausschließungsprinzip 114, 155

Baille, Jean Baptistin 227
Barberini, Kardinal (Papst Urban VIII.) 43, 45
Barbour, Julian 225
Barrow, Isaak 55
Barrow, John D. 228
Baryonen 155, 201
Bell, John Stewart 104
Bell'sche Ungleichung 144
Bethe, Hans 193
Bewusstsein 18, 37, 57, 94, 96, 102, 108f., 113, 177, 206, 212, 218, 222, 225f., 228, 238, 242, 250, 253, 255, 257, 260, 273
Big Crunch 224
Bohm, David 104, 241
Bohr, Niels 90, 92, 101, 129, 147
Boltzmann, Ludwig 224
Bondi, Hermann 193–195
Born, Max 91, 101, 136
Bose-Einstein-Schalen 269
Bosonen 153, 155, 159, 164
Bouwmeester, Dik 143

Brahe, Tycho 27, 36–39
Branen 165–167, 269
Brelau, Gaspar Schopp von 30
Bruno, Giordano 26–30, 42
Bunsen, Robert 181

Calabi, Eugenio 162
Calabi-Yau-Räume 162
Carnap, Rudolf 262
cartesisches Weltbild 96
Casimir, Hendrik 128
Casimir-Effekt 123, 128f.
Cepheiden 183f., 187
Chadwick, James 147f.
Chaosforschung 235, 237, 240
COBE 199f.
Cornu, Alfred 227
Curtis, Heber 185f.

Davies, Paul 100, 223
de Broglie, Louis Victor 88
de Duiller, Nicolas Fatio 58
de Sitter, William 189
De Witt, Bryce 141
Demokrit 23, 150
Descartes, René 55, 57
Deuterium 200f., 245
Deutsch, David 142
Dicke, Robert 195, 197f.
Dirac, Paul 89, 153
Doppelspalt-Versuch 96

Doppler, Christian 190
dunkle Energie 177, 203, 245, 270f.
dunkle Materie 203, 265

Eddington, Arthur 77f., 189, 191, 261
Eichsymmetrie 156
Einstein, Albert 60–71, 73–79, 81f., 84, 88–91, 95, 104, 126, 133f., 139, 157, 163, 165, 185, 188f., 202, 213f., 233, 244, 262, 269
Einstein-Rosen-Brücke 126f., 133f., 137–139, 244
elektromagnetische Felder 86
Elektron 80, 83, 85, 88–94, 96f., 100–103, 106–109, 114, 135, 140, 147–151, 153–155, 176, 193, 201, 226, 250
elektroschwache Wechselwirkung 157
Elementarteilchenphysik 258
Elisabeth I. 116
Entropie 224f., 228, 233f., 240–242
EPR-Effekt 96, 104, 143
Epsilon Eridani 205f., 210f.
Ergosphäre 138

Everett, Hugh 141
Everett'sche Vielweltentheorie 122, 141
Expansion der RaumZeit 202

Falsifikationsprinzip 262
Faraday, Michael 85
Faraday'scher Käfig 113
Feigenbaum, Mitchell 235
Feinstrukturkonstante Alpha 226
Fermilab 153
Fermionen 114f., 155, 164
Feynman, Richard P. 98, 100f., 129, 151
Feynman-Diagramme 100
FitzGerald, George 83
Frame Dragging Effect 248f.
Frankel, Henry 208
Fraunhofer, Joseph 180
Fraunhofer'sche Linien 180
Friedmann, Alexander 189f.
Fritzsch, Harald 258
Fuller, Robert W. 130

Gábor, Dennis 111
Galilei, Galileo 41, 43–47, 55, 67, 226
Gamov, George 191–193, 195, 197
Geiger, Hans 145f.
Gell-Mann, Murray 151f.
Geometrie der gekrümmten RaumZeit 259
Georgi, Howard 157
geschlossene Zeitschleifen 117, 125, 133

Glashow, Sheldon 157
Gluonen 152, 154
Gödel, Kurt Friedrich 123–126, 262
Gold, Thomas 193, 195
Goswami, Amit 93, 96, 113, 222f.
Gott III., John Richard 266
Gravasterne 269
Gravitation 55f., 58f., 74–79, 81, 107, 128f., 133f., 136, 140, 156, 158–161, 165, 167
Gravitationsfeld 86, 136, 140
Gravitino 156
Graviton 156, 166, 264
Gravity Probe B 247, 249
Gravity Probe C 247
Greene, Brian 167, 229
Gribbin, John 132
Grinberg-Zylberbaum, Jacobo 112
Grossmann, Marcel 70
Großvaterparadoxon 121
Guericke, Otto von 84
Guth, Alan 200

Habicht, Konrad 61–64, 66–68, 70
Hadron 155
Hänsch, Theodor 227
Hawking, Stephen William 113, 140–142, 259
Hawking-Strahlung 140f.
Heinrich VIII. 116
Heisenberg, Werner Karl 84, 87, 89–92, 100f., 149
Helium 135, 146, 193, 200f., 245
Helmholtz, Hermann von 87

Herschel, John 181
Hertzsprung, Einar 184
Higgs, Peter Ward 153, 265
Higgs-Bosonen 264
Higgs-Energiefeld 265
Higgsfelder 86
Higgs-Teilchen 153, 265
Hilbert, David 262
Hipparchos 36
holografisches Universum 111
Hooke, Robert 48, 56
Horgan, John 267f.
Horizontproblem 231f.
Hoyle, Fred 193–195
Hubble, Edwin Paul 186–188, 190–192
Hubble-Konstante 191, 244
Huggins, Williams 181f.
Huygens, Christian 57

implizite Ordnung 241
Inflation 200–202, 228, 231, 233f., 244
Interferenzmuster 97f., 101, 105
Interferenzstreifen 96–99

Jolly, Philippe von 87
Jordan, Pascual 91

Kaku, Michio 129, 258
Kaluza, Theodor 163
Kant, Immanuel 179–181
Kepler, Johannes 27, 38–41, 55, 181
Kernkräfte 85f., 150
Kerr, Roy P. 137
Kirchhoff, Gustav Robert 87f., 180f.
Klass, Philipp J. 209
Klein, Oskar 163

Register

Koestler, Arthur 43
Kollaps der Quantenwelle 94
Komplementärpaare 140
Kopenhagener Deutung 92
Kopernikus, Nikolaus 27, 33–36, 55
Kopplungskonstanten 226
Korrespondenzprinzip 92
kosmischer Horizont 231
kosmologische Konstante 188
Kruskal, Martin 139
Kruskal'sche RaumZeit-Diagramme 139
Kues, Nikolaus von 34
Kuhn, Thomas Samuel 266f.

Large Hadron Collider (LHC) 153, 258, 263–265
Laser Interferometer Gravitational Wave Observatory (LIGO) 249
Laughlin, Robert 260
Leibniz, Gottfried Wilhelm 55f., 58
Lemaître, Abbé Georges 190–193
Lense, Josef 246–248
Leptonen 153, 155, 157
Leukippos 150
Lichtgeschwindigkeit 45, 66f., 70–73, 79, 81, 83, 103, 125, 136, 153f., 192, 225f., 231–233, 263
Lichtgeschwindigkeitskonstante 230
Lippershey, Jan 38, 42

Lorentz, Hendrik A. 83f.
Lorentz-Transformation 84
Löwenthal, Elsa 78
Luther, Martin 36

Mach, Ernst 61, 63, 262
Mandelbrot, Benoit 236f., 239
Marić, Mileva 70
Marsden, Ernest 145f.
Masse 51, 56, 58, 62, 70, 73–77, 79, 81f., 85, 103, 106, 119, 123, 125, 127, 131, 134–138, 147–149, 151, 153–155, 160, 164, 202, 206, 213f., 225, 246f., 255f., 265, 269, 271f.
Materie 28, 57, 62f., 70, 73–75, 82f., 88f., 96, 101, 107, 115, 123, 127, 129f., 133, 137, 146f., 149f., 152f., 155f., 174–178, 189, 191, 193–195, 199, 201–204, 213f., 222, 225, 240, 242f., 245, 257–260, 263, 265, 269–271
Mather, John 199
Maxwell, James Clerk 66, 85f., 163
Maxwell'sche Gleichung 88
Maya 110
McLean, Paul D. 255
Michelson, Albert 82
Mikrowellenhintergrund 199
Milchstraße 42, 64, 131, 179f., 182, 184–188, 206, 246
Mills, Robert 155

Minkowski, Hermann 69, 73f.
Morley, Edward 82f.
Morris, Mike 127
M-Theorie 164, 167
Muhlfelder, Barry 247
Multiversum 165, 235, 244
Murphy, Michael 227
Musser, George 223
Myonen 155

Nambu, Yoichiro 159
Naturkonstanten 81, 221, 225, 227f.
Neuman, John von 94
Neurath, Otto 262
Neutralino 265
Neutrinos 155
Neutron 85, 89, 135f., 146–150, 152, 155, 160, 193
Newton, Isaac 47–56, 58f., 61f., 75, 78, 81, 180, 213
Newton'sche Gesetze 61
nichtlokale Korrelation 95
Nicolai, Hermann 165
Ning Yang, Chen 155
Nishijima, Kazuhiko 151
Novara, Domenico Maria 34

Oppenheimer, Jacob Robert 136
Ori, Amos 143
Overwhelmingly Large Telescope (OWL) 244

Paralleluniversen 139, 141
Pati, Jogesh 157
Paul V., Papst 43
Pauli, Wolfgang 91, 114, 155

285

Register

Pauli-Prinzip 114f.
Peebles, P. J. 195f., 198
Penrose, Roger 113, 139, 213
Penrose-Diagramme 139
Penzias, Arnold 196–199
Perlmutter, Saul 202f.
Peters, Achim 225
Phaidon 21–25
Photon 72f., 87, 89, 92, 94–96, 103, 107f., 114, 144, 148f., 151f., 158, 226, 232
Photonenzähler 108
Pion 157
Planck, Max 77, 80–85, 87f., 262
Planck'sche Konstante 86
Planck'sches Strahlungsgesetz 88
Planck'sches Wirkungsquantum 88, 226
Planck-Ära 201
Planck-Länge 141, 159, 178, 213, 268
Planck-Skala 167, 178, 213
Planck-Zeit 178, 213
Platon 20–24, 32f.
Podolsky, Boris 95, 103f.
Polchinski, Joe 165
Popper, Karl Raimund 47, 262f.
Pribram, Karl H. 104, 109–111
Prigogine, Ilya 241f.
Prinzip der Emergenz 260
ptolemäisches Weltbild 33, 43, 47
Ptolemäus, Claudius 33f.

Quantenära 84
Quantenchromodynamik 152
Quantenelektrodynamik 100
Quantenfeld 100, 127f., 151, 202, 234
Quantengravitation 140
Quanteninterferenz-Detektoren (Squids) 247
Quantenkosmologie 141
Quantenkryptografie 144
Quantenmechanik 84f., 87, 91–98, 100, 103f., 114, 130, 140, 142, 158, 163, 219, 221, 223, 269
Quanten-Nichtlokalität 113
Quantenradierer 80, 98
Quantensprung 94
Quantenvakuum 128, 160, 175, 177
Quark 150–158, 160, 201, 250, 265

Randall, Lisa 165, 268
Raumdimensionen 75, 171, 264f.
RaumZeit 69, 76f., 79, 82, 94, 96, 107f., 117, 125f., 130, 132–134, 137–140, 143, 160, 162f., 166, 168, 171, 174–178, 191, 201–204, 210, 213f., 225, 231, 234, 240f., 243, 246–248, 259–261, 266, 268–272
RaumZeit-Energie 107, 176f., 269–272
RaumZeit-Gravitation 228f.
RaumZeit-Schleife 123, 266
Rekombinationsprozess 201

Relativitätstheorie 69, 73, 78, 82, 89, 123, 125, 130, 133, 158, 188, 192, 213, 223
Riemann, Bernhard 75
Roll, P. G. 195
Rosen, Nathan 95, 104, 126
Roswell-Zwischenfall 207
rotierendes Universum 125
Rotverschiebung 190, 192, 200, 203, 272
Rovelli, Carlo 223, 225
Russell, Bertrand 262
Russell, Henry Norris 183
Rutherford, Ernest 85, 145–148

Sabom, Michael 222
Salam, Abus 157
Scheiner, Christoph 43
Scherk, Joel 159
Schirrmacher, Paul 43
Schlick, Moritz 262
Schmidt, Brian 203
Schrödinger, Erwin 89, 248
Schrödingers Katze 101, 142, 223
schwache Wechselwirkung 155, 157f., 217
Schwarz, John 159f.
Schwarze Minilöcher 140f., 264
Schwarzes Loch 127, 133–141, 147, 244, 268
Schwarzschild, Karl 134, 137
Schwarzschild-Radius 136, 138
Schwinger, Julian 100

Register

Selbstorganisation der Natur 260
Selfish-Brain-Theorie 225
Shapley, Harlow 182–186
Shing-Tung-Yau 162
Singularität 127, 131, 134, 136–138, 179, 195, 202, 224, 240
Sinneswahrnehmungen 32, 243
Slipher, Vesto Melvin 190
Smolin, Lee 133, 165
Smoot, George 199
Sokrates 21–25
Solovine, Maurice 60–70
Sommerfeld, Arnold 82, 101, 226
spezielle Relativitätstheorie 70f., 74, 232
Spin 104, 106f., 114, 151, 153, 155f., 159, 213
spukhafte Fernwirkung 95, 103
Standardmodell 151–153, 155, 164, 227f., 264f.
Stanford, Ray 209
starke Wechselwirkung 152, 155f.
Steady State 194f., 199
Sternspektroskopie 181
Strahlungsära 201
Stringgraviton 166
Stringtheorie 159–161, 166f., 221, 262–265
Supergravitation 164
Superstringtheorie 162, 167, 221
Supersymmetrie 156, 164, 264
Susskind, Leonard 165
SuSy-Theorie 264

Tauonen 155
Tegmark, Max 223, 259
Teleportationsexperimente 123
Theorie von Allem (TOE) 158, 163, 217, 259f.
Thirring, Hans 246–248
Thirring-Lense-Effekt 246–248
Thomson, J. J. 80, 145, 147
Thorne, Kip 127
Tipler, Frank J. 131
Tomonaga, Shinichiró 100
Twistoren 214

Überlagerungskollaps 102
Überlichtgeschwindigkeit 104, 108
ultradunkle Energie 234
Unschärferelation 90, 100f., 104
Unterlichtgeschwindigkeit 73
Urknall (Big Bang) 166f., 175, 178f., 192–202, 218, 228, 231f., 234, 240, 245, 259, 265, 272
Ussher, James 174

variable Lichtgeschwindigkeit 232
verschränkte Quantenobjekte 95
Visser, Matt 130

Wahrnehmung 9, 22–25, 32, 95, 110, 114, 177, 222, 225, 230–232, 243, 250, 254f., 269, 273

Watson, Andrew 206
Webb, John K. 227
Weber, Heinrich 69
Weinberg, Steven 157, 216–223, 225
Weinfurter, Harald 143
Weißes Loch 133
Weltlinie 122, 125f.
Weyland, Paul 82
Wheeler, John Archibald 102, 129f., 139, 221
Wiener Kreis 262
Wilber, Ken 115
Wilkinson Microwave Anisotropy Probe (WMAP) 200
Wilkinson, D. T. 195
Wilson, Robert 196–199
Witten, Edward 163f., 168
Wittgenstein, Ludwig 220, 262
Woit, Peter 164
Wollaston, William H. 180
Wurmloch 121, 123, 126–133, 141

Xenophon 21–24
Xing Li, Li 266

Ylem 193
Yukawa, Hideki 148f.
Yurtsever, Ulvi 127

Zamora, Lonnie 207–209
Zeilinger, Anton 123, 143f.
Zeitdilatation 73, 79
Zeitreisen 116, 118, 122, 125–127, 130–133, 143
Zweig, George 151

Luc Bürgin
Der Urzeit-Code

Die ökologische Alternative zur umstrittenen Gen-Technologie

Dieses Buch lüftet das Geheimnis sensationeller Experimente beim Pharmariesen Ciba (Novartis). Forschern gelang es dort, Wachstum und Ertrag von Pflanzen und Fischen massiv zu steigern – nur mit einem Elektrofeld. Überraschenderweise wuchsen so »Urzeitformen« heran, z. B. Urmais mit bis zu zwölf Kolben pro Stiel oder Riesenforellen mit Lachshaken. Ciba unterband die Forschung – weil »Urgetreide« kaum Pestizide benötigt! Gemeinsam mit den involvierten Forschern legt der Autor das Wirkungsprinzip des revolutionären Experiments offen. Bislang unveröffentlichte Forschungsberichte, exklusive Fotos und Interviews dokumentieren den Effekt.

»*Eine nobelpreisverdächtige Entdeckung!*«
ARD-Magazin *Report*

240 S. mit Bildteil, ISBN 978-3-7766-2534-9
Herbig

Lesetipp

BUCHVERLAGE
LANGENMÜLLER HERBIG NYMPHENBURGER
WWW.HERBIG.NET